"十四五"职业教育国家规划教材

化妆品
配方与生产技术

陈文娟　主　编
谢桂容　钟红梅　副主编

U0376806

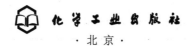
化学工业出版社
·北京·

《化妆品配方与生产技术》共九章。本书编写符合高职高专教育培养生产一线应用型人才的特点，打破了传统的工艺教材的编写模式，简化理论知识，突出化妆品的配方设计与生产技术。各项目内容遵循典型品种→配方组成→配方设计→生产工艺的思路进行编写。内容包括绪论，乳剂类化妆品，淋洗类化妆品，水剂类化妆品，粉剂类化妆品，面膜、护发和美发用化妆品，美容修饰类化妆品，孕妇、儿童用化妆品。

本书可作为高职高专化妆品技术、精细化学品生产技术专业学生用教材。也可作为中等职业学校相关专业的教学用书或参考书，对广大化妆品工作者也将起到一定的参考作用。

为方便教学，本书配套有动画、视频等多媒体教学资源，可以通过扫描书中二维码获取。同时，化学工业出版社教学资源网（www.cipedu.com.cn）提供本教材电子课件，可下载使用。

图书在版编目（CIP）数据

化妆品配方与生产技术/陈文娟主编． —北京：化学工业出版社，2020.2（2024.8重印）
ISBN 978-7-122-35944-5

Ⅰ．①化⋯　Ⅱ．①陈⋯　Ⅲ．①化妆品-配方-高等职业教育-教材　Ⅳ．①TQ658

中国版本图书馆 CIP 数据核字（2019）第 295519 号

责任编辑：旷英姿　　　　　　　　　　文字编辑：陈小滔　王云霞
责任校对：盛　琦　　　　　　　　　　装帧设计：王晓宇

出版发行：化学工业出版社（北京市东城区青年湖南街 13 号　邮政编码 100011）
印　　装：河北延风印务有限公司
787mm×1092mm　1/16　印张 12¾　字数 303 千字　2024 年 8 月北京第 1 版第 6 次印刷

购书咨询：010-64518888　　　　　　　　售后服务：010-64518899
网　　址：http://www.cip.com.cn
凡购买本书，如有缺损质量问题，本社销售中心负责调换。

定　　价：38.00 元　　　　　　　　　　　　　　　　版权所有　违者必究

前言

《化妆品配方与生产技术》是在全国轻工职业教育教学指导委员会日用化工专业委员会的指导下，遵照化妆品技术标准，在湖南化工职业技术学院化妆品技术专业教学团队的大力支持下，按照化妆品技术专业建设中教材建设的要求，以高职高专化妆品技术专业的培养目标为依据，在广泛征求同行专家和企业专家的指导意见的基础上编写的。

随着生活水平的提高，人们更加注重生活的质量和品位，化妆品逐渐成为人们不可或缺的日常生活用品，这也促进了日用化学品工业的巨大发展。编写本教材的目的是为了适应化妆品工业领域发展的需要，培养化妆品技术应用型人才。

本教材编写符合高职高专教育培养生产一线应用型人才的特点，打破了传统工艺教材的编写模式，简化理论知识，突出化妆品的配方设计及生产技术两部分内容。本教材共分九章，其中绪论和所有的实训项目由陈文娟编写，第二章由钟红梅编写，第四、第六、第八、第九章由谢桂容编写，第三、第五、第七章由魏义兰编写，书中所有图表由刘小忠负责编辑，全书由陈文娟统稿。为方便教学，本书配有电子课件。

本书第5次印刷，紧密结合知识点、技能点，增加素质拓展内容，有机融入党的二十大精神，树立科学发展观，实现立德树人根本任务。

本教材可作为化妆品技术、精细化学品生产技术专业的专业教材，其他专业的选修课教材、化工类其他层次的教材和化妆品技术人员的参考书。

由于编者水平有限，不足之处在所难免，诚盼广大读者指正。

编者

目 录

第一章　绪论

第二章　乳剂类化妆品

第三章 淋洗类化妆品

第四章　水剂类化妆品

第五章　粉剂类化妆品

第六章　面膜

第七章　护发和美发用化妆品

第八章　美容修饰类化妆品

第九章　孕妇、儿童用化妆品

参考文献

第一章
绪 论

【学习目的与要求】

使学生了解皮肤的组成与结构、生理作用及保养要求；了解毛发的组成与结构、生理作用及保养要求；了解化妆品的国内外发展趋势；掌握化妆品的定义、作用、分类及性能。

化妆品种类繁多，品质各异。不同国家对化妆品有不同的定义，我国尚未统一其分类方法，其他国家的分类方法也不尽相同。化妆品性能必须满足安全性、稳定性、功效性和舒适性四个方面的要求。随着人们生活水平的提高，化妆品在国内外的发展呈现良好的势头。

第一节 化妆品的定义、作用及分类

一、化妆品的定义

微课

化妆品的定义、作用、分类及性能要求

化妆品用于清洁和美化人的皮肤、面部、毛发和牙齿等部位。目前，国际上对化妆品没有统一定义，但各国依据本国情况颁布的化妆品法规中，对化妆品的定义都很类似，均是从作用方式、部位、目的三个方面对化妆品进行定义，只是管理范围和分类略有不同。

美国《联邦食品、药品和化妆品法》中对化妆品的定义：以涂抹、擦布、喷洒或类似方法用于人体，使之清洁、美化、增加魅力或改变容颜，而不影响人体结构和功能的产品。

韩国则将化妆品定义为：用于人体清洁、美化、增加魅力，使容貌变得亮丽，以及维持、提高皮肤、毛发健康，使用后对人体作用轻微的物品。

日本《药事法》对化妆品的定义为：化妆品是指为了达到清洁、美化身体、增加魅力、改变容颜、保护皮肤和头发健康，以涂敷、撒布或其他类似方法在身体上使用为目的的，对人体作用缓和的制品。

欧盟《化妆品规程》对化妆品的定义为：化妆品是指用于人体外部器官（皮肤、毛发、指趾甲、口唇和外生殖器）或口腔内牙齿、口腔黏膜以清洁、香化、保护、保持其健康、改善其外观、去除体味为目的的物质和制品。化妆品不包括药品以及所有口服、注射、吸入体内的其他产品。

我国《化妆品监督管理条例（修订草案送审稿）》（2015年版）中定义化妆品为：是指以涂擦、喷洒或者其他类似方法，施用于人体表面（皮肤、毛发、指甲、口唇等）、牙齿和口腔黏膜，以清洁、保护、美化、修饰以及保持其处于良好状态为目的的产品。

二、化妆品的作用

化妆品的作用可以归纳为以下几个方面。

（1）清洁作用　清除皮肤、毛发、口腔和牙齿等部位的污垢，如洗面奶、洁面膏、沐浴露、洗发香波、牙膏等。

（2）保护作用　具有对皮肤和毛发的保护功能，使其滋润、柔软、光滑、富有弹性，抵抗风寒、烈日、紫外线辐射等对皮肤和毛发的损害，如润肤霜、润肤乳、防晒霜、发乳等。

（3）营养作用　在化妆品中添加营养组分，营养皮肤和毛发，增加细胞活力，维持角质层的含水量，减少皮肤皱纹，延缓皮肤衰老以及促进毛发生长，防止脱发等，如珍珠霜、营养精华霜、营养面膜、生发水、防脱发液等。

（4）美化作用　美化修饰人的面部、皮肤和毛发，散发芳香，使身体更具吸引力，心情愉悦，如胭脂、口红、美白霜、香水、眼影、眉笔等。

（5）治疗作用　预防及治疗皮肤、毛发等部位影响外表的生理和病理问题，如祛痘霜、祛斑霜、痱子粉等。

三、化妆品的分类

化妆品的种类繁多，分类方法五花八门。有按用途进行分类，将化妆品分为：清洁用化妆品、保护用化妆品、营养用化妆品、美容修饰用化妆品、治疗用化妆品；也有按性别分为男性化妆品和女性化妆品；还有按年龄分为婴儿化妆品、少年化妆品、青年化妆品、中老年化妆品；还有按化妆品的内容物分为 SOD（超氧化物歧化酶）系列化妆品、芦荟系列化妆品、黄瓜系列化妆品、珍珠系列化妆品、果酸系列化妆品、蜂蜜系列化妆品等。其中比较规范的分类方法是按使用部位以及剂型来划分，下面介绍两种常用的化妆品分类方法。

1. 按化妆品使用部位分类

（1）皮肤用化妆品　指用于皮肤及面部的化妆品。有洁肤用品，如洗面奶、清洁霜等；有护肤用品，如日霜、润肤乳、化妆水、保湿霜等；有美肤用品，如香粉、胭脂、增白霜等。

（2）发用化妆品　指专门用于头发的化妆品，有洗发膏、洗发香波等；有护发用品，如发乳、发油、护发素等；有美发用品，如摩丝、烫发液、染发剂、漂白剂、定型水等。

（3）唇部及眼部用化妆品　唇部用品，如唇膏、唇线笔、唇彩等；眼部用品，如眼影粉、眼线液、眼影液、眼线笔、睫毛膏、眉笔等。

（4）指甲用化妆品　有指甲上颜色用品，如指甲油、指甲白等；有指甲修护用品，如去皮剂、指甲柔软剂、抛光剂、指甲霜等；有卸除指甲用品，如去光水、漂白剂等。

2. 按化妆品的剂型分类

（1）乳化（体）状化妆品　润肤霜、粉底霜、BB 霜、润肤乳、营养霜、护手霜、日霜、晚霜、发乳等。

（2）液状化妆品　洗发香波、沐浴露、洗面奶等。

（3）油状化妆品　防晒油、发油、按摩油、清洁油、唇油等。

（4）悬浮状化妆品　祛痘水粉、增白粉蜜、微胶囊型化妆品等。

（5）粉状化妆品　痱子粉、香粉、爽身粉等。

（6）棒状化妆品　眉笔、唇线笔、眼线笔等。

（7）膏状化妆品　洗发膏、眼影膏、剃须膏等。

（8）胶状化妆品　发胶、定型水、凝胶面膜等。

（9）锭状化妆品　唇膏、防裂膏、除臭剂等。

（10）纸状化妆品　香水纸、香粉纸、清洁纸、香皂纸等。

（11）气雾状化妆品　喷雾发胶、摩丝、香水、化妆水等。

（12）蜡状化妆品　发蜡、脱毛蜡等。

（13）块状化妆品　粉饼、胭脂、眼影等。

第二节　化妆品的性能要求

随着人们生活品质的提高，对外在美越来越关注，对化妆品的性能要求也越来越高。化妆品是一种多种组分混合而成的多相体系，虽然它们的剂型和用途各不相同，但它们都具有共同的体系特性和质量特性。

化妆品的体系特性是指胶体分散性、流变性和表面活性。所谓胶体分散性是指化妆品大都属于胶体分散体系，其粒子大小为 $10^{-9} \sim 10^{-7}$ m，即化妆品是将某些组分以极小的微粒分散在另一介质中，形成一种多相分散体系。化妆品的流变性主要表现在使用化妆品过程中的各种感觉，如"稠""稀""浓""淡""黏""弹性""润滑性"等。化妆品大都具有表面活性特征：一方面因为在绝大多数化妆品成分中含有表面活性剂，常用作洗涤剂、乳化剂、增溶剂、发泡剂、润湿剂等，从而使化妆品具有相应的表面活性；另一方面由于化妆品属于胶体分散体系，由于分散相微粒的比表面积大，表面与表面互相吸附导致了物质表面性质的改变，因此使化妆品具有表面活性。

消费者更关注化妆品的质量特性。一般来讲，化妆品的质量决定了消费者对产品质量的满意程度。化妆品必须满足一定的性能要求，它包括安全性、稳定性、功效性和舒适性四个方面。

（1）安全性　化妆品是人们每天使用的日常生活用品，使用时间长，甚至会连续使用几年至几十年，因此，它的安全性尤为重要。化妆品的安全性主要取决于原材料的安全性，所有的原材料都必须通过安全性评价试验，确认对人体的皮肤和毛发无毒、无刺激性、无诱变致病作用等方可使用。只有使用合格的原材料，生产环境、生产过程无微生物污染，贮存和使用过程无污染，才可以确保化妆品的安全性。

（2）稳定性　化妆品在一定的保质期内必须具有相对的稳定性，指的是化妆品在保质期内，即使在炎热、寒冷的气候条件下，其形状、香气、颜色等也不改变，化妆品的胶体化学特性和微生物存活方面能保持稳定。微生物污染是影响稳定性的主要因素，化妆品最怕微生物污染，而化妆品的组成包括水分、碳源和氮源，这些都是微生物的理想培养基。如果感染细菌，一旦温度、湿度适宜，细菌繁殖速度迅速，导致化妆品出现分层、变色、变味。为确保化妆品的稳定性，必须严格控制化妆品在生产过程受到的一次污染和在消费者使用过程中受到的二次污染。此外，由于化妆品的胶体分散体系在本质上属于热力学不稳定系统，尽管体系中加入了乳液稳定剂，也只能获得暂时的稳定，所以化妆品的稳定性是相对的。对一般化妆品而言，其稳定期是 2～3 年。

（3）功效性　化妆品的功效性是备受人们关注的质量特性，其主要依赖于添加的活性成分和基质的效果。化妆品的功效性包括保湿、美白、防晒、抗紫外线、祛斑、祛皱等。目前，化妆品的功效性评价体系日益健全，评价方法趋向成熟和多样化。

（4）舒适性　化妆品的舒适性是指人们使用时感到舒适，因此，这就要求化妆品的颜色、香味兼备，在使用上与皮肤、毛发的融合度、潮湿度和润滑度适合，而且形状、大小、重量、结构、功能性和携带性合适。

化妆品的质量特性及要求也可用表 1-1 来描述。

表 1-1　化妆品的质量特性及要求

序号	质量特性	要　　求
1	安全性	对皮肤和毛发无刺激性，不过敏，无毒，无异物混入，无致病变作用
2	稳定性	不变质、不发生油水分离、不变臭、不变色等
3	功效性	具有保湿、清洁、美白、防紫外线等功效
4	舒适性	舒适感（与皮肤的相容性、润滑性）易使用性（形状、大小、重量、结构、携带性）嗜好性（香味、颜色、外观设计等）

第三节　化妆品与皮肤、毛发科学

人体的皮肤和毛发是化妆品的多数使用部位，使用化妆品的目的是保护、美化和修饰皮肤和毛发，好的化妆品能清洁、保护、美化皮肤和毛发，相反，不适当地使用化妆品或使用劣质化妆品会导致皮肤和头发问题。因此，研究和开发与人体皮肤和毛发相配套的安全、有效的化妆品的前提是了解皮肤和毛发科学。

一、皮肤的结构

皮肤作为人体外表层的主要器官，覆盖身体的全部，和身体另外一些器官是息息相关的，有着大量不可或缺的功能。成年人的皮肤总面积范围是 $1.5\sim2.0m^2$，其重量大概是总体重的 16%，平均厚度的范围大概是 $0.5\sim4.0mm$。通常而言，相对于女性皮肤来说，男性皮肤较厚；人的眼睑皮肤是最薄的，手掌与脚掌的皮肤是较厚的。

皮肤包含三个不同层面：表皮、真皮、皮下组织。皮肤的结构如图 1-1 所示。

1. 表皮

表皮，也就是皮肤的最外层，主要组成部分是角化的复层扁平上皮。表皮作为皮肤中最薄的部位，根据其在人体中所处的位置有着不同的厚度，然而其不存在血管与神经。表皮通常被分成五层，分别是角质层、透明层、颗粒层、棘层与基底层。

（1）角质层　主要成分是已处于死亡状态的扁平无核细胞。其中角蛋白能够使得皮肤避免受到外界等各种因素的影响。另外，大量的脂质集中在角质层细胞附近，在避免体内组织液外渗上有着良好的效果。角质层的产生与脱落通常是保持稳定状态的。

（2）透明层　只存在于手掌与足跖的表皮上。主要成分是无核、界限模糊与紧密联系的嗜酸细胞。细胞中的角质母蛋白和弹性纤维结合之后，能够避免水和电解质渗透，发挥出生理屏障的效果。

（3）颗粒层　主要成分是平行于皮肤的梭形细胞。其中还有细胞核、张力原纤维，细胞

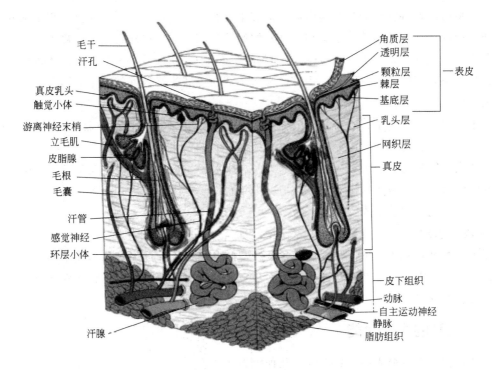

图 1-1　皮肤的结构

质中包含角质透明颗粒。这一层是非常好的防水屏障。

（4）棘层　主要成分是棘突与多角形的细胞。其中主要是让桥接颗粒来连接相邻两个细胞，其中存在空隙，淋巴液主要给细胞提供营养。棘突细胞有着分裂性的功能，能够进行创伤修复。

（5）基底层　还叫作生发层，为表层的最底层，主要成分是柱状细胞。这一层的细胞中大概有 10% 的黑素细胞，能够提供一定的黑素，其中皮肤的颜色取决于黑素量。基底细胞会核分裂，从而带来新细胞，不断向上移动从而形成各层表皮。如果皮肤受损，存在的基底细胞，则会实现对创面的修复而不会留下瘢痕。

表皮的结构如图 1-2 所示。

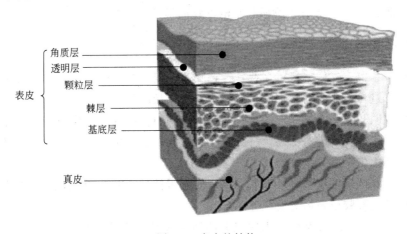

图 1-2　表皮的结构

由于角质层在日常生活频繁的摩擦，形成不易被发现的屑而掉落，在该过程中基底层还会出现新细胞。新生的角质产生细胞从基底按照从下到上的顺序转移到颗粒最顶层，该过程叫作角化，经历的时间是 14 天；这部分细胞经过角质层后脱落，一共经历的时间是 28 天，被叫作是更换表皮的时间。因此，不宜经常深层清洁皮肤，必须保持一定的周期。

2. 真皮

真皮存在于表皮之下，有着良好的伸缩性等特点，主要成分包括胶原蛋白、弹力纤维、网状纤维等，其在皮肤张力与光泽上能够发挥出良好的效果。如果胶原蛋白与弹力纤维非常丰富，那么网络架构会较为完善，肌肤光滑。如果胶原蛋白与弹力纤维流失，那么网状结构就会非常松软，而导致皮肤出现紧皱的情况。年轻时皮肤细腻光滑；而老年后由于皮肤纤维大幅度减少，造成皮肤下垂。

3. 皮下组织

皮下组织处在真皮之下，主要成分是结缔与脂肪组织，因此还被称为皮下脂肪组织。皮下组织的厚度根据个体、性别与部位而存在一定的差异。一般情况下，腹部皮下组织中脂肪最厚，可达 3cm 以上。

二、皮肤的生理功能

皮肤覆盖在人体最表层，具有以下几种生理功能。

（1）保护作用　它可以减少皮下组织的物理损伤，防止过度的日光照射，减少化学性物质与细菌等渗透，可以抵御创伤，表皮最外层的酸性保护膜能够发挥出防水的效果。

（2）分泌作用　让皮脂腺分泌的皮脂保持在一定的水分状态下，使得皮肤光滑有活力。

（3）感觉作用　知觉末梢神经对冷热触觉、压力、疼痛有反应，如轻微烫伤有感觉（很痛），而严重灼伤，破坏了神经反倒不痛（已起保护）。

（4）调节体温　保持正常体温（通常为37℃）。当外界的温度有所改变，皮肤中的血液和汗腺会自动调节体温保护身体。

（5）排泄作用　吸收由汗腺排出的汗液，因为汗液里存在盐与其他化学物质等，人体的成分会随着汗液的排出而减少。

（6）吸收作用　吸收的途径：a. 小分子的营养物质被角质细胞所吸收；b. 脂溶性物质被皮脂孔所吸收；c. 一些大分子物质与水溶性物质被汗孔所吸收。

三、皮肤的分类

依据年龄、季节、气候、遗传、饮食、睡眠等因素，将皮肤分为最常见的五大类型，了解皮肤的类型可进行专业的皮肤护理，也是选择化妆品的重要依据。

（1）中性皮肤　其为人体最佳的皮肤，该种皮肤的皮脂腺与汗腺分泌是较为合理的。皮肤光滑有活力；不存在突出的毛孔，肌肤水嫩有弹性；冬季稍微较干燥，夏季较为油腻。主要是处于青春期的少年有着该种皮肤。

保养要点：在低湿度或寒冷环境下，中性皮肤可能转变成干性皮肤，应加强保湿护理。乳液型配方产品比凝胶或霜剂更适合中性皮肤。

（2）干性皮肤　其主要是由缺水性与缺油性两大类组成的。35 岁及以后的群体会出现缺水性皮肤；处于青春期阶段的青少年会出现缺油性皮肤的情况。缺水性的典型表现：对外部的变化因素反应较为敏感，汗腺分泌水平较低，和营养缺乏与身体疲惫等因素是密切相关的。皮肤毛孔小，易于出现细纹，眼部会产生皱纹，眼角会出现脱屑等情况。缺油性的典型表现：皮脂分泌少、皮肤失去光泽等。

保养要点：应使用无泡沫型清洁产品，以免破坏皮肤表面的脂质层；洁肤后应在皮肤还未干透时涂抹保湿产品，以保持皮肤表面的水分；干性皮肤不宜使用爽肤水；极度干性皮肤应避免使用面部磨砂产品，以免破坏皮肤屏障；乳剂和霜剂的防晒产品均适用于干性皮肤。

（3）油性皮肤　皮肤毛孔粗大，附着大量的油脂，脸上油。皮质较厚，皮肤不会轻易出现皱纹，然而却通常会生长出粉刺，出现脂溢性皮炎的不良症状，皮肤附着力大大降低。对外界因素的变化反应不明显。处于青春期阶段的青少年易于出现该种皮肤。

保养要点：适合选用起泡型和含水杨酸的清洁产品，如泡沫洗面奶；日常可使用爽肤水；凝胶和精华液配方产品较霜剂更适合油性皮肤；一般无需使用保湿产品，如使用保湿产品，应选用较清爽型的产品，如乳液；在使用防晒产品后可使用粉剂吸油或使用防晒喷雾。

（4）混合性皮肤　具备了油性与干性皮肤的共同特点，U部位（指以下巴为中心向两颊延伸的部位）有着干性皮肤的特点，T部位（指额头与鼻梁组成的部位）有着油性皮肤的特点，手触摸时会有着两极分化的直观感受，多见于25～35岁之间的人群。

保养要点：注意油分和水分的平衡，加强T区控油及去角质，注意按摩、清洁。

（5）敏感性皮肤　该种皮肤护理难度较大，其中会出现敏感情况与微血管扩张等严重的皮肤问题。皮肤紧绷，肤质薄弱，微血管表浅，有血红丝、红疹现象。

保养要点：按时清洁，保养按摩适度得当，避免直接接触刺激性的保养品，少吃刺激性的食物；使用抗炎产品减少刺激和炎症反应；避免使用磨砂产品；选用物理性防晒产品。

四、皮肤的老化与保健

人的衰老是复杂多样性的过程，也是生命发展不可逆转的趋势。人们在追求幸福健康生活的同时，也渴望拥有健康美丽的皮肤。因此，抗衰老成为功效性化妆品的研发主题。

1. 皮肤的老化

随着年龄的增长，人体的皮肤也相应地发生了变化，导致皮肤老化的因素非常多。通过分析自由基理论可以发现：年龄与太阳光照射都能够增加自由基的数量，其中饱和的自由基会与体内的不饱和脂肪酸发生反应，造成细胞膜中的不饱和脂肪酸数量减少，而饱和脂肪酸数量增加，由此使得膜的柔软性降低，造成细胞膜出现功能性问题，从而导致机体处在不良的状态之中，反映为皮肤干燥，不光滑，失去活力。不饱和脂肪酸与自由基之间通过反应而生成丙二醛，其会和体内蛋白质以及核酸发生反应，生成荧光物质，该种荧光物质会聚集在皮肤上，从而产生老年斑。另外，体内自由基数目的增加还会造成结缔组织中胶原蛋白的交联，由此使得胶原蛋白的溶解性降低，具体反应在机体上即为皮肤失去弹性、骨骼易碎、眼睛晶状体变浑浊等。由此可见，日光照射是加速皮肤衰老的最重要外部因素，抗衰老化妆品的研究重点之一是添加特效组分引起通过物理或化学反应抵御日光对皮肤的损伤，达到延缓皮肤衰老的目的。

2. 皮肤的保健

皮肤是人体自然防御系统的第一道防线。健康靓丽的肌肤，不仅使人显得年轻而富有朝气，还会给人带来美的感受。靓丽光鲜的皮肤体现为：干净卫生，有光泽，活力四射，富有弹性。因此，保护皮肤，特别是面部皮肤，对美容养颜、延缓衰老具有十分重要的意义。

怎样避免皮肤的老化，是一项非常困难的问题。因为机体生命的固定周期性，所以如果想从本质上处理老化问题是不切实际的。但是如果及早采取必要的措施，关注皮肤，采取合理有效的对策来展开护理，就可以减缓皮肤老化的过程。下面就日常生活中应该注意的，也是容易做到的一些有关皮肤保健的措施进行介绍。

(1) 保持皮肤清洁　因为角质层老化脱落，汗腺分泌的汗液和其他内分泌物等相互融合而粘在皮肤表层上，由此产生污垢。出现的这部分污垢，不仅会造成汗腺与皮脂腺堵塞，还会抑制皮肤代谢的速度，并且皮脂易与空气发生氧化作用，产生难闻的气味，造成病原菌的不断生长繁殖，最后造成皮肤病的出现，加速皮肤老化。所以需要对其进行清洗干净。

(2) 科学使用化妆品　化妆品的合理使用也是非常重要的。在合理有效地选择与使用化妆品后才能够发挥出清洁皮肤、保护皮肤等良好的效果。如果选用不科学，则会导致皮肤的进一步老化。另外，应该关注化妆品的使用方法。应该使得面部皮肤处于光滑与柔软的状态之中，其中不仅应该及时的补充油分，补水也是相当关键的。在选用化妆品前，首先在皮肤上敷上热毛巾，由此既能够补充一定的水分，还能够使得角质层变得较为柔软，发挥皮肤的吸收作用。譬如在涂抹营养化妆品的过程中，应该进行相应的摩擦，就能够促进皮肤对营养成分的吸收，从而进一步抑制皮肤的老化。

(3) 抵御外界不良刺激　外部很多不良因素的影响都是造成皮肤老化的关键性原因，譬如受到部分物理与化学因素的影响，还有会受到自然环境如太阳光等不利因素的影响。即使太阳光中的紫外线能够发挥出强化皮肤的效果，然而当处在较大波长范围中的紫外线照射时，能够让皮肤出现皮炎与色素沉积等状况，以至于还会出现皮肤癌。所以，抵御紫外线照射是抑制皮肤老化的主要方式。特别是在强烈日光下的白天，应使用防晒指数较高的防晒化妆品。

(4) 保证充足的睡眠，保持精神愉悦　睡眠能促进机体的新陈代谢。事实上，心理状态与皮肤和毛发的早衰紧密相关，过度焦虑对皮肤和头发有害，易导致早衰。心情舒畅，则显得人精神焕发，有助于防止皮肤的衰老。

(5) 补充皮肤营养　皮肤是构成人机体的主要部分，若想保护皮肤、减缓皮肤衰老，就应该使得皮肤吸收大量的营养。只有合理摄取并及时补充营养物质，才可以使得皮肤得到良好的滋润和保养。尤其是补充蛋白质，可以提高皮肤的弹性，减少皮肤的皱纹等。

五、化妆品与毛发科学

1. 毛发的组织结构

毛发主要是由角化的表皮细胞组成，按照是否存在毛髓与黑色素，毛发的种类包括毳毛、软毛与硬毛。毳毛不存在毛髓与黑色素，在胎生期结束时就会脱落；软毛存在黑色素而没有毛髓，主要存在于皮肤的不同部位；硬毛不仅有黑色素还有毛髓，仅存于头部和阴部等。

头发作为头皮的附属物，其为头皮不可或缺的部分。头发的质地、颜色根据性别、自然条件和营养状况等而存在较大的差异，颜色种类包括黑、棕、黄、灰等。通常情况是东方人主要是黑色直发；欧洲人基本上是柔软的棕黄或金黄色的羊毛发；非洲、美洲人大都是扁形卷发。

围绕纵向层面展开，毛发的主要成分是毛干、毛根等，它的结构如图 1-3 所示。毛发露在皮肤外部的部分叫作毛干；在皮肤下处在毛囊之中的部分叫作毛根；毛根主要是由代谢旺盛的上皮细胞构成，还被叫作毛基质，其为毛发和毛囊的生长处；毛乳头处在毛球的向内凹入的位置，其主要成分有结缔组织、神经末梢和毛细血管，这部分成分主要为毛发生长带来所需的营养物质，还会赋予毛发相应的触觉。

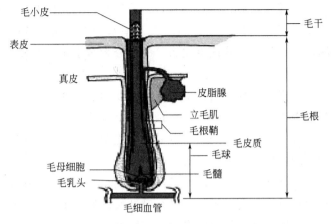

图 1-3　毛发的结构

2. 毛发的作用

毛发能够起到保护皮肤、维持体温的效果。头发可以保护人的头皮和大脑。夏天可以防止日光对头部的强烈照射，冬季能够发挥出御寒保暖的作用。蓬松而柔软的头发，有着良好的弹性，对外界的机械性刺激等能够发挥出缓冲的作用，避免头皮受伤。头皮汗腺排出的汗液，能够借助于头发来促进蒸发。头发在得到相应的修饰后，能够呈现出风格不同的造型，给人带来美的感受。此外，由于毛发的毛根与神经相互联系，所以会具备触觉。

3. 毛发的化学组成及结构

毛发的基本组成是角蛋白质，由 C、H、O、N 和 S 元素构成。毛发的主要化学成分是角蛋白，其中包含胱氨酸、谷氨酸和精氨酸等。

毛发的化学结构：氨基酸以多肽链的形式连接成主链。其分子结构如下：

$$H_2N-\underset{H}{\overset{R}{C}}-\overset{O}{C}-NH-CHC-\overset{O}{\underset{n}{C}}-NH-\underset{H}{\overset{R}{C}}-COOH$$

毛发的空间结构：蛋白质二级结构。1925 年鲍林提出毛发的空间结构符合 α-螺旋结构，大量的纵向键形成空间网络结构，它使头发舒展和有弹性，并有一定的柔韧性。

4. 头发的护理

头发不仅保护着头皮，还会给人的形象带来一定的影响。健康亮丽的头发与漂亮的发型，能够提高人的形象水平，增加人的精神活力。然而头发也有着一定的生命周期，受到不同因素的影响会产生白发、脱发等状况。所以，需要重视头发的日常护理，让其处于干净、健康的状态。

（1）头发的清洁　头部出汗，皮脂分泌较多，易于弄脏头发。头皮上不仅存在剥落的角质层、皮脂，还有遗留的化妆料和灰尘等。头皮上累积的污垢物非常多，不仅会影响形象，还会导致汗腺与皮脂腺堵塞，造成其排泄不通，与此同时细菌也会在头部生长繁殖，因此必须经常保持头发的清洁卫生。

洗头的次数应根据个人体质、周围环境等具体情况而定，通常每星期 1～2 次为宜。洗头次数过多，会过于洗去对头皮和毛发有一定保护作用的皮脂，使头发干燥、缺乏光泽、易断等，所以洗发也不能过勤，且洗后还应酌情搽用护发用品，以便有效地保护头发。

（2）头发的养护与保健　人类正常的头发，出油比身体的其他部位都要多得多。头皮分泌的油脂让头发表层附着了油脂膜，能够抑制头发中水分的流失，从而维持头发的水油均衡，使得头发有光泽，富有弹性。若该层油脂膜的油分相对于正常的要少得多，那么头发就会变得毛糙、干枯等。

第一，用发胶与护发素等护发用品，从而维持头发油水均衡，使得头发亮丽有光泽。在秋冬季洗发之后，头发表层的油脂膜量会大大地降低，从而造成头发失去光泽，变得毛糙。此外，头发在进行烫染之后，因为化学药物的效果，会导致头发油脂膜大量的流失。因此，应该尽可能地减少烫染的次数，避免头发的过度损伤。

第二，防止过量的太阳光给头发带来的损伤。头发角蛋白中的二硫键在较强的太阳光曝晒下会出现断裂，从而造成头发毛糙等。所以在经过长期的太阳光曝晒后，需要涂抹发乳与护发素等护发用品，另外还应该避免太阳光的过度照射。

第三，在游泳之前应该做好头发护理工作。游泳也会在一定程度上造成头发毛糙干枯，其主要是因为水中富有氯气与漂白物质等，受到日光的照射作用而造成头发中的角质出现变化。在游泳之前，应该涂上防紫外线的发乳，佩戴好橡胶质的泳帽。在游泳之后，首先使用适当的香波来洗头，接着用营养护发素来护理头发，则能够让头发处于良好的弹性状态。

第四，理发能够在一定程度上起到护养头发的作用，随着头发的不断长长会出现分叉的情况，从而会抑制头发的进一步生长，而理发则能够促进头发的生长。电吹风会导致头发非常干燥，应该减少电吹风机的使用。

第五，头皮按摩能够起到护理头发的效果。头皮上存在大量的神经末梢，而按摩可以使得头皮血液循环流动，控制皮脂分泌，促进头皮新陈代谢，维持头发良好的光滑度，避免头发过早的脱落。

第六，梳头发也能够在一定程度上起到保护头发的作用。梳头发可以刺激头皮，促进头皮血液循环，从而加快头发生长，使得头发更加光滑且富有弹性。

第四节　化妆品的发展趋势

目前，化妆品已渗透到人们的日常生活中，成为现代文明社会中各年龄阶层不可缺少的生活必需品，同时也是人们美化生活和职业文明的必需品。世界人口的逐年增长，带来化妆品消费量的提升，也促进了化妆品工业的发展。世界各国的化妆品产量每年都在不断增长，各大化妆品公司每年化妆品产量都有很快的增长速度。

一、化妆品工业发展概况

1. 国内化妆品工业发展概况

人类使用化妆品已有几千年的历史。在中国，殷商时代就开始使用胭脂，战国时期的妇女用白粉敷面、用墨画眉。目前，国内化妆品工业主要集中在工业比较发达、原材料和包装材料等配套条件比较丰富和优越的地区。按大的区域划分主要有：华东地区，其中以上海为代表；华北地区，如天津市；中南地区，如广州市；西北地区，如西安市；西南地区，如重庆市；而东北地区，如哈尔滨、大连市和吉林市的化妆品产量大致相当。

我国改革开放政策促进化妆品工业迎来新的发展机遇，化妆品企业呈现蓬勃发展的势头。2018年底，全国化妆品零售额达2619亿元，同比增加9.6%。预测2019年全国化妆品零售额将达到2963亿元，充分显示了化妆品作为"朝阳产业"的活力。

目前，中国化妆品工业呈现以下几个现状：第一，国外著名化妆品公司，如美国的宝洁和雅芳、英国的联合利华等都已进入中国市场，利用外资来加快我国化妆品产业的发展已成为目前国内化妆品工业发展的特点之一。第二，大力发展化妆品的民族品牌也成为摆在国内化妆品企业面前的问题，同时也是化妆品工业今后发展的重要目标。第三，利用国内独有的天然资源，如芦荟、人参、珍珠、当归等，还有中草药和天然动植物提取物，研究和开发功能型和疗效型化妆品是国内化妆品发展的主要趋势。

2. 世界化妆品工业发展概况

就化妆品的市场行情而言，全球最大的化妆品消费市场是亚太地区，占全球同期总量的36.9%，西欧、北美、拉美地区分列其后。但是，中国本土化妆品品牌销售额仅占22%，远远低于美国、日本和韩国。

就化妆品的消费水平而言，发达国家和发展中国家之间的差距较大。与西欧部分国家相比，亚太地区的化妆品消费水平处于总体偏低的状态，但亚太地区各国的状况也很不均衡。根据国家统计局公布的最新统计数据，以13亿人口估算，中国人均化妆品消费额从2011年的27.81美元逐渐增长到2014年的35.04美元。美国、日本、韩国这三个国家2014年化妆品市场人均消费分别为239美元、292美元以及220美元，仍存在6～8倍的巨大差距。

就化妆品的工艺技术而言，不断引入新技术是各国化妆品工业普遍追求和采用的做法。一方面，新型乳化技术如低能乳化、电磁波振荡连续乳化和高剪切连续乳化等应用于膏霜和乳液类制品的研制和开发，这些技术既缩短乳化时间，又节约了能源，还提高了产品质量；另一方面，皮肤传输技术（如微胶囊化、制成脂质体、纳球等）应用于产品的研制和开发，保留了化妆品组分的活性，实现了其对皮肤的有效作用，并延长了作用时间，增强了制品的实际功效。

二、化妆品工业发展趋势

进入二十一世纪后，化妆品进入了与人类一体化的新阶段，为消费者创造真正的价值产品，将逐步成为化妆品行业和化妆品公司的一致目标。为了实现化妆品工业的进一步发展，化妆品的基础研究已从化妆品科学扩展到细胞生物学、分子生物学、现代医药化学、药理学、心理学和生命科学。化妆品研究不仅强调化妆品生理功能的改善，即生理学的实用性，更注重对化妆品心理功效的研究，包括五感和人们心理状态的变化。根据现代生命科学的原理，心理状态影响人的神经、内分泌和免疫功能，创造良好的心理状态可以达到身心健康的目的。它还可以达到更高层次的消费者理想的"美与健康"。此外，二十一世纪是寻求人类与地球环境共同存在的时代，不断创造新的美丽世界，使身体之美成为必然。化妆品的环保研究已经提上日程。

1. 国内化妆品发展趋势

从全球化妆品的发展趋势的分析可知，目前，中国化妆品在技术力、美学力及概念力方面都处于中低档水平。因此，中国化妆品行业在未来相当长的一段时间内的总的发展趋势可以概括为：全行业追赶发达国家的水平。

（1）新材料的开发和研究　化妆品配方中，将会在功能性的添加物方面进行拓宽，开发出更多的功效性化妆品。保湿功能是化妆品永恒的主题，抗皱及抗衰老等化妆品一直是人们追求的护肤产品，美白化妆品是东方女性永恒的追求，防晒产品已成为销售的热点，要满足以上需求必须不断开发功效性的新材料。

（2）新技术的研究　第一，利用生物工程技术可生产高活性、价廉的生物制剂，如超氧化歧化酶（SOD）、透明质酸（CHA）、表皮生长因子（EGF）、初乳活性营养因子（CHF）、表皮营养因子（ETF）、表皮润泽因子（EMF）等，人们发现了这些天然高活性物质具有延缓或抑制皮肤的衰老、恢复或修复皮肤创伤等功能，是国内外都非常看好的美容化妆品的添加剂，具有大量应用于化妆品的趋势。第二，动植物提取物添加应用到化妆品中，在中国有其独到之处。可从植物中提取胶原蛋白、植物激素、植物多糖、美白成分及杂环类成分等，如人参、皂苷应用于化妆品中对皮肤有着明显的护肤功能，对皮肤角质层有很强的亲和性和"穿透"力，促进细胞生长等；再如我国开发的添加天然"茶多酚"的化妆品，具有易被皮肤吸收，活性稳定，在酸性和避光条件下，活性能长期保持不变，无毒、无刺激性等良好功能，是具有前途的化妆品新添加物；金属硫蛋白是从动物体内提纯的具有生物活性及独特性能的低分子量的蛋白质，有修复受损细胞的作用，受到医学界的关注。第三，纳米技术和纳米材料成为当今时代的热点。当前纳米技术在化妆品中的应用仅限于固体原料粒子的操作，利用其奇异的特性应用于化妆品中，但不能把应用了纳米材料的化妆品称为纳米化妆品，这是误导消费者的不科学做法。此外，大力发展新型乳化技术，如微乳技术、微胶囊化、脂质体等技术。

（3）新产品和新领域的开发与研究　随着我国及世界进入老龄化阶段，适合中老年人的身体特点、心理状态和新消费观念的中老年人专用化妆品还有待开发；儿童化妆品市场也将是广阔和活跃的，对儿童更为安全、适用，质优及包装新颖的儿童化妆品有一片天地；男士化妆品随同女士化妆品的发展而得到发展，护肤、须用、发用、浴用和古龙水等适合男性的化妆品也必然得到发展。美国男士化妆品占市场份额的 7%，意大利女士化妆品市场饱和度为 66.1%，男士仅为 9.2%，大有发展空间。归纳起来，当前国内化妆品的新产品和新领域的开发趋势具体体现在以下几个方面：a. 专业化妆品市场持续升温；b. 运动用化妆品市场一触即发；c. 天然化妆品市场备受青睐；d. 儿童化妆品市场方兴未艾；e. 中老年化妆品市场值得关注。

（4）天然化妆品的研发　天然原料具有无毒、无刺激性等优点，正好满足了人们对化妆品的共同期待。在中国，结合中医特色，研发以作用温和又具有一定功效的中草药提取物为天然添加剂的化妆品已成为新产品开发的热点，符合当今世界化妆品的发展潮流。

（5）功能、疗效性化妆品的研发　美白祛斑、抗衰老、防晒化妆品等是化妆品发展趋势的永恒主题。这类功能疗效性化妆品可满足人们追求高端高品质化妆品的需求。

2. 世界化妆品发展趋势

世界化妆品原料的发展趋势依然是"重返大自然"。近十几年来，国内外在医药、保健品和化妆品领域掀起了绿色浪潮，"天然活性成分"被视为安全、健康和有效的代名词。随着医学研究的深入，广大消费者对使用化学合成物制造的化妆品持更加谨慎的态度。近年来，化妆品生产注重原料的天然化，形成开发天然资源的世界热潮。国外化妆品公司对化妆品原料的开发相当重视，主要集中在研究安全、有效和性能稳定的化妆品原料。医学手段在研究中已得到越来越多的应用，这也是世界化妆品发展的必由之路。

国际化妆品的发展正在美国、西欧和东南亚各国和地区趋于供求平衡，稳步增长。因此，今后除发展中国家的化妆品将大幅增长外，总体不会出现大起大落。化妆品的品种和质量、用途和功能将是市场追求的"热点"，数量不是发展的目标，重点将要集中到发展的"热点"，赢得市场和效益是生产厂家和销售商的共同目标。据预测，二十一世纪的个人护理品不会有较大的年增长，大多数品种的年涨幅不会超过3％，但是化妆品工业是不会消失的行业，其发展将是永恒的。

总之，纵观目前国内外化妆品行业的发展趋势，普通化妆品已基本处于缓慢发展阶段，只有具有特殊功效的化妆品，如天然化妆品、抗衰老化妆品和防晒化妆品仍在上升，高档化妆品个性化定制已成为热门话题。

【素质拓展】

文化自信

改革开放以来，有"美丽经济"之称的中国化妆品行业异军突起、迅猛发展，中外各大品牌厂商无不瞄准和抢占全球增长速度最快、市场容量潜力最大的中国市场。大浪淘沙，不少曾经的国际化大牌折戟沉沙、销声匿迹，而众多的本土化妆品品牌横空出世，交出了一份份令人称赏的中国答卷。以佰草集、百雀羚、相宜本草等为代表性的本土化妆品品牌紧紧把握住发展良机，直面行业洗牌与挑战，与国际品牌同台竞技，在天然原料开发、产品绿色工艺、制剂配方和整合营销传播等多领域整合发力，踔厉奋发，久久为功，率先化蛹为蝶、脱颖而出，成为广受欢迎的国货品牌，有力地打造了响当当的国货品牌，铸就了一座座民族产业的丰碑，生动地诠释了中华文化自信。

思 考 题

1. 简述化妆品的定义及分类。
2. 化妆品有哪些作用？
3. 化妆品的质量特性有哪些？
4. 皮肤由外及里共分为哪几层？每层皮肤的组织结构和性能如何？
5. 皮肤的作用有哪些？
6. 皮肤可分为哪几类？如何根据皮肤类型选择和使用化妆品？
7. 简述毛发的结构、化学组成及毛发的作用。
8. 如何做好头发的护理？
9. 简述国内外化妆品的发展趋势。

第二章
乳剂类化妆品

【学习目的与要求】

使学生掌握乳剂类化妆品的配方组成，达到会设计乳剂类化妆品配方的目标；使学生会分析润肤霜、润肤蜜、雪花膏、香脂配方；使学生了解乳剂类化妆品生产主体设备结构及工作原理，掌握乳剂类化妆品的生产工艺流程及乳化技术；使学生掌握保湿化妆品、美白化妆品、防晒化妆品、祛斑化妆品以及抗衰老化妆品的配方设计原理，会分析与设计上述功效性化妆品的配方，并掌握其制备方法。

人们常用的雪花膏、润肤霜、乳液、冷霜、发乳、清洁蜜、粉底霜、减肥霜等都属于乳剂类化妆品。乳剂类化妆品是指由油性原料和水性原料在表面活性剂的作用下配制而成的一类外观为乳白色的制品，它是护肤品中最常见的一类。

根据乳化性质的不同，乳剂类化妆品可分为油包水（W/O）型和水包油（O/W）型两种类型。不同剂型的乳剂类化妆品适用于不同的皮肤类型，一般 W/O 型适用于干性皮肤，O/W 型适用于油性皮肤。乳剂类化妆品中的油性原料和水性原料可以起到滋润皮肤，保护皮肤，并适度补充皮肤水分的作用。当下，化妆品生产企业往往在乳剂产品基础物质中增加适当的功效性或功能性物质，就产生了如美白、祛斑、防晒、抗衰等具有各种特殊作用的功效性化妆品，这已经成为化妆品业界的不二选择。

第一节　乳剂类化妆品的配方组成及设计

一、乳剂类化妆品的配方组成

乳剂类化妆品是化妆品中产量最大的门类之一，而且是主要产品，主要用于皮肤的保护和营养。常见的品种有雪花膏、润肤霜、润肤乳液、冷霜（香脂）、祛斑霜、防皱霜、营养霜、美白霜等。

化妆品的配方组成及设计

微课

正常健康的皮肤角质层中，含有 10%～20% 的水分，以保持表皮角质层的塑性、柔软和平滑，维持皮肤的湿润和弹性。但由于年龄和外界环境因素的影响，角质层中的水分通常会降到 10% 以下，皮肤就会显得干燥，失去弹性并出现皱纹，加速皮肤的衰老。因此，可通过护肤化妆品给皮肤补充水分和脂质，从而恢复和保持皮肤的润湿性，促进皮肤健康，延缓皮肤的老化。

乳剂类化妆品都属于乳化类产品，它们使用表面活性剂（乳化剂）将油相和水相乳化混合在一起制成。其最基础的作用是能在皮肤表面形成一层护肤薄膜，可保护皮肤，缓解气候变化、环境不良等因素的直接刺激，补充皮肤正常生理过程中所需的营养。

乳剂类化妆品按状态分，有固体状态不能流动的膏（质地硬）、霜（质地软）和能流动的液体膏霜，如各种乳液；按含油量区分，可有乳液、雪花膏、中性膏霜（润肤霜）和香脂；按乳化体类型区分可有 O/W 型、W/O 型，另外还有多重乳化体系（W/O/W 型或 O/W/O 型）。

按原料在配方中的功能来分，乳剂类护肤品通常由以下组分组成。

1. 柔软剂体系

柔软剂的主要功能是阻隔水分，输送油分和水分，达到改良触感的理想效果。选用的原料包括油脂类（用量 2%～30%）、脂肪酸酯类（用量 1%～11%）、脂肪醇类（用量 1%～5%）、吸收基质类（羊毛脂及其衍生物，用量 3%～18%）、脂肪酸类（用量 2%～22%）以及蜡类（用量 1%～16%）。

常用油相原料如下所述。

（1）液态油脂　包括动植物类油脂和矿物类油脂。它赋予皮肤柔软性、润湿性；促进皮肤吸收有效成分，形成疏水性油膜，抑制皮肤水分蒸发，减少摩擦，增加光泽，起溶剂作用。可用的液态油包括但不限于橄榄油、蓖麻油、杏仁油、霍霍巴油、磷脂等动植物油脂和液体石蜡等矿物油。

（2）固体蜡　包括动植物类蜡和矿物质蜡，能提高制品稳定性；赋予一定程度的摇变性和触变效果；改善使用感和柔润效果；提高液态油的熔点。这类固体蜡有蜂蜡、鲸蜡、混合醇等动植物蜡和固体石蜡等矿物质蜡。

（3）半固体蜡和油脂　兼有液态和固态蜡的特点，如凡士林、羊毛脂等。

2. 乳化剂体系

乳化剂是乳剂类护肤品中必不可少的组成部分。在产品中主要起乳化作用，利用它把油相成分充分分散成为微小的液滴均匀地分布在水相之中，或者反过来，把水相成分充分分散成为微小的液滴均匀地分布在油相介质之中，形成乳化体并且保障乳化体系长期稳定存在。同时，乳化剂还可提高产品的分散作用和渗透效果，使产品涂抹在皮肤上时能顺利地在皮肤表面均匀地铺展，进一步穿过毛孔渗透入深层的真皮组织中发挥护肤功能。此外，乳化剂还可以起到协调作用，使其他添加剂体系发挥最佳效能。常用的乳化剂包括皂类（用量 4%～18%）、非离子表面活性剂（用量 3%～12%）、非皂类阴离子表面活性剂（用量 1%～4%）、阳离子表面活性剂（用量 0.2%～5%）、辅助乳化剂和稳定剂（羊毛醇、脂肪醇、多元醇酯等）。

3. 增稠剂体系

增稠剂体系可选用矿物增稠剂（用量 0.2%～3%）、各种改性纤维素（用量 0.1%～1%）、金属氧化物及肥皂（用量 0.2%～20%）等。这一体系为悬浮系乳状化妆品的重要组分，有助于膏霜体"赋形"，改善其特征黏度和环境稳定性。常用的水溶性聚合物有瓜尔胶、汉生胶、羟乙基纤维素、丙烯酸系聚合物等。

4. 吸湿剂体系

吸湿剂体系主要是有助于护肤产品的整体触感和湿润功能效果，降低冰点，阻止水分蒸发。这类原料通常掺和在乳化水溶液中，与柔软剂体系结合，形成皮肤护理体系，有助于塑化和柔化皮肤。多选用多元醇（用量 3%～12%）。

5. 活性成分

活性成分即功能性添加剂，是乳剂类护肤品中的主要功效成分，如用于美白、祛斑的熊果苷、维生素 C、曲酸、果酸、芦荟；用于去角质、嫩肤的水杨酸、果酸；用于抗衰老的维生素 E、SOD、甘草黄酮等。

此外，还会添加一些感官性添加剂，如香精、防腐剂和抗氧剂、颜料、彩色悬浮颗粒等。

二、乳剂类化妆品的配方设计

（一）配方设计的总体原则

（1）较高的安全性　主要指对皮肤安全，无刺激。

（2）较好的稳定性　体系本身要稳定，按惯例要耐受 3 年保质期限，能经受不同地区、不同温度环境的影响，能经受使用过程中的涂抹影响。

（3）良好的配伍性　乳化体系与其他体系相互配合，要具有一定的功效添加剂承载能力，具有一定的耐离子性。

（4）良好的皮肤感　主要是指涂抹感觉舒适。

（5）良好的可观性　化妆品必须具有良好的外表可观性，从而满足消费者的视觉需要，激发消费者的购买欲望。

（二）配方设计

1. 油相原料的选择

油相原料是组成乳剂类化妆品的基本原料。其主要作用有：能使皮肤细胞柔软，增加其吸收能力；能抑制表皮水分的蒸发，防止皮肤干燥、粗糙以至裂口；能使皮肤柔软、有光泽和弹性；涂布于皮肤表面，能避免机械和药物所引起的刺激，从而起到保护皮肤的作用；能抑制皮肤炎症，促进剥落层的表皮形成。

产品的分布特性及其最终效果和油相组分有密切的关系。W/O 型乳化体的稠度主要取决于油相的熔点，一般很少超过 37℃。O/W 型乳化体（如雪花膏）的油相熔点可远远超过 37℃。另外，乳化剂和生产方法也能改变油相的物理特性，并最终表现在产品的性质上。

一般认为，对皮肤的渗透性来说，动物油脂比植物油脂好。而植物油脂又比矿物油脂好，矿物油对皮肤不显示渗透作用。胆固醇和卵磷脂能增加矿物油对表皮的渗透和黏附。矿物油是许多膏霜中最常用作油相主要载体的原料。当基质中存在表面活性剂时，表皮细胞膜的透过性将增大，吸收量也将增加。

油相也是香料、某些防腐剂和着色剂以及某些活性物质如雌激素、维生素 A、维生素 D 和维生素 E 等的溶剂，颜料也可分散在油相中。相对地说油相中的配伍禁忌要比水相多得多。

2. 水相原料的选择

在乳剂类化妆品中，水相是许多有效成分的载体。作为水溶性滋润物的各种保湿剂，如甘油、山梨醇、丙二醇和聚乙二醇等，能防止 O/W 型乳化体的干缩，但用量如果太多会使产品在使用时感到黏腻。作为水相增稠剂的亲水胶体，如纤维素胶、海藻酸钠、鹿角菜胶、黄蓍胶、丙烯酸聚合物、硅酸镁铝和高岭土等，能使 O/W 型乳化体增稠和稳定，在护手霜中起到阻隔剂的作用。各种电解质，如抑汗霜中的铝盐、卷发液中的硫代乙醇酸铵、美白霜中的汞盐、冷霜中的硼砂和在 W/O 型乳化体中作为稳定剂的硫酸镁等，都是溶解于水中的。许多防腐剂和杀菌剂，如六氯酚、季铵盐、氯代酚类和对羟基苯甲酸酯也是水相中的一部分。此外还有营养霜中的一些活性物质，如水解蛋白、人参提取液、珍珠末水解液、蜂王浆、水溶性维生素及各种酶制剂等。当然，在组合水相中成分时，要特别注意各种物质在水相中的化学相容性。因为许多物质很容易在水溶液中相互反应，以至失去效果。有些物质在水相中，由于光和空气的影响，也容易逐渐变质。

3. 乳化剂的选择

HLB 原理指出：每种特定的油相物质都有一个被乳化所需的 HLB 值，只有选择的乳化剂的 HLB 值与油相所需的 HLB 值一致时，才可获得最好的乳化效果。HLB 法是选择乳化剂的普适方法。尽管此法有不少的局限性，但至今仍是选择乳化剂较为方便的方法。一般来说，利用 HLB 法选择乳化剂往往遵照下述步骤。

（1）拟定配方，确定油相组分　以下以润肤霜为例加以说明。

润肤霜是以滋润皮肤、补充皮肤油分和水分为目标的皮肤护理产品，多数是 O/W 型的乳化体。配方中主要成分是各种油脂和蜡以及乳化剂，油蜡成分一般占 22%～33%。润肤霜的配方（初步拟定）见表 2-1。

表 2-1　润肤霜的配方（初步拟定）

原料成分	质量分数 %	组分	质量分数 %
油相		尼泊金丙酯	0.1
硬脂酸	6.0	尼泊金甲酯	0.3
单硬脂酸甘油酯	3.0	水相	
十六醇	1.5	甘油	3.0
羊毛脂	3.0	丙二醇	2.0
白油	8.0	三乙醇胺	1.5
棕榈酸异丙酯	4.0	去离子水	余量
香精	适量		

乳化剂体系主要采用硬脂酸三乙醇胺/单硬脂酸甘油酯。通过计算可以确定两者的比例和数量。配方中的硬脂酸一部分作为油相成分使用，另一部分与三乙醇胺中和生成硬脂酸三乙醇胺用作乳化剂，中和比例确定为 16%，即 1 质量份左右的硬脂酸被中和。

（2）计算油相所需的 HLB 值　按照前叙拟定的配方，对照表 2-2 可计算出乳化各种油相物质所需要的 HLB 值（O/W 型乳化体）。

表 2-2　乳化各种油相物质所需要的 HLB 值（O/W 型乳化体）

油相物质	需要的 HLB 值	油相物质	需要的 HLB 值
二聚酸	14	乙酸癸酯	11
月桂酸	16	苯甲酸乙酯	13
亚油酸	16	肉豆蔻酸异丙酯	11
油酸	17	棕榈酸异丙酯	11.5
蓖麻油酸	16	邻苯二甲酸二辛酯	13
硬脂酸	17	磷酸三甲苯酯	17
异硬脂酸	15～17	己二酸二异丙酯	14
羊毛酸二异丙酯	9	硬脂酸丁酯	11
甘油单硬脂酸酯	13	癸醇	15

油相物质	需要的 HLB 值	油相物质	需要的 HLB 值
异癸醇	14	藏花油	7
月桂醇	14	豆油	6
十六醇	12～16	貂油	5～10
硬脂醇	15～16	蓖麻油	14
异硬脂醇	14	玉米油	8
二甲基硅氧烷	9	棉籽油	6
甲基苯基硅氧烷	8	牛脂	6
甲基硅烷	11	聚乙烯（四聚体）	13
环状硅氧烷	7～8	苯乙烯	15
棕榈油	13	炼油	6～7
溶剂油	10	矿物油（芳烃）	9
石脑油	10	矿物油（烷烃）	6
霍霍巴油	7～8	凡士林	5
羊毛油	7	蜂蜡	9～12
可可脂	12	微晶蜡	8～10
猪脂	14	氯化石蜡	12～15
鲱油	12	巴西棕榈蜡	15
无水羊毛脂	8～14	石蜡	8
菜籽油	7	聚乙烯蜡	15
松油	16		

在表 2-1 配方中，所有油蜡类物质加起来的总量是 21.5 份（扣除被三乙醇胺中和的 1 份硬脂酸），由此利用表 2-2 有关的数据，计算出配方中油相基质所需的 HLB 值，列于表 2-3。

表 2-3　配方中油相基质所需的 HLB 值

油相成分	配方用量	在油相中所占比例/%	所需的 HLB 值
硬脂酸	5.0	23.3	$0.233 \times 17.0 = 4.0$
十六醇	1.5	7.0	$0.07 \times 15.5 = 1.1$
羊毛脂	3.0	14.0	$0.14 \times 9.0 = 1.3$
白油	8.0	37.2	$0.372 \times 10.0 = 3.7$
棕榈酸异丙酯	4.0	18.5	$0.185 \times 11.5 = 2.1$
合计	21.5	100	12.2

（3）选择合适的乳化剂体系和比例　按计算结果，可以选用 HLB 值约为 11.8 的乳化剂。虽然可选用单个乳化剂，但通常情况下需要两种不同亲水亲油性能的乳化剂配对。因配方中已选择了硬脂酸三乙醇胺/单硬脂酸甘油酯乳化体系，因而可利用表 2-4 的数据：亲水乳化剂（HA）硬脂酸三乙醇胺的 HLB 值是 21，亲油乳化剂（LA）单硬脂酸甘油酯的 HLB 值是 3.7。试计算两者的比例如下：

HA/LA＝2:1　　$0.67 \times 21 + 0.33 \times 3.7 = 15.3$

HA/LA＝1:1　　$0.50 \times 21 + 0.50 \times 3.7 = 12.4$

HA/LA＝1:2　　$0.33 \times 21 + 0.67 \times 3.7 = 9.4$

从上面的计算结果可知，当硬脂酸三乙醇胺/单硬脂酸甘油酯为 1:1 时，乳化体系的 HLB 值基本符合油相所需的 HLB 值。

表 2-4　乳液膏霜产品常用乳化剂的 HLB 值

乳化剂商品名称	化学名称	HLB 值
司盘-85	山梨醇酐三油酸酯	1.8
司盘-65	山梨醇酐三硬脂酸酯	2.1
Emcol EO-50	乙二醇脂肪酸酯	2.7
Emcol PO-50	丙二醇脂肪酸酯	3.4
	单硬脂酸甘油酯	3.7
司盘-80	失水山梨糖醇酐脂肪酸酯	4.3
司盘-60	山梨醇酐单硬脂酸酯	4.7
Emcol DP-50	二乙二醇脂肪酸酯	5.2
司盘-40	山梨醇酐单棕榈酸酯	6.7
Atlas G-2147	四乙二醇单硬脂酸酯	7.7
司盘-20	山梨醇酐单月桂酸酯	8.6
吐温-61	聚氧乙烯山梨醇酐单硬脂酸酯	9.6
吐温-81	聚氧乙烯山梨醇酐单油酸酯	10.3
吐温-65	聚氧乙烯山梨醇酐三硬脂酸酯	10.5
吐温-85	聚氧乙烯山梨糖醇酐三油酸酯	11.0
	三乙醇胺油酸盐	12.2
	聚氧乙烯 400 单月桂酸酯	13.1
吐温-60	聚氧乙烯山梨醇酐单硬脂酸酯	14.9
吐温-80	聚氧乙烯失水山梨醇酐单油酸酯	15.1
吐温-40	聚氧乙烯山梨糖醇酐单棕榈酸酯	15.6
吐温-20	聚氧乙烯山梨醇酐单月桂酸酯	16.6
	油酸钠	18
	油酸钾	19
	硬脂酸三乙醇胺	21

（4）进行乳化试验，选定乳化剂用量　上述计算结果表明，原则上使用硬脂酸三乙醇胺/单硬脂酸甘油酯 1:1 乳化剂体系可配制出表 2-3 配方的 O/W 型润肤霜，但乳化剂用量、乳化体的稳定性、乳化剂之间配伍性以及乳化剂与其他组成（包括防腐剂、香精和各种功能添加剂等）之间的化学配伍性、pH 值等须通过实验来确认。同时还要考虑制备工艺和生产成本。一般乳化剂用量约为油相的 22%（质量分数）以内。表 2-3 配方中油相质量分数为 21.5%，乳化剂用量按照 20% 左右计算大约是 4%，按照 1:1 比例分配，配方中应该使用硬脂酸三乙醇胺 2 份（由 0.7 份三乙醇胺中和 1.3 份硬脂酸制成），单硬脂酸甘油酯 2 份。由此配方的修改见表 2-5。

表 2-5　润肤霜的配方（修改）

原料成分	质量分数/%	原料成分	质量分数/%
油相		尼泊金丙酯	0.1
硬脂酸	6.3	尼泊金甲酯	0.2
单硬脂酸甘油酯	2.0	水相	
十六醇	1.5	甘油	1.0
羊毛脂	4.0	丙二醇	2.2
白矿油	7.0	三乙醇胺	0.7
棕榈酸异丙酯	4.0	去离子水	余量
香精	适量		

（5）产品配方的调整　产品配方组成复杂多样，除主要成分外，产品中还含有各种功能

添加剂、香精、防腐剂和着色剂等。这些成分的加入会对产品的稳定性、物理性质和感官性有较大的影响。需要进行产品配方试验，这是一项较复杂的工作，也是产品成败的关键，此项工作经验性的成分较多。若调整过多，则整个配方需要重新设计。

4. 防腐剂的选择

依照产品的类型、pH值、使用部位以及产品的配方组分等选择相应的防腐剂。

（1）根据产品类型选用　不同类型产品会受到不同微生物污染。膏霜和乳液容易受到酵母菌和细菌等大多数微生物的污染。此外，不同类型的产品，对防腐剂的选用要求也不尽相同。表2-6列出了不同类型的化妆品对防腐剂的特殊要求。

表2-6　不同类型的化妆品对防腐剂的特殊要求

化妆品类型	产品举例	产品特点	对防腐剂的特殊要求
洗去型化妆品	沐浴露 洗面奶	与皮肤接触时间短，多含大量表面活性剂；营养成分较少，成本相对较低	对刺激性无明显要求，广谱抗菌
停留型化妆品	面霜 精华素	相较洗去型化妆品，皮肤停留时间长	安全无刺激
眼部护理化妆品	眼霜、眼膜、眼部精华素	滋润性、营养性强，主要是保湿、抗皱	尽量避免选用挥发和刺激性防腐剂
面膜	无纺布面膜 膏状面膜	在面部停留时间10～20min，与面部接触面大，使用量大；部分产品含粉剂	较低刺激
儿童系列	膏霜乳液	刺激性比较小，营养成分比较少，只需要最基本的保湿	低刺激，用量少

（2）依产品的pH值合理选用　大多数的防腐剂都容易在酸性和中性的环境中发挥作用，在碱性环境中效力显著降低，甚至失效，而季铵盐类防腐剂要在pH值大于7时才有效。选用防腐剂时一定要关注产品pH值的影响，以确保功效。

（3）依使用部位选用　不同的使用部位对防腐剂的敏感程度不一样，选用防腐剂时应有所区别。例如，眼睛周围皮肤相对薄嫩敏感，宜选用刺激性较小的防腐剂产品。甲醛、甲酚等刺激性挥发物对眼睛有明显的伤害作用，这些释放体类防腐剂，应尽量避免。另外颈部的皮肤敏感较脆弱，也应选用刺激性小的防腐剂。

（4）依产品的配方组分选用　防腐剂和产品配方中的其他组分可能会发生作用，选用时应当注意。对于乳化体来说，防腐剂在水相和油相的溶解度和在两相中的分配系数对防腐剂的防腐作用有很重要的影响。对油相则加油溶性防腐剂，对水相则加水溶性防腐剂，两者配合使用能取得较佳效果。

5. 增稠剂的选择

在设计配方的增稠体系时，必须明确选用增稠剂的依据，按此依据进行初步选择，增稠剂选择依据包括以下方面。

（1）不同类型产品的增稠体系设计要求见表2-7。

表2-7　不同类型产品的增稠体系设计要求

序号	产品名称	设计依据	选择品种
1	洗面乳	①增稠体系必须与表面活性剂很好配伍 ②部分表面活性剂有增稠功效	Carbolpol ETD 2050、Aculyn系列、SF-1、Carbolpol Ultrez 20、GLUCA-MATE DOE-120、GLUCAMATE LT、638

序号	产品名称	设计依据	选择品种
2	膏霜 (O/W 型)	①形成较大黏度 ②对内相有较大的悬浮力	Carbolpol 934、Carbolpol 980、TR-1、Carbolpol 940、Carbolpol Ultrez 20、Carbolpol Ultrez 21、TR-2、EC-1、Cosmedia SP、ATH、Stabylen 30、Veegum、汉生胶、HEC
3	膏霜 (W/O 型)	能在油相里面增稠的增稠剂	气相二氧化硅、硅酸铝镁
4	乳液	①能形成较低黏度 ②选择节流性较好的增稠剂 ③选择触变性较好的增稠剂	Carbolpol 934、Carbolpol 941、Carbolpol ETD 2050、Carbolpol Ultrez 20、Carbolpol Ultrez 10、TR-1、TR-2、EC-1、Cosmedia ATH、Stabylen 30、汉生胶、HEC
5	啫喱	①能形成较大黏度 ②选择透明性好的增稠剂 ③具有一定悬浮能力	Cosmedia SP、Carbolpol 940、Carbolpol Ultrez 20、Carbolpol Ultrez 21、AVC
6	爽肤水	①选择透明性好的增稠剂 ②有一定的悬浮性,避免某些活性成分析出并形成沉淀	HEC、羟丙基纤维素、Carbolpol 940、透明质酸
7	洗发水	①增稠体系与表面活性剂能很好复配 ②部分表面活性剂也有增稠的功效	Aculyn 系列、SF-1、638
8	沐浴露	①增稠体系与表面活性剂能很好复配 ②部分表面活性剂也有增稠的功效	Aculyn 系列、SF-1、638
9	护发素	①选择在较低 pH 值增稠的增稠剂 ②能与阳离子表面活性剂相配伍	Carbolpol Ultrez 20、U300、CTH、Carbolpol Aqua CC

（2）在不同的 pH 值范围内，选用的增稠体系不同，具体要求见表 2-8。

表 2-8 不同 pH 值范围内的增稠体系设计要求

序号	pH 值	设计依据	选择品种
1	小于 4.0	①能在酸性条件下增稠的增稠剂 ②选择无须中和的增稠剂	U300、CTH、Carbolpol Aqua CC
2	4.0～10.0	可以选择需要中和的增稠剂	Carbolpol 940、Carbolpol Ultrez 20、Carbolpol Ultrez 21、Carbolpol 934、Carbolpol 980、TR-1、TR-2、EC-1、Cosmedia SP、ATH、Stabylen 30、Carbolpol ETD 2050、Carbolpol 941
3	10.0～12.0	选择在高 pH 值下不会变稀的增稠剂	Veegum 系列、Carbolpol 941

（3）不同离子浓度条件下，要求的增稠体系也不一样，见表 2-9。

表 2-9 不同离子浓度条件下的增稠体系设计要求

序号	离子浓度	增稠体系设计依据	选择品种
1	高离子浓度	选择能耐离子的增稠剂	Carbolpol Ultrez 20、Carbolpol Ultrez 21、TR-2、EC-1、AVC
2	低离子浓度	如果不用考虑是否耐离子则选择起来比较方便	Carbolpol 940、Carbolpol 934、Carbolpol 980、Cosmedia SP、ATH、Stabylen 30

（4）不同黏度要求的增稠体系设计要求见表 2-10。

表 2-10 不同黏度要求的增稠体系设计要求

序号	黏度范围/(mPa·s)	设计依据	选择品种
1	500~5000		Carbolpol 910
2	4000~11000	根据增稠剂的增稠黏度性质及所需含	Carbolpol 941
3	30000~40000	量进行选择(0.5%含量)	Carbolpol 934
4	40000~60000		Carbolpol 940

（5）不同添加剂对增稠剂体系设计要求见表 2-11。

表 2-11 不同添加剂对增稠体系设计要求

序号	特殊原料	设计依据	选择品种
1	植物提取物	有的植物提取物离子含量较高,选择耐离子的增稠剂	Carbolpol Ultrez 20、Carbolpol Ultrez 21、TR-2、EC-1、AVC
2	密度比较大的原料	选择悬浮能力好的增稠剂	Veegum

（6）不同感观指标对增稠体系设计要求见表 2-12。

表 2-12 不同感观指标对增稠体系设计要求

序号	感观特殊要求	设计依据	选择品种
1	黏度很大的体系	选择高黏度的增稠剂	Carbolpol 940
2	喷雾乳液	①选择在黏度很稀的体系下可形成稳定体系的增稠剂 ②能剪切变稀的增稠剂	Carbolpol 910

6. 抗氧剂的选择

（1）抗氧剂的筛选和初步用量的确定 一种抗氧剂并不能对所有的油脂都具有显著的抗氧化作用，一般对某一种油脂有突出的作用，而对另外的油脂则抗氧化作用较弱。因此在筛选抗氧剂时，首先必须知道配方中的油脂种类，然后根据每种抗氧剂的特性，进行针对性筛选。例如，配方中含有动物性油脂，可选用酚类抗氧剂，例如愈创树脂和安息香，而不宜选用生育酚。机理是愈创树脂和安息香对动物脂肪最有效，生育酚则无效。再者，植物油脂宜选用柠檬酸、磷酸和抗坏血酸等；抑制白油氧化可选用生育酚。

根据筛选出来的抗氧剂的使用浓度范围和配方中相应的油脂用量，再初步确定抗氧剂的用量。

（2）抗氧剂的复配组方

① 初步组合 针对配方中的不同油脂选用抗氧剂进行合理组方，如果不同的抗氧剂之间存在拮抗作用，就需要更换其中一方的抗氧剂。同时考虑到主抗氧剂和辅助抗氧剂的合理搭配和增效机理。

② 配方稳定性考量 主要是考察组方在产品体系中的稳定情况，以及对产品体系的影响情况。

③ 将合理的组合加入产品中，考察抗氧化效果，选出最合理组合。

（3）用量确定和体系优化 抗氧剂必须进行系列的试验，对多种组合进行试验验证和优化，从而确定一个最佳的体系。

7. 感官修饰剂的选择

感官修饰包括调色和调香。感官修饰体系设计是化妆品配方设计的重要组成部分。在化妆品配方调制中，这个体系直接给使用者第一感受，是直接影响消费者购买的重要因素。感官修饰体系设计就是对化妆品颜色和香气体系进行原料选择和调配确认。

（1）调色 调色是指在化妆品的配方设计和调整过程中，选用一种或多种颜色的原料，把化妆品的颜色调整到突出产品的特点，并使消费者感到愉悦的过程。此过程中，化妆品的着色、护色、发色、褪色是化妆品加工者重点研究的内容。

① 化妆品级着色剂分类

a. 人工合成着色剂 人工合成着色剂即人工合成的化学着色剂。包括焦油类着色剂、荧光着色剂和染发着色剂等。

b. 天然着色剂 天然着色剂是指从天然动植物和天然矿物中提取的着色剂。包括植物性着色剂、动物性着色剂和矿物着色剂。

c. 色淀 色淀是指水溶性着色剂吸附在不溶性载体上而制得的着色剂。一般不溶于普通溶剂，有高度的分散性、着色力和耐晒性。

② 着色剂选择使用 参照 2015 年国家食品药品监督管理总局对着色剂在化妆品中的使用规定，规定包括着色剂使用种类、适用化妆品种类和使用量。详见《化妆品安全技术规范》（2015 年版）。

（2）调香 调香是指在化妆品的配方设计和调整过程中，选用一种或多种香精或香料，把化妆品的香气调整到突出产品的特点，并使消费者感到愉悦的过程。调香设计是化妆品配方设计的重要组成部分之一，它对各种化妆品的时尚感和愉悦感起着关键作用。

① 香精分类 香精按其用途可分为很多类，总结起来，大体可分成以下三大类。

a. 日用化学用香精 这类香精可再细分为皂用、洗涤剂用、清洁剂用、劳动保护用品用、卫生用、化妆品用及地板蜡用等。

b. 食用香精 这类香精可再细分为食用、烟用、酒用、牙膏（牙粉）用和某些内服药用等。

c. 其他工农业品用香精 可细分为塑料制品用、纺织品用、祛臭剂用、杀虫剂用、皮革用、文教用品用和饲料用等。

② 香精的选用 用于调配化妆品用香精的香料和原料必须符合《化妆品安全技术规范》（2015 年版）的相关规定。

第二节　乳剂类化妆品配方实例

护肤用乳剂类化妆品主要包括润肤霜、润肤蜜、雪花膏、香脂等。

一、润肤霜

润肤霜是一类保护皮肤免受外界环境刺激，防止皮肤过分失水，可经皮肤表面补充适宜的水分和脂质，以保持皮肤滋润、柔软并富有弹性的乳剂类护肤化妆品，它对儿童和成人的皮肤开裂有一定的愈合作用，可以作按摩霜使用。

1. 配方组成

润肤霜是一种乳化型膏霜（主要指非皂化的膏状体系），有 O/W 型、W/O 型、W/O/

W 型，现仍以 O/W 型占主要地位。润肤霜的油性成分含量一般在 12%～68%，可以通过调整油相、水相的比例制成适合不同类型皮肤的制品。W/O 型膏体含油、脂、蜡类成分较多，对皮肤有更好的滋润作用，适合干性皮肤使用，而 O/W 型膏体清爽而不油腻，非常适合油性皮肤使用。在润肤霜中加入不同营养物质、生物活性成分，可以将润肤霜配制成具有不同营养作用的养肤化妆品。润肤霜所采用的原料比较广泛，品种多样，目前绝大多数护肤膏霜产品都属于润肤霜。

润肤霜的原料主要包括润肤物和乳化剂，润肤物又可分为油溶性和水溶性两类，分别称为滋润剂和保湿剂。

（1）滋润剂　滋润剂是一类温和并能使皮肤变得更软更韧的亲油性物质，它除了具有润滑皮肤作用外，还可覆盖皮肤，减少皮肤表面水分的蒸发，使水分从基底组织扩散到角质层，诱导角质层进一步水化，保存皮肤水分，起到润肤作用。

滋润剂包括但不限于各种各样的油、脂、蜡、烷烃、脂肪酸、脂肪醇及其酯类等。天然动植物油、脂含有大量的脂肪酸甘油酯，如橄榄油、霍霍巴油、麦芽油、葡萄籽油、角鲨烷、牛油、果油等具有优良的滋润特性；硅酮油既能让皮肤润滑又能抗水；羊毛脂的成分与皮脂相近，与皮肤有很好的亲和性，还有强吸水性，是理想的滋润剂；白油和凡士林不易被皮肤吸收，但在使用后感觉油腻，故在高级润肤霜中较少应用。

（2）乳化剂　润肤霜可以选择使用的乳化剂范围较广，包括阴离子表面活性剂、非离子表面活性剂和两性离子表面活性剂都可以。由于制品是 O/W 型乳剂，以亲水型乳化剂为主，即 HLB 值大于 6，辅以少量亲油性乳化剂，即 HLB 值小于 6，配成"乳化剂对"。润肤霜中常选用非离子表面活性剂组成的乳化剂对。常用品种有单甘酯、司盘系列和吐温系列等。随着表面活性剂工业和化妆品工业的发展，优质高效、低刺激的非离子乳化剂不断开发，如葡萄糖苷衍生物。

（3）保湿剂　保湿剂常用多元醇类，如甘油、丙二醇、山梨醇等。在高档化妆品中常用透明质酸、吡咯烷酮羧酸钠、神经酰胺、乳酸及其钠盐等。

此外，还需加入防腐剂、抗氧剂、香精等。为提高产品的稳定性，改善触感质量，还可添加高分子聚合物作为乳化增稠稳定剂。

2. 配方实例

下面列举一些润肤霜配方。

（1）润肤霜的配方 1（日霜）　润肤霜的配方 1（日霜）见表 2-13。

表 2-13　润肤霜的配方 1（日霜）

组分	质量分数/%	组分	质量分数/%
十六醇	8.0	十六醇聚氧乙烯(20)醚	3.0
硬脂酸	2.0	甘油	6.0
异三十烷	4.0	香精	适量
单硬脂酸甘油酯	2.0	生育酚	适量
2-辛基月桂醇	7.0	苯氧乙醇	适量
羊毛脂	1.0	去离子水	余量

（2）润肤霜的配方 2（晚霜）　润肤霜的配方 2（晚霜）见表 2-14。

表 2-14　润肤霜的配方 2（晚霜）

组分	质量分数/%	组分	质量分数/%
羊毛醇	11.0	十八醇聚氧乙烯醚	4.0
十八醇	2.0	甲基葡萄糖聚氧乙烯醚	3.0
凡士林	4.0	苯氧乙醇	适量
肉豆蔻酸异丙酯	6.0	香精	适量
角鲨烷	2.0	去离子水	余量
十二醇聚氧乙烯醚	3.0		

二、润肤蜜

蜜类化妆品是一种介于化妆水和雪花膏之间的半流动状态的液态霜，故又称软质雪花膏，也称为乳液。现在市场上流行的有润肤蜜、清洁蜜、营养蜜、手用蜜、体用蜜、美容蜜等，都是乳液类化妆品的典型代表。在乳液产品中，常添加动植物油脂、蛋白质、生化制剂和增白、爽肤、除皱等中草药添加剂，旨在将其制成营养型或疗效型乳液类化妆品。

润肤蜜搽涂于手、面皮肤，有滋润美容等作用。

现代蜜类化妆品的发展趋势是在润肤、保湿的基础上朝着天然型、营养型、疗效型、生态环保型的方向发展。

1. 配方组成

乳液的组分与润肤霜组分相似，它由滋润剂、保湿剂及乳化剂和其他添加剂组成，但乳液为液体状，其固体油相组分要比膏霜的含量低。乳液的制备方法与其他膏霜相同，但其稳定性较差，存放时间过久则会分层，因此在设计乳液配方及制备产品时，需特别注意其稳定性。在配方中常添加增稠剂，以使分散相与分散介质的密度尽量接近，如水溶性胶质原料和水溶性高分子化合物。为使乳液的稠度稳定，可以将亲水性乳化剂加入油相中，例如胆固醇或类固醇原料，加入少量聚氧乙烯胆固醇醚，控制变稠厚趋势，加入亲水性非离子表面活性剂则可以使脂肪酸皂型乳剂稳定和减少存储期的增稠问题。

2. 配方实例

润肤蜜配方举例见表 2-15。

表 2-15　润肤蜜配方

组分	质量分数/%	组分	质量分数/%
蜂蜡	3.0	蜂蜜	1.0
白油	14.0	硬脂酸	6.0
十八醇	2.0	杏仁油	2.0
单硬脂酸甘油酯	1.0	羊毛脂	3.0
硼砂	0.3	三乙醇胺	0.2
脂肪醇聚氧乙烯醚	1.8	去离子水	余量
丙二醇	12.0		

三、雪花膏

顾名思义，"雪花膏"颜色洁白，遇热容易消失，它在皮肤上涂开后立即消失，其现象类似"雪花"，故名雪花膏。它属于以阴离子型乳化剂为基础的 O/W 型乳化体，在化妆品中是一种非油腻性的护肤用品，敷在皮肤上，水分蒸发后就留下一层硬脂酸、硬脂酸皂和保湿剂所组成的薄膜，使得皮肤与外部环境干燥空气隔离，可以控制皮肤表皮水分的过量挥发，特别是在秋冬季节空气相对湿度较低时，能保护皮肤不致干燥、开裂或变得粗糙，也可防治皮肤因干燥而引起的瘙痒症。

以雪花膏为载体，添加各种具有生理活性的添加剂就可以衍生出很多功能性护肤品，其地位十分重要。

1. 配方组成

雪花膏主要的原料包括硬脂酸、碱类、多元醇、水等。

（1）硬脂酸　雪花膏的主要成分是硬脂酸。纯净的硬脂酸为白色针状或片状结晶物，通常为蜡状。成品规格有单压、双压和三压硬脂酸三种，以三压硬脂酸纯度最高。在配方里硬脂酸担当三重角色：基质材料、护肤油性原料和乳化剂原料。硬脂酸的熔点在 70℃ 左右，加热熔化后与其他油相、水相混合乳化，冷却后重新凝固成为膏体，支撑起雪花膏的外观。硬脂酸最主要的作用是与碱中和成为乳化剂，使油水两相成为稳定的乳化体系。硬脂酸的质量对膏体的质量及稳定性有决定性的影响。一般用三压硬脂酸，加入量为 9%～23%，控制碘价在 2 以下。一部分硬脂酸（12%～28%）与碱作用生成硬脂酸皂，另一部分硬脂酸在皮肤表面可形成薄膜，使角质层柔和软化，从而保留水分。

（2）碱类　碱类和硬脂酸中和生成硬脂酸皂起到乳化效果。可选择的碱类有氢氧化钠、氢氧化钾、氢氧化铵、硼砂、三乙醇胺等，不同碱配制而成的产品具有不同的特点。氢氧化铵和三乙醇胺中和硬脂酸制成的雪花膏，膏体柔软、细腻，光泽度好。但胺类物质有特殊气味，后续产品调香比较困难。而且胺和某些香料混合使用容易变色。用氢氧化钠制成的乳化体稠度较大，膏体结实，有利于减少油相的用量并且节省成本。但是硬脂酸钠皂对乳化体的稳定作用较差，存放时间长则会导致膏体析出水分。用氢氧化钾制成的膏体比用氢氧化钠的软，也较细腻。为提高乳化体稠度，可辅加少量氢氧化钠，例如硬脂酸钾与硬脂酸钠的质量比为 8:1。

（3）多元醇　多元醇包括但不限于甘油、山梨醇、丙二醇等。多元醇除对皮肤有保湿作用外，在雪花膏中具有可塑作用，当配方里不加或少加多元醇时，在涂抹时会出现"面条"现象。增加多元醇用量，产品的耐冻性也随之改善。甘油是一种无色或淡黄色澄清的黏性液体，味甜而温，无臭，能和任何比例的水混溶，吸水性很强，且不易挥发。这些特性决定了它在雪花膏中的良好作用。甘油可使膏体中的水分不至于挥发，有利于提高雪花膏的润滑性和黏性，同时还可以增加膏体的耐寒性能。制备雪花膏所用的甘油须无色透明、无臭，纯度在 98% 以上，20℃ 时的相对密度是 1.26。如甘油不足，也可用山梨醇或乙二醇来代替。

（4）水　雪花膏配方中 58%～78% 的是水。水质会对膏体质量有显著影响，一般采用蒸馏水或去离子水。水质质量指标：pH 值 6.5～7.5；电阻不小于 10kΩ；总硬度小于 120mg/kg；氯离子小于 80mg/kg；铁离子小于 20mg/kg。

（5）其他　如单硬脂酸甘油酯是辅助乳化剂，用量 1%～3%，使制成的膏体比较细腻、润滑、稳定、光泽度好，搅动后不致变薄，冰冻后水分不易析出来；尼泊金酯作为防腐剂；羊毛脂可滋润皮肤。十六醇或十八醇与单硬脂酸甘油酯配合使用更为理想，这样即使长时间贮存，雪花膏也不会出现珠光、变薄、颗粒变粗等现象，乳化更为稳定，同时可防止起"面条"现象出现。十六醇或十八醇的用量一般为 1%～6%。另外，加入 1%～2% 的白油也具有避免起"面条"的功效。

2. 配方实例

雪花膏的典型配方实例见表 2-16。

表 2-16　雪花膏的典型配方

组分	质量分数/%		
	普通型	营养型	增白型
硬脂酸	5.0	10.0	3.0
十八醇或十六醇	5.0		11.0
白油	8.0	12.0	
硅油	2.0	2.0	
单硬脂酸甘油酯	4.0	5.0	
三乙醇胺	0.5	0.8	0.5
甘油	6.0	9.0	16.0
混合醇		3.0	
羊毛脂		2.0	
司盘-80			4.0
吐温-60			6.0
羊毛醇			3.0
薏米提取物			1.0
钛白粉			1.5
银耳提取物和珍珠粉		适量	
熊果苷			适量
防晒剂			适量
香精	适量	适量	适量
防腐剂	适量	适量	适量
去离子水	余量	余量	余量

四、香脂

香脂也叫冷霜或护肤脂，是一种典型的 W/O 型乳化体。由于很早以前其制品不稳定，涂在皮肤上有水分分离出来，水分蒸发带走热量，使皮肤有清凉感，所以称为"冷霜"。质量好的冷霜应是乳化体光亮细腻，pH 值为 5.0～8.5，没有油水分离现象，不易收缩，稠厚程度适中，方便使用。香脂含油分较多，具有滋润皮肤，防止皮肤变粗或破裂的性能，因而适宜在冬天使用。

1. 配方组成

香脂的主要原料为蜂蜡、白油、凡士林及石蜡等。乳化剂可以是由蜂蜡与硼砂进行中和反应得到的钠皂，也可以是皂与非离子表面活性剂混合使用或全部为非离子表面活性剂；另外还有去离子水、防腐剂及香精等。现今也常使用一些轻油性原料如羊毛油、脂肪酸酯类、霍霍巴油等。香脂一般不含水溶性保湿成分。

（1）油脂　香脂是 W/O 型乳化体，主要成分是油脂。理论上矿物油、植物油、动物油以及羧酸酯都可以使用。但是使用不同油脂制成的产品，外观和内在质量都存在差异，要根据个性要求来选择。用动植物油制成的乳化体在色泽上不如用白油制成的乳化体洁白，但从皮肤吸收的角度考量，采用动植物油较为有利。

白油主要由正构烷烃和异构烷烃组成，当正构烷烃含量大时，会在皮肤上形成障碍性不透气的薄膜，因而应选用异构烷烃含量高的白油。白油的分子量越大，黏度也随之增大。分子量很大的白油呈软膏状，即凡士林；分子量再增大成为固体，称为石蜡。使用不同分子量的白油和凡士林可以调节香脂的软硬度。比起矿物油的品种单一，动植物油脂的选择范围要大得多，如杏仁油、橄榄油、油茶油、水貂油以及羊毛脂、胆固醇、卵磷脂、蜂蜡、鲸蜡等。动植物油脂基本上都是脂肪酸甘油酯，对皮肤有较好的亲和性，涂抹在皮肤上形成的薄膜具有透气性，舒适感好。但因这些油脂均取自天然，难免会附带少量蛋白质、胶体等容易腐败变质的成分，因而使用之前一定要经过精炼，以免影响产品质量。

在配方中将各种油脂搭配使用不但可以取长补短、对皮肤提供全方位的护理，而且可以避免某一种油脂使用过量引发皮肤过敏。另外，合理搭配对降低成本也有助益。

（2）乳化剂　选择的乳化剂应具有下列特征：a. 乳化剂能完全溶于油相；b. 在油水相之间能降低界面张力；c. 能形成坚固的界面膜；d. 能很快吸附于油水界面。

传统香脂配方普遍使用蜂蜡-硼砂体系，蜂蜡中的脂肪酸与硼砂反应生成脂肪酸皂作为乳化剂。蜂蜡在配方中的用量为 3%～18%，硼砂的用量则要根据蜂蜡的酸值来定。理想的乳化体应是蜂蜡中 50% 的游离脂肪酸被中和。在实际配方中由于其他原料也可能带来游离酸（如单硬脂酸甘油酯中可能有硬脂酸存在，尽管含量很少，但也必须考虑），硼砂用量应该适当增加一些。根据实际经验，蜂蜡与硼砂的合适比例是（12∶1）～（18∶1）（质量比）。如果硼砂的用量不足以中和蜂蜡的游离脂肪酸，则成皂乳化剂含量低，乳化不完全，乳化体不稳定，变得粗糙、容易渗水；如果硼砂用量过多，则有针状硼酸结晶离析出来。以蜂蜡-硼砂为基础制成的 W/O 型乳化剂是典型的香脂，非常适于瓶装。酸值表示游离脂肪酸的含量，一般蜂蜡酸值为 17～28，国产的蜂蜡酸值较低，一般在 6～9，如果蜂蜡的酸值太低则会影响香脂的乳化稳定度，则可将蜂蜡皂化，水解制成蜂蜡脂肪酸和脂肪醇的混合物，从而可以提高蜂蜡的酸值。

盒装香脂使用铁盒包装，对香脂质量要求较高，要质地柔软，受冷不变硬、不渗水，受热（40℃）不渗油。故盒装香脂的稠度比瓶装香脂要大一些，即熔点要高一些。此外，铝盒包装密封不佳，容易发生失水干缩现象。盒装香脂使用的乳化剂主要是硬脂酸钙皂和硬脂酸铝皂。

（3）水　香脂的水分含量是一项重要因素。一般水分含量要低于油相的含量，目的是使乳化体稳定，香脂中的水分含量一般为 12%～45%。

香脂中使用的其他原料与润肤霜大体相同，可以参考相关内容。

2. 配方实例

香脂的典型配方实例见表 2-17。

表 2-17　香脂的典型配方

组分	质量分数/%	组分	质量分数/%
蜂蜡	12.0	司盘-80	1.0
白油	32.0	硼砂	0.8
羊毛脂	6.0	香精	适量
凡士林	8.0	防腐剂	适量
切片石蜡	4.0	去离子水	余量

第三节 乳剂类化妆品的生产工艺

微课

乳剂类化妆品
的生产工艺

化妆品的生产工艺在化工生产过程中算是比较简单的，其生产过程主要是各组分的混配，很少有化学反应发生，而且多采用间歇式批量化生产方式，无须采用投资大、控制难的连续化流水生产线。因此生产设备简单，这些设备包括混合设备、分离设备、干燥设备、成型设备、装填及清洁设备等。

一、生产过程

实际生产中，没有哪一种理论能够完全定量地具体指导乳化操作，还得依赖于操作者的经验累积。经过小试选定乳化剂之后，还应制定相应的乳化工艺及其操作规程，从而推动工业化大生产。

在企业实际生产过程中，有时虽然采用同样的配方，但因操作时温度、乳化时间、加料方法和搅拌条件等工艺条件的不同，制得产品的稳定性及其他物理性能也会不同甚至相差悬殊。需要根据不同的配方和要求，采用合适的配制工艺及方法，才能得到高品质成品。

乳剂类化妆品的制备过程包括水相和油相的调制、乳化、冷却、灌装等工序，其典型生产工艺流程如图 2-1 所示。

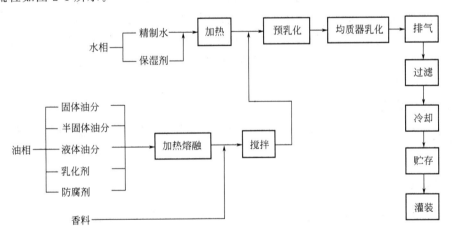

图 2-1 乳剂类化妆品的典型生产工艺流程

1. 水相调制

动画

水相调制

将去离子水加入夹套式溶解锅，依次将甘油、丙二醇、山梨醇等保湿剂、碱类、水溶性乳化剂等水溶性成分加入其中，搅拌充分并加热至 90～110℃，维持 25min 灭菌时间，然后冷却至 70～90℃待用。如配方中含有水溶性聚合物则应单独配制，将其溶解在水中，在室温下充分搅拌使其均匀溶胀，防止结块，如有必要则在乳化前加入水相并实行均质化。注意避免长时间加热而引起黏度变化。为补充加热和乳化时挥发掉的水分，应按配方多加 5%～8% 的去离子水，在第一批制成后分析成品水分而得到精确数据。

2. 油相调制

将油、脂、蜡、乳化剂和其他油溶性成分加入夹套式溶解锅内,导入蒸汽加热,搅拌并加热至70～78℃,待其充分熔化或溶解均匀,静置待用。注意避免过度加热或长时间加热,以防止原料成分氧化分解变质。容易氧化的油分、防腐剂和乳化剂等须在乳化之前加入油相,溶解均匀后再进行乳化。

油相调制

3. 乳化操作

将上述水相和油相原料通过过滤器过滤,按照设定的顺序加入乳化锅中,在一定的温度(如60～90℃)下进行一定时间段的搅拌和乳化。此过程中,水相和油相的添加方法(水相加入油相或油相加入水相)、添加的速度、搅拌速度、乳化温度和时间、乳化器的结构和种类

乳化

等对乳化体粒子的形状及其分布状态都有显著影响。均质速度和时间因不同的乳化体系而不同。含有水溶性聚合物的体系,均质的速度和时间应严加控制,以免过度剪切破坏聚合物的内在结构,造成聚合物的不可逆性变化,改变体系的流变性质。如配方中含有维生素或热敏性添加剂,则在乳化后于较低温度下加入,以确保其活性,须注意其溶解性能变化;如存在有易挥发性的香精成分,需将乳化体冷却至40℃以下加入,以防止其挥发或变色。

4. 冷却操作

乳化后的乳化体系宜冷却至接近室温。卸料温度取决于乳化体系的软化温度,一般应使其借助自身的重力,以从乳化锅内自然流出为宜。当然也可用泵抽出或用真空系统抽出或用空压机压出等方式。冷却方式一般是将冷却水通入乳化锅夹套,边搅拌,边冷却。冷却速度、冷却时的剪切应力、终点温度等对乳化体系的粒子大小和分布都有一定程度影响,须根据不同乳化体系选择最优工艺参数。特别是从实验室小试直接转入大规模工业化生产时,考虑放大效应尤为重要。

5. 陈化与灌装

通常是贮存陈化一天或几天后再用灌装机灌装。灌装前需对产品进行质量检验,质量指标合格后才可进行灌装。

二、乳化技术

乳化技术是化妆品生产中最重要、最复杂的技术。在化妆品原料中,既有亲油成分,如油脂、脂肪酸、酯、醇、香精、有机溶剂及其他油性成分;也有亲水成分,如水、酒精,还有钛白粉、滑石粉等。欲使其能够均匀混合,采用简单的混合搅拌方式达不到分散的效果。必须采用良好的混合乳化技术。

1. 选择合适的乳化剂

表面活性剂具有乳化作用。一般情况下,HLB值在3～7的表面活性剂主要用于W/O型乳化剂;HLB值在8～17时主要用于O/W型乳化剂。选择乳化剂时在保证乳化效果的同时还要考虑产品的相容性、配伍性和经济性,以及化妆品的色泽、气味、稳定性等。其中比较重要的是乳化剂与乳化工艺设备的适应性。

2. 采用合适的乳化方法

乳化剂选定后,需要用一定的方法生产所设计的产成品。常用的乳化方法有以下几种。

（1）转相乳化法　在制备 O/W 型乳化液时，将加有乳化剂的油相加热成液状，在搅拌下缓慢加入热水。先形成 W/O 型乳化液，继续加去离子水至水量为 50% 时，转相形成 O/W 型。以后可快速加去离子水，并充分搅拌。此法的关键在转相，转相结束后，分散相粒子将不会再变小。

（2）自然乳化法　将乳化剂加入油相中，混合均匀后加入水相，辅之良好的搅拌，可制得优良的乳化液。此法适用于易流动的液体，如矿物油常采用此法，如果油的黏度较高，可在 40～70℃ 条件下进行。多元醇酯乳化剂不易进行自然乳化。

（3）机械强制乳化法　均化器和胶体磨是用于强制乳化的机械设备。它们用很大的剪切力，能将被乳化物撕成很细、很匀的粒子，形成稳定的乳化体。用前两种方法无法制备的乳化体可用此法解决。

（4）低能耗乳化法　在生产乳液、膏霜类化妆品时使用低能耗乳化法。用一般乳化法制备乳化体，加热过程消耗大量能源，产品制成后，又需冷却，工艺既耗能又耗时。而低能乳化法旨在乳化过程的必要环节精准供给所需能量，从而提高了生产效率。

通常采用的是二釜法。以制备 O/W 型乳化体为例，将油相置于下釜加热，将部分水相置于上釜加热，再将它们一起置于下釜搅拌制成浓缩乳状液。再通过自动计量仪将另一部分没有加热的水相注入下釜的浓乳液，搅拌均匀即完成制备。此工艺的关键在于常温水相的多少和乳化的温度控制。在生产中要探索、选择合适的工艺条件。

三、乳化工艺

乳化体的物料状态、稳定性、硬度等指标受众多因素的影响，其中影响最大的有表面活性剂的加入量、两相的混合方式、添加速度、均质器的处理条件以及热交换器的处理条件等因素。故要想获得高质量的乳化类化妆品，须精心选择最优化的生产工艺。目前，乳化类化妆品的生产工艺有间歇式乳化、半连续式乳化和连续式乳化三种方法。

1. 间歇式乳化工艺

这是最简单的一种乳化方式，将水相和油相原料分别加热到一定温度后，按一定的次序投入到搅拌釜中，开启搅拌一段时间后向夹套内通入冷却水，冷却到 50～60℃ 以下时加入香精，混匀后冷却到 45℃ 左右时停止搅拌，然后放料送去包装。国内外大多数厂家均采用此法，优点是适应性强，投资低；缺点是辅助时间长，操作烦琐，设备效率低等。

2. 半连续式乳化工艺

半连续式乳化工艺流程如图 2-2 所示，水相和油相原料分别计量，在原料溶解锅内加热到所需温度后，先加入预乳化锅内进行预搅拌，再经搅拌冷却筒进行冷却。此搅拌冷却筒称为搅拌式热换器，按产品的黏度不同，中间的转轴及刮板有多种形式，经快速冷却和管内螺旋的刮壁推进器输送，冷却器的出口即是产成品，可送包装工序。

通常预乳化锅的有效容积为 1～6m³，夹套有热水保温，搅拌器可安装均质器或桨叶搅拌器，转速 500～2900r/min，可无级调速。

定量泵将膏霜送至搅拌冷却筒，香精由定量泵输入冷却筒和串联管道，由搅拌筒搅拌均匀，其夹套有冷却水的冷却搅拌筒。搅拌冷却筒的转速为 70～120r/min，视产品不同而不同，接触膏霜部的部分由不锈钢制成。

半连续式乳化搅拌机产量较高，适用于大批量生产，日本采用此法的厂商较多。

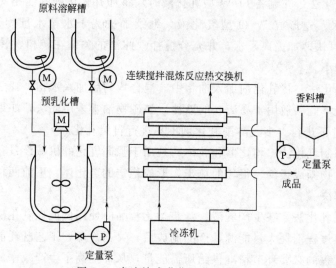

图 2-2　半连续式乳化工艺流程

3. 连续式乳化工艺

连续式乳化工艺流程如图 2-3 所示，首先将预热好的各种原料分别由计量泵输送到乳化锅中，经过一段时间的乳化后溢流到刮板冷却器中，快速冷却到 50℃以下，然后再流入香精混合锅中，同时香精由计量泵加入，最终产品则从混合锅上部溢出。

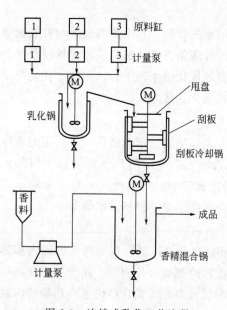

图 2-3　连续式乳化工艺流程

这种连续式乳化方法适用于大规模连续化的生产，其优点是节约能源、提高了设备的利用率，产量高且品质稳定，目前国内还没有厂家采用这种生产方式。

四、主要工艺参数

1. 搅拌条件

搅拌越强烈，乳化剂用量可以越低，但过分强烈搅拌与颗粒大小降低并不一定正相关，而且可能混入空气。在采用中等搅拌强度时，运用转相办法可以得到细颗粒，采用桨式或旋桨式搅拌时，应注意防范空气搅入。

一般情况，在开始乳化时采用较高速搅拌对乳化有利，在进入冷却阶段后，则中低速度搅拌有利，这样减少气泡混入。如果是膏状产品，则搅拌到结膏温度时即停止。如果是液状产品则须一直搅拌至室温。

2. 混合速度

分散相加入的速度和机械搅拌的速度对乳化效果十分重要，当内相加得太快或搅拌效果差时乳化效果较差。乳化操作的条件影响乳化体的稠度、黏度和稳定性。研究表明，在制备 O/W 型乳化体时，最好的方法是在激烈的持续搅拌下将水相加入油相中，且高温时混合相对低温时混合效果更好。

在制备 W/O 型乳化体时，可在不断搅拌下，将水相慢慢地加到油相中，制得内相粒子均匀、稳定性和光泽性好的乳化体。对内相浓度较高的乳化体系，内相加入的流速应该比内相浓度较低的乳化体系慢一些。采用高效的乳化设备较搅拌差的设备在乳化时流速可以适当快一点。

应当指出的是，由于化妆品组成的复杂性，不同配方之间有时差异很大，对于任何一个配方，都须作加料速度试验，以求以最佳的混合速度，制得稳定的乳化体。

3. 温度控制

制备乳化体时，除了控制搅拌条件外，还要控制乳化时与乳化后的温度。

因温度对乳化剂溶解性和固态油、脂、蜡的熔化等有影响，乳化时温度控制对乳化效果影响相当大。如果温度太低，乳化剂溶解度低，且固态油、脂、蜡未熔化，乳化效果就差；温度太高，加热时间长，冷却时间也长，则会浪费能源，延长生产周期。一般常使油相温度控制高于其熔点温度 $10\sim16℃$，且水相温度稍高于油相温度。通常膏霜类在 $70\sim98℃$ 条件下进行乳化。

一般可把水相加热至 $80\sim100℃$，维持 25min 灭菌，然后再冷却到 $60\sim80℃$ 进行乳化。在制备 W/O 型乳化体时，水相温度高一些，此时水相体积较大，水相分散形成乳化体后，随着温度的降低，水珠体积变小，有利于形成均匀、细小的颗粒。如果水相温度低于油相温度，两相混合后有可能使油相固化（油相熔点较高时），影响乳化效果。

冷却速度的影响也较大，通常较快的冷却能够获得较细的颗粒。当温度较高时，由于布朗运动比较剧烈，小颗粒会发生相互碰撞而合并成较大颗粒；反过来，当乳化操作结束后，对膏体立刻进行快速冷却，从而使小颗粒"冻结"住，这样小颗粒的碰撞、合并作用可降低到最小的程度，但冷却速度太快，高熔点的蜡就会产生结晶，导致所生成的乳化剂保护胶体受到破坏。总之，冷却的速度最好通过生产试验数据来最终确定。

4. 香精和防腐剂的加入

（1）香精的加入　香精是易挥发性物质，并且其组成十分复杂，在温度较高时，不但容易损失掉，而且会发生一些化学变化，引起香味变化和颜色变深。因而一般化妆品都是在后期加入香精。对乳液类化妆品，一般是在乳化已经完成并冷却至 $50\sim70℃$ 时加入香精。比如在真空乳化锅中加香精，这时不应开启真空泵，只需维持原来的真空度即可，吸入香精后搅拌均匀。对敞口的乳化锅来说，由于温度高，加入香精易挥发损失，因此要控制较低的加香精温度，但温度过低可能使香精不易均布。

（2）防腐剂的加入　微生物的生存离不开水，水相中防腐剂的浓度是影响微生物生长的关键。

乳液类化妆品含有水相、油相和表面活性剂，常用的防腐剂往往是油溶性的，在水中溶解度较低。有的化妆品制造商常把防腐剂先加入油相后再进行乳化，这样防腐剂在油相中的分配浓度就较大，而水相中的浓度就较小。更主要的是非离子表面活性剂往往也加在油相，使得有更大的机会增溶防腐剂，而溶解在油相中的防腐剂和被表面活性剂胶束增溶的防腐剂对微生物没有作用，故加入防腐剂的最好时机是待油、水相混合乳化完毕后再行加入，这时可在水相中获得最大的防腐剂浓度。当然温度不能过低，不然分布不均匀，有些固体状的防腐剂最好先用溶剂溶解后再加入。例如尼泊金酯类就可先用温热的乙醇溶解，再加到乳液中能保证分布均匀。

配方中如有盐类、固体物质或其他成分，最好在乳化体形成及冷却后加入，否则易导致产品的发粗。

5. 黏度的调节

影响乳化体黏度的主要因素是连续相的黏度，乳化体的黏度宜通过增加外相的黏度来调节。对于 O/W 型乳化体，可加入合成或天然的树胶，也可加入适当的乳化剂如钾皂、钠皂等成分。对于 W/O 型乳化体，加入多价金属皂、高熔点的蜡和树胶到油相中，可有效增加乳化体系黏度。

五、主体设备

1. 混合设备

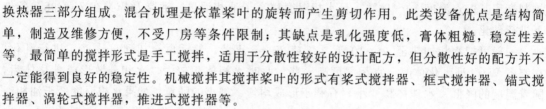

混合设备有多种形式，一般为釜式设备，主要由釜体、搅拌器和换热器三部分组成。混合机理是依靠桨叶的旋转而产生剪切作用。此类设备优点是结构简单，制造及维修方便，不受厂房等条件限制；其缺点是乳化强度低，膏体粗糙，稳定性差等。最简单的搅拌形式是手工搅拌，适用于分散性较好的设计配方，但分散性好的配方并不一定能得到良好的稳定性。机械搅拌其搅拌桨叶的形式有桨式搅拌器、框式搅拌器、锚式搅拌器、涡轮式搅拌器，推进式搅拌器等。

2. 胶体磨

胶体磨适用于制备液状或膏状的乳化体，如图 2-4 所示。它由转子和定子两部分组成，转子的转速高达 1000～3000r/min。操作过程中流体物料从转子和定子之间很小的缝隙通过。由高速旋转的转子实现了对物料进行充分的研磨、剪切和混合。

胶体磨的结构
及工作原理

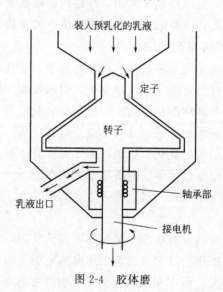

图 2-4　胶体磨

3. 均化器

均化器适用于制备乳化颗粒微小的乳液，常见的均化器有以下三种。

（1）均浆机　它能对原料施加高压，浆液从其小孔中喷出，如图 2-5 所示，是非常有效的普适性的连续式乳化机。

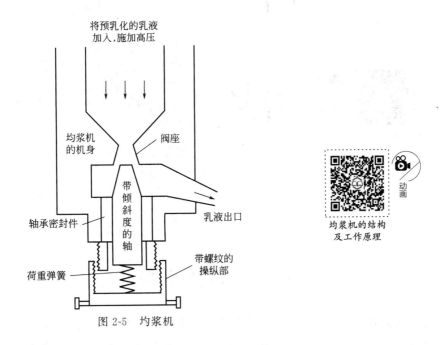

将预乳化的乳液
加入,施加高压

均浆机
的机身

阀座

带倾斜度的轴

轴承密封件

乳液出口

荷重弹簧

带螺纹的操纵部

图 2-5　均浆机

均浆机的结构
及工作原理

（2）均质搅拌机　它由被圆筒围绕的涡轮型叶片构成,如图 2-6 所示。旋转叶片的转速可高达 10000～28000r/min,可引起筒中液体的对流,得到均一很细的乳化粒子。

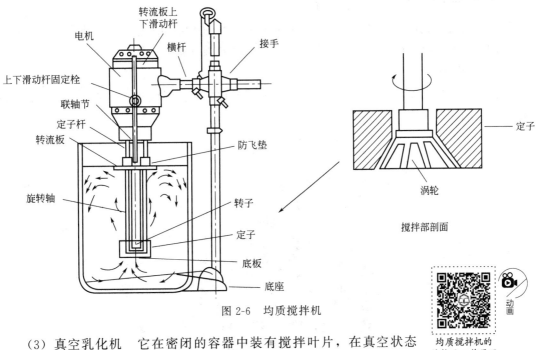

电机

转流板上下滑动杆

横杆

接手

上下滑动杆固定栓

联轴节

定子杆

转流板

防飞垫

旋转轴

转子

定子

底板

底座

定子

涡轮

搅拌部剖面

图 2-6　均质搅拌机

均质搅拌机的
结构及工作原理

（3）真空乳化机　它在密闭的容器中装有搅拌叶片,在真空状态下进行搅拌和乳化,如图 2-7 所示。其配有两个带有起加热和保温夹套作用的原料溶解罐,一个溶解油,另一个溶解水相。此种设备适于制备乳液,特别适用于制备高级化妆品时的无菌配料生产。

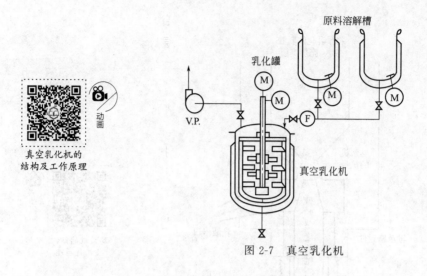

图 2-7　真空乳化机

动画

第四节　功效性化妆品

功效性化妆品指的是在化妆品的基质中添加各种营养活性物质而制得的对皮肤具有特殊功效的化妆品。通常，将养肤化妆品按其对皮肤的功效作用来分类，常用的有保湿化妆品、美白化妆品、防晒化妆品、祛斑化妆品、抗衰老化妆品等。

一、保湿化妆品

保湿是通过防止皮肤内水分的流失和吸收外界环境的水分从而达到使皮肤内含有一定水分的目的。保湿化妆品就是为了实现保湿功效的一类基础皮肤护理化妆品。

1. 保湿机理

要设计出合理的保湿体系化妆品配方，就必须对皮肤的保湿机理充分了解。皮肤水分的代谢机理见图 2-8。

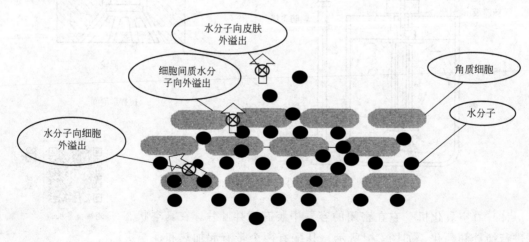

图 2-8　皮肤水分的代谢机理

实现皮肤保湿功效主要通过以下三个途径：a. 是通过在皮肤表面形成一层封闭体系，防止皮肤中水分蒸发到空气中去；b. 在皮肤上涂上保湿剂，吸收空气中的水分，同时也可

36　化妆品配方与生产技术

以阻止皮肤的水分散失；c.皮肤通过吸收现代的仿生保湿功效成分后，能与皮肤中的游离水结合使之不容易挥发。此外，它还可以在皮肤上形成一层透气的薄膜，防止水分流失，在不影响皮肤呼吸的同时，达到保湿效果，也可以与体内的某种结构作用，保护各组织的功能正常。

2. 保湿功效体系设计

不同剂型化妆品保湿体系的设计主要包括：保湿乳液、保湿膏霜、保湿爽肤水、保湿啫喱、保湿面膜和保湿洗面奶等。

微课

保湿功效
体系设计

设计乳液配方时，三类保湿剂都可以选择，在选择封闭剂时，建议少选一些固体油脂，以免乳液太稠。同时，由于设计理念要求乳液是比较清爽的，所以，在选择油脂方面，也要尽可能少地选择封闭性油脂，例如白油、凡士林这样的油脂要少选，多选择一些清爽性的油脂，如合成角鲨烷、GTCC、肉豆蔻酸异丙酯（IPM）等。

（1）保湿乳液保湿功效体系设计　保湿乳液保湿功效体系设计见表2-18。

表2-18　保湿乳液保湿功效体系设计

种类	原料名称	INCI[①]中文名称	质量分数/%
封闭剂	合成角鲨烷	氢化聚异丁烯	4.0
	GTCC	辛酸/癸酸甘油二酯	4.0
	2-EHP	棕榈酸乙基己酯	4.0
	二甲基硅油	二甲基硅氧烷	2.0
吸水剂	甘油	丙三醇	4.0
	丙二醇	丙二醇	4.0
仿生剂	透明质酸	透明质酸	2.0
	维生素E	生育酚	1.0
	海藻糖	海藻糖	2.0

① INCI：国际命名化妆品原料。

（2）保湿膏霜保湿功效体系设计　设计膏霜产品时，封闭剂可以多选择一些熔点高的油脂，例如 $C_{16} \sim C_{18}$ 醇、单甘酯、二十二碳醇等；再有就是可以把整个体系设计得滋润一些，这样就要相应地把油脂的量提高一些，也可以选择一些封闭性的油脂。其他的保湿剂基本和乳液一致，保湿膏霜保湿功效体系设计见表2-19。

表2-19　保湿膏霜保湿功效体系设计

种类	原料名称	INCI名称	质量分数/%
封闭剂	白油	液体石蜡	2.0
	凡士林	凡士林	1.0
	GTCC	辛酸/癸酸甘油三酯	3.0
	DM100	聚二甲基硅氧烷	2.0
	2-EHP	棕榈酸乙基己酯	3.0
	IPM	肉豆蔻酸异丙酯	4.0
	$C_{16} \sim C_{18}$ 醇	鲸蜡硬脂醇	2.0
	单甘酯	单硬脂酸甘油酯	1.0
吸水剂	甘油	丙三醇	4.0
	丙二醇	丙二醇	3.0
仿生剂	透明质酸	透明质酸	1.0
	α-甘露聚糖	银耳提取物	4.0
	海藻糖	海藻糖	4.0

（3）保湿爽肤水保湿功效体系设计　设计爽肤水产品时，在保湿剂的选择上尽量不要选择封闭剂类的保湿剂，因为这些油脂一般都不溶于水，但可以选用一些经过改性的油脂，如水溶性霍霍巴油、PEG-7橄榄油酯等。这种经改性的油脂不仅可以在皮肤表面形成封闭的膜，阻止水分散失；而且由于其结构含有很多羟基，还可以吸收水分，从而达到保湿的目的。其他两类保湿剂则都可以选用，功效体系设计见表2-20。

表 2-20　保湿爽肤水保湿功效体系设计

种类	原料名称	INCI 名称	质量分数/%
封闭剂	水溶性霍霍巴油	PEG-20 霍霍巴油	0.2
吸水剂	甘油	丙三醇	3.0
	丙二醇	丙二醇	4.0
仿生剂	燕麦 β-葡聚糖	燕麦 β-葡聚糖	4.0
	海藻糖	海藻糖	4.0
	α-甘露聚糖	银耳提取物	4.0

（4）保湿啫喱保湿功效体系设计　设计啫喱保湿功效体系时，除了可以和爽肤水保湿功效体系的设计一致以外，还可添加在水剂产品中不易悬浮的保湿包埋彩色粒子，增加产品功能和视觉效果，更能提高消费者购买欲。值得注意的是在做凝胶产品时，在选择保湿剂的时候需要考虑保湿剂与增稠剂之间的配伍性。比如说如果选择的保湿剂离子含量很高，就不建议用卡波940（卡波为丙烯酸交联树脂）作为增稠剂。功效体系设计见表2-21。

表 2-21　保湿啫喱保湿功效体系设计

种类	原料名称	INCI 名称	质量分数/%
吸水剂	甘油	丙三醇	4.0
	丙二醇	丙二醇	3.0
仿生剂	泛醇	D-泛醇	0.2
	保湿包埋彩色粒子	保湿包埋彩色粒子	0.1
	燕麦 β-葡聚糖	燕麦 β-葡聚糖	3.0
	透明质酸	透明质酸	0.1
	海藻糖	海藻糖	3.0

（5）保湿面膜功效体系设计　保湿面膜的种类比较多，下面列举几种常见的面膜来说明。

① 在市场上比较流行的一种透明的啫喱状睡眠面膜，在设计这种面膜时可以参照保湿啫喱的体系设计。

② 无纺布的面膜保湿功效体系的种类比较多，有凝胶体系的，有乳液体系的，还有水剂的等，在设计这类面膜时可以参照相应的保湿啫喱、保湿乳液、保湿水的体系进行设计。

（6）保湿洗面奶保湿功效体系设计　在设计保湿洗面奶时，通常是在洗面奶的体系中添加一些油脂，达到赋脂的目的，从而减少因表面活性剂过度脱脂引起的干燥。

3. 保湿化妆品配方实例

（1）保湿乳液的配方实例　保湿乳液的配方实例如表2-22所示。

（2）保湿膏霜的配方实例　保湿膏霜的配方实例如表2-23所示。

（3）保湿水的配方实例　保湿水的配方实例如表2-24所示。

表 2-22　保湿乳液的配方

组相	原料名称	INCI 名称	质量分数/%
A 相	EumulginS2	鲸蜡硬脂醇醚-2	1.3
	EumulginS21	鲸蜡硬脂醇醚-21	1.4
	合成角鲨烷	氢化聚异丁烯	5.0
	GTCC	辛酸/癸酸甘油三酯	4.0
	2-EHP	棕榈酸乙基己酯	4.0
	DM100	聚二甲基硅氧烷	1.0
	维生素 E	生育酚	0.5
	尼泊金甲酯/尼泊金乙酯	尼泊金甲酯/尼泊金乙酯	0.1/0.05
B 相	卡波 940	卡波姆	0.2
	甘油	丙三醇	5.0
	海藻糖	海藻糖	4.0
	丙二醇	丙二醇	4.0
	去离子水	去离子水	余量
C 相	三乙醇胺	三乙醇胺	0.1
	透明质酸	透明质酸	0.2

表 2-23　保湿膏霜的配方

组相	原料名称	INCI 名称	质量分数/%
A 相	Eumulgin S2	鲸蜡硬脂醇醚-2	1.5
	Eumulgin S21	鲸蜡硬脂醇醚-21	2.0
	白油	液体石蜡	2.0
	凡士林	凡士林	1.0
	混醇	鲸蜡硬脂醇	1.0
	单甘酯	单硬脂酸甘油酯	1.0
	GTCC	辛酸/癸酸甘油三酯	5.0
	2-EHP	棕榈酸乙基己酯	4.0
	DM100	聚二甲基硅氧烷	2.0
	IPM	肉豆蔻酸异丙酯	2.0
	尼泊金甲酯/尼泊金乙酯	尼泊金甲酯/尼泊金乙酯	0.1/0.05
B 相	卡波 940	卡波姆	0.2
	甘油	丙三醇	5.0
	海藻糖	海藻糖	2.0
	α-甘露聚糖	银耳提取物	4.0
	丙二醇	丙二醇	4.0
	去离子水	去离子水	余量
C 相	三乙醇胺	三乙醇胺	0.2
	透明质酸	透明质酸	0.1

表 2-24　保湿水的配方

组相	原料名称	INCI 名称	质量分数/%
A 相	甘油	丙三醇	5.0
	丙二醇	丙二醇	4.0
	燕麦 β-葡聚糖	燕麦 β-葡聚糖	3.0
	α-甘露聚糖	银耳提取物	4.0
	海藻糖	海藻糖	2.0
	泛醇	D-泛醇	0.2
	水溶性霍霍巴油	PEG-20 霍霍巴油	0.3
	去离子水	去离子水	余量
B 相	极马Ⅱ	重氮咪唑烷基脲	0.3

（4）保湿啫喱的配方实例　保湿啫喱的配方实例如表 2-25 所示。

表 2-25　保湿啫喱的配方

组相	原料名称	INCI 名称	质量分数/%
A 相	甘油	丙三醇	5.0
	丙二醇	丙二醇	4.0
	卡波 U20	丙烯酸酯/$C_{10} \sim C_{30}$ 烷基丙烯酸酯交联共聚物	0.5
	海藻糖	海藻糖	2.0
	燕麦 β-葡聚糖	燕麦 β-葡聚糖	3.0
	去离子水	去离子水	余量
B 相	极马 Ⅱ	重氮咪唑烷基脲	0.2
	三乙醇胺	三乙醇胺	0.5
	透明质酸	透明质酸	0.1

（5）保湿洗面奶的配方实例　保湿洗面奶的配方实例如表 2-26 所示。

表 2-26　保湿洗面奶的配方

组相	原料名称	INCI 名称	质量分数/%
A 相	单甘酯	单硬脂酸甘油酯	3.0
	DC200	聚二甲基硅氧烷	2.0
	IPM	肉豆蔻酸异丙酯	3.0
	$C_{16} \sim C_{18}$ 醇	鲸蜡硬脂醇	6.0
	A165	单硬脂酸甘油酯	0.4
B 相	卡波 940	卡波姆	0.2
	甘油	丙三醇	5.0
	K12	烷基硫酸钠	0.5
	AES	烷基酚硫酸钠	2.0
	去离子水	去离子水	余量
C 相	三乙醇胺	三乙醇胺	0.4
	Neolone MXP	甲基异噻唑啉酮/苯氧基乙醇/尼泊金甲酯/尼泊金丙酯	0.3

4. 制备工艺

保湿化妆品的制备方法及过程与其对应的剂型相关。保湿化妆品的主要类型有保湿乳液、保湿膏霜、保湿爽肤水、保湿啫喱、保湿面膜和保湿洗面奶等，其制法与一般对应类型的化妆品基本相同。保湿乳液、保湿膏霜均属乳剂类化妆品，其制备方法与乳剂类化妆品相同。保湿爽肤水属水剂类化妆品，保湿凝胶与爽肤水类似，保湿面膜属面膜的一种，保湿洗面奶属淋洗类化妆品，这几类产品的制备方法与对应类型的化妆品相同，将在本书后面章节中详述。

二、美白化妆品

美白化妆品是一类具有美白功效的功效性化妆品。

1. 美白机理

所谓美白，就是通过抑制体内黑色素的形成，或是分解皮肤中已有的黑色素从而达到美白效果。人类的表皮基层中存在着一种黑素细胞，能够形成黑色素。黑色素是决定人皮肤颜色的最大因素，当黑素细胞高时皮肤即由浅褐色变为黑色。人类皮肤的色泽主要决定于各黑素细胞产生黑色素的能力。各种肤色的人黑素细胞的分布密度基本相同，没有人种差异，全身共约 20 亿个。正常时黑色素能吸收过量的日光光线，特别是吸收紫外线，保护人体。若生成的黑色素不能及时地代谢而聚集、沉积或对称分布于表皮，则会使皮肤上出现雀斑、黄褐斑或老年斑等。一般认为黑色素的生长机理是在黑素细胞内黑素体上的酪氨酸经酪氨酸酶催化而合成的。酪氨酸氧化成黑色素的过程是复杂的，主要通过如图 2-9 所示的过程实现。紫外线能够引起酪氨酸酶的活性和黑素细胞活性的增强，因而会促进这一氧化作用，尤其原有的色素沉着也会因太阳的照射而进一步加深，甚至恶化。

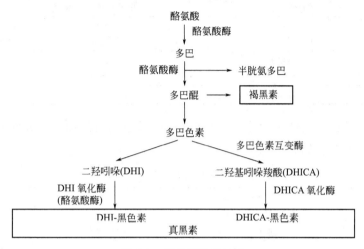

图 2-9　黑色素形成过程

祛斑美白化妆品以防止色素沉积为目的，其基本原理主要体现在以下几个方面。

（1）抑制黑色素的生成　通过抑制酪氨酸酶的生成和活性，或干扰黑色素生成的中间体，从而防止产生色素斑的黑色素的生成。

（2）防止黑色素的还原、光氧化　通过角质细胞刺激黑色素的消减，使已生成的黑色素淡化。

（3）促进黑色素的代谢　通过加快肌肤的新陈代谢，使黑色素迅速排出肌肤外。

（4）防止紫外线的进入　通过有防晒效果的制剂，用物理方法阻挡紫外线，防止由紫外线形成过多的黑色素。

2. 美白化妆品原料

（1）抑制酪氨酸酶活性类　酪氨酸酶是一种多酚氧化酶，在黑色素形成过程中主要起催化作用，因此抑制酪氨酸酶的活性就能减少黑色素的形成。这类物质主要有：熊果苷、曲酸及其衍生物、甘草提取物等。

（2）吸收紫外线类　主要是防晒剂，通过吸收紫外线，减少由于光照产生的自由基，常用的有 4-甲基苄亚基樟脑、二苯酮-3、二苯酮-4、二苯酮-5、丁基甲氧基二苯甲酰基甲烷等。

（3）清除自由基类　自由基参与黑色素形成的过程，清除自由基类的产品主要有抗坏血酸及其衍生物、生育酚、丁香提取物等。

3. 美白功效体系设计

依据设计的不同要求，下面主要介绍针对不同剂型的美白功效体系设计。不同剂型化妆品主要包括乳液、膏霜、爽肤水、啫喱水、面膜及洗面奶等产品。

（1）不同剂型化妆品美白功效体系设计

美白功效体系
设计

① 乳液的美白功效体系设计　乳液的美白功效体系设计见表2-27。

表 2-27　乳液的美白功效体系设计

种类	原料名称	INCI 名称	质量分数/%
酪氨酸酶抑制剂	甘草黄酮	甘草黄酮	0.3
紫外线吸收剂	Parsol 1789	丁基甲氧基二苯甲酰基甲烷	0.6
	Parsol 5000	4-甲基亚苄基樟脑	0.6
清除自由基类	维生素 E	生育酚	0.6
	丁香提取物	丁香提取物	0.5
保湿类	α-甘露聚糖	银耳提取物	4.0
	海藻糖	海藻糖	4.0
促渗类	水溶性氮酮	氮酮/PEG40 氢化蓖麻油	2.0

② 爽肤水的美白功效体系设计　爽肤水的特质要求所选用的美白成分都必须是水溶性的，美白功效体系设计见表2-28。

表 2-28　爽肤水的美白功效体系设计

种类	原料名称	INCI 名称	质量分数/%
抑制酪氨酸酶活性类	熊果苷	熊果苷	3.0
	维生素 C 乙基醚	维生素 C 乙基醚	2.0
紫外线吸收类	二苯酮-4/二苯酮-5	二苯酮-4/二苯酮-5	1.0
清除自由基类	丁香提取物	丁香提取物	0.5
迁移局部色素类	烟酰胺	烟酰胺	2.0
保湿类	海藻糖	海藻糖	4.0
	α-甘露聚糖	银耳提取物	4.0
促渗类	水溶性氮酮	氮酮/PEG40 氢化蓖麻油	2.0

(2) 适用于不同区域美白化妆品的美白功效体系设计　我国地域辽阔，东西南北及高原和平原的气候条件是有差异的，因此在设计产品时也要考虑这些因素。比如说高原的紫外线强度大，平原的紫外线强度相对较弱，所以在设计产品时，把高原的产品设计得吸收紫外线能力强一些，平原的产品紫外线吸收能力弱一些。

① 高原美白膏霜的美白功效体系设计　高原美白膏霜的美白功效体系设计见表2-29。

表 2-29　高原美白膏霜的美白功效体系设计

种类	原料名称	INCI 名称	质量分数/%
抑制酪氨酸酶活性类	甘草黄酮	甘草黄酮	6.0
紫外线吸收类	Parsol 1789	丁基甲氧基二苯甲酰基甲烷	1.0
	甲氧基肉桂酸乙基己酯	甲氧基肉桂酸乙基己酯	1.0
	水杨酸乙基己酯	水杨酸乙基己酯	1.0
	Parsol 5000	4-甲基亚苄基樟脑	1.0
清除自由基类	丁香提取物	丁香提取物	0.5
	维生素 E	生育酚	0.5
保湿类	海藻糖	海藻糖	4.0
	α-甘露聚糖	银耳提取物	4.0
促渗类	水溶性氮酮	氮酮/PEG40 氢化蓖麻油	2.0

② 平原美白膏霜的美白功效体系设计　平原美白膏霜的美白功效体系设计见表2-30。

表 2-30　平原美白膏霜的美白功效体系设计

种类	原料名称	INCI 名称	质量分数/%
抑制酪氨酸酶活性类	甘草黄酮	甘草黄酮	6.0
紫外线吸收类	Parsol 1789	丁基甲氧基二苯甲酰基甲烷	0.4
	Parsol 5000	4-甲基亚苄基樟脑	0.4
清除自由基类	丁香提取物	丁香提取物	0.5
	维生素 E	生育酚	0.5
保湿类	α-甘露聚糖	银耳提取物	4.0
	海藻糖	海藻糖	4.0
促渗剂	水溶性氮酮	氮酮/PEG40 氢化蓖麻油	2.0

4. 美白化妆品配方实例

（1）美白乳液的配方实例　美白乳液的配方实例如表 2-31 所示。

表 2-31　美白乳液的配方

组相	原料名称	INCI 名称	质量分数/%
A 相	EumulginS2	鲸蜡硬脂醇醚-2	1.4
	EumulginS21	鲸蜡硬脂醇醚-21	1.6
	Parsol 1789	丁基甲氧基二苯甲酰基甲烷	0.6
	Parsol 5000	4-甲基亚苄基樟脑	0.6
	合成角鲨烷	氢化异聚丁烯	6.0
	维生素 E	生育粉	0.6
	GTCC	辛酸/癸酸甘油三酯	4.0
	2-EHP	棕榈酸乙基己酯	5.0
	DM100	聚二甲基硅氧烷	1.0
	尼泊金甲酯/尼泊金乙酯	尼泊金甲酯/尼泊金乙酯	0.1/0.05
B 相	卡波 940	卡波姆	0.1
	甘油	丙三醇	5.0
	丁香提取物	丁香提取物	0.4
	α-甘露聚糖	银耳提取物	3.0
	海藻糖	海藻糖	3.0
	丁二醇	1，3-丁二醇	3.0
	去离子水	去离子水	余量
C 相	甘草黄酮	甘草黄酮	0.3
	三乙醇胺	三乙醇胺	0.2
	水溶性氮酮	氮酮/PEG40 氢化蓖麻油	1.0

（2）高原美白膏霜的配方实例　高原美白膏霜的配方实例如表 2-32 所示。

表 2-32　高原美白膏霜的配方

组相	原料名称	INCI 名称	质量分数/%
A 相	EumulginS2	鲸蜡硬脂醇醚-2	1.0
	EumulginS21	鲸蜡硬脂醇醚-21	2.5
	白油	液体石蜡	2.0
	Parsol 1789	丁基甲氧基二苯甲酰基甲烷	0.5
	Parsol 5000	4-甲基亚苄基樟脑	0.5
	甲氧基肉桂酸乙基己酯	甲氧基肉桂酸乙基己酯	0.5
	水杨酸乙基己酯	水杨酸乙基己酯	0.5
	GTCC	辛酸/癸酸甘油三酯	5.0

组相	原料名称	INCI 名称	质量分数/%
A 相	混醇	鲸蜡硬脂醇	3.0
	单甘酯	单硬脂酸甘油酯	1.0
	2-EHP	棕榈酸乙基己酯	2.0
	DM100	聚二甲基硅氧烷	1.0
	IPM	肉豆蔻酸异丙酯	4.0
	尼泊金甲酯/尼泊金乙酯	尼泊金甲酯/尼泊金乙酯	0.1/0.05
B 相	卡波 940	卡波姆	0.3
	甘油	丙三醇	5.0
	海藻糖	海藻糖	4.0
	丁香提取物	丁香提取物	0.5
	α-甘露聚糖	银耳提取物	4.0
	丁二醇	1，3-丁二醇	2.0
	去离子水	去离子水	余量
C 相	甘草黄酮	甘草黄酮	0.3
	三乙醇胺	三乙醇胺	0.3
	水溶性氮酮	氮酮/PEG40 氢化蓖麻油	2.0

（3）平原美白膏霜的配方实例 平原美白膏霜的配方实例如表 2-33 所示。

表 2-33 平原美白膏霜的配方

组相	原料名称	INCI 名称	质量分数/%
A 相	EumulginS2	鲸蜡硬脂醇醚-2	1.0
	EumulginS21	鲸蜡硬脂醇醚-21	2.5
	白油	液体石蜡	2.0
	Parsol 1789	丁基甲氧基二苯甲酰基甲烷	0.4
	Parsol 5000	4-甲基亚苄基樟脑	0.4
	GTCC	辛酸/癸酸甘油三酯	4.0
	混醇	鲸蜡硬脂醇	3.0
	单甘酯	单硬脂酸甘油酯	1.0
	2-EHP	棕榈酸乙基己酯	2.0
	DM100	聚二甲基硅氧烷	1.0
	IPM	肉豆蔻酸异丙酯	3.0
	尼泊金甲酯/尼泊金乙酯	尼泊金甲酯/尼泊金乙酯	0.2/0.1
B 相	卡波 U20	丙烯酸酯/$C_{10} \sim C_{30}$ 烷基丙烯酸酯交联共聚物	0.3
	甘油	丙三醇	5.0
	丁香提取物	丁香提取物	0.5
	海藻糖	海藻糖	4.0
	α-甘露聚糖	银耳提取物	4.0
	丁二醇	1，3-丁二醇	2.0
	去离子水	去离子水	余量
C 相	三乙醇胺	三乙醇胺	0.3
	甘草黄酮	甘草黄酮	0.3
	水溶性氮酮	氮酮/PEG40 氢化蓖麻油	2.0

5. 制备工艺

美白产品的制备方法及过程与其相应的剂型相关。美白化妆品的主要类型有增白霜、增白蜜和美白乳液等，这几类美白化妆品都属乳剂类，其制法与乳剂类化妆品基本相同，在此不再赘述。

三、防晒化妆品

防晒化妆品是一类具有吸收紫外线作用，防止或减轻皮肤晒伤、黑色素沉着及皮肤老化的化妆品。防晒化妆品是普通的化妆品基质中添加一定量的防晒剂。目前，市场上常见的防晒剂化妆品主要有乳液、膏霜、油、水等多种形式。

（1）防晒膏霜和防晒乳液　防晒乳液和防晒霜能保持一定油润性，使用方便，是比较受欢迎的防晒化妆品，可制成 O/W 型，也可制成 W/O 型。目前市场上的防晒化妆品以防晒乳液为主，配方组成可在乳液、雪花膏、香脂的基础上加入防晒剂即可。为了取得显著效果，可采用两种或两种以上的防晒剂复配使用。其优点是：所有类型的防晒剂均可配入产品，且加入量较少受限制，因此可得到更高 SPF（防晒系数）值的产品；易于涂展，且肤感不油腻，可在皮肤表面形成均匀的、有一定厚度的防晒剂膜；可制成抗水性产品。其缺点是制备稳定的乳液有时较困难，乳液基质适于微生物的生长，易变质腐败。

（2）防晒油　防晒油是最早的防晒化妆品形式。许多植物油对皮肤有保护作用，而有些防晒剂又是油溶性的，所以可以将防晒剂溶解于植物油中制成防晒油。其优点是制备工艺简单，产品防水性较好，易涂展；缺点是油膜较薄且不连续，难以达到较好的防晒效果。

（3）防晒水　为了避免防晒油在皮肤上的油腻感，可以用酒精溶解防晒剂制成防晒水。这类防晒产品中加有甘油、山梨醇等滋润剂，可形成保护膜以帮助防晒剂黏附于皮肤上。防晒水涂抹在身上感觉爽快，但在水中易被冲洗掉。

1. 防晒机理

紫外线对皮肤的伤害包括晒红、晒黑及光老化。其中晒红的机理是紫外线照射皮肤后使皮肤各层组织发生生理和病理变化，最终导致毛细血管内皮损伤，血管周围出现淋巴细胞及多形核细胞浸润等炎症反应。晒黑是指皮肤受紫外线照射后引起的皮肤黑化现象。光老化是由于长期的日光照射导致的皮肤衰老现象，是由反复日晒而致的累积性损伤。其机理是：紫外线的照射使皮肤真皮中弹力纤维变形、增粗和分叉，从而导致皮肤松弛、无弹性，同时影响胶原纤维的成分和结构，还会使氨基多糖裂解，可溶性增强，影响其结构和功能，最终也会导致皮肤干燥、松弛、无弹性。

目前防晒化妆品正是从这些角度考虑，利用某些无机物对紫外光的散射或反射作用来减少紫外线对皮肤的侵害。它们主要是在皮肤表面形成阻挡层，以防止紫外线直接照射到皮肤上；或者利用具有吸收作用的紫外线吸收剂，它们的分子从紫外线中吸收的光能与引起分子"光化学激发"所需要的能量相等，这样就可以把光能转化成热能和无害的可见光放射出来，从而有效地防止紫外线对皮肤的晒黑和晒伤。其防晒作用机理分别如图 2-10 和图 2-11 所示。

因此，防晒化妆品实现防晒的主要途径有：a. 散射或反射紫外线的照射，通过添加物理防晒剂（如二氧化钛、氧化锌等）实现；b. 吸收紫外线的照射，通过添加化学紫外线吸收剂［如二苯（甲）酮、邻氨基苯甲酸酯、二苯甲酰甲烷、氨基苯甲酸酯及其衍生物、水杨酸酯及其衍生物、肉桂酸酯类和樟脑类衍生物等］吸收紫外线。

2. 主要的防晒剂原料

（1）化学防晒剂　紫外线吸收剂的分子能够吸收紫外线的能量，然后再以热能或无害的可见光效应释放出来，从而保护人体皮肤免受紫外线的伤害，此类称之为化学防晒剂。化学

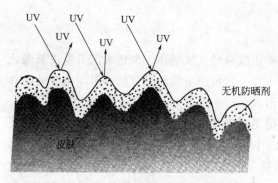

图 2-10 无机防晒剂的防晒作用机理

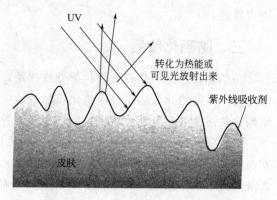

图 2-11 紫外线吸收剂的防晒作用机理

防晒剂又分为 UVA 防晒剂和 UVB 防晒剂。UVA 防晒剂有二苯（甲）酮、邻氨基苯甲酸酯和二苯甲酰甲烷类化合物等；UVB 防晒剂有氨基苯甲酸酯及其衍生物、水杨酸酯及其衍生物、肉桂酸酯类和樟脑类衍生物等。

（2）物理防晒剂 即紫外线屏蔽剂，通过反射及散射紫外线，对皮肤起保护作用，主要为无机粒子，其典型代表为二氧化钛和氧化锌粒子。

（3）抗炎剂 由于防晒剂本身具有一定的刺激性，加入抗炎剂可抑制皮肤炎症。目前，较常用的抗炎剂有没药醇、甘草酸二钾等。另外，近年来从植物中寻找抗炎原料成为研发热点。

（4）保湿修复类 过量紫外线照射会引发皮肤炎症，防晒化妆品对皮肤具有良好的保护功能，但是不可能完全避免紫外线的伤害。许多天然植物提取物虽然对紫外线没有直接的吸收或屏蔽作用，但加入产品后可通过抗氧化或抗自由基作用，修复紫外线对皮肤造成的辐射损伤，从而间接加强产品的防晒性能，如芦荟、燕麦 β-葡聚糖、燕麦多肽、富含维生素 E、维生素 C 的植物萃取液等。

3. 防晒功效体系设计

重要的防晒剂原料有化学防晒剂、物理防晒剂、抗炎剂、保湿修复类等，在设计过程中，将这几类防晒剂原料进行组合，可建立符合要求的完整防晒功效体系。当今评价防晒化妆品的防晒效果较常用的

微课

防晒功效
体系设计

指数是 SPF 值。SPF 值主要用来评估防晒制品防护 UVB 的效率。SPF 值指在涂有防晒剂防护的皮肤上产生最小红斑所需能量与未加防护的皮肤上产生相同程度红斑所需能量之比。

$$SPF = \frac{MED(PS)}{MED(US)}$$

式中 MED（PS）——已被保护皮肤引起红斑所需最低的紫外线剂量；

MED（US）——未被保护皮肤引起红斑所需最低的紫外线剂量。

防晒指数的高低从客观上反映了防晒产品紫外线防护能力的大小。美国 FDA（食品和药物管理局）规定最低防晒产品的 SPF 值为 2～6，中等防晒产品的 SPF 值为 6～8，高度防晒产品的 SPF 值在 8～12，SPF 值在 12～20 的产品为高强防晒产品，超高强防晒产品的 SPF 值为 20～30。皮肤病专家认为，一般情况下，使用 SPF 值为 15 的防晒产品已经足够了，最高不超过 30。

按化妆品剂型进行防晒体系的设计，产品包括防晒乳液、防晒霜、防晒棒等。下面以防

晒乳液功效体系设计为例,来说明设计的过程。

设计乳液产品时,有两种乳化体系,分别为 O/W 型和 W/O 型。O/W 型乳液肤感清爽,但容易被汗水洗脱;W/O 型乳液比较滋润,不容易被汗水冲洗。这两类防晒乳液在防晒剂选择上没有很大区别。所有类型的防晒剂均可选择,防晒乳液功效体系设计见表2-34。

表 2-34 防晒乳液功效体系设计

种类	原料名称	INCI 名称	质量分数/%
紫外线吸收剂(UVA)	Parsol 1789	丁基甲氧基二苯甲酰基甲烷	3.0
紫外线吸收剂(UVB)	Escalol 557	甲氧基肉桂酸乙基己酯	6.0
	Parsol 5000	4-甲基苄亚基樟脑	2.0
保湿修复类	燕麦 β-葡聚糖	燕麦 β-葡聚糖	5.0
	α-甘露聚糖	银耳提取物	4.0
抗炎类	α-红没药醇	α-红没药醇	0.4

防晒霜的防晒功效的设计,基本上和防晒乳液的相同,此处不再详述。

4. 防晒化妆品配方实例

(1)防晒乳液配方实例 防晒乳液配方实例见表2-35、表2-36。

表 2-35 防晒乳液配方(O/W 型)

组相	原料名称	INCI 名称	质量分数/%
A 相	Eumulgin BA25	二十二碳醇醚-25	4.0
	Escalol 557	甲氧基肉桂酸乙基己酯	6.0
	Parsol 1789	丁基甲氧基二苯甲酰基甲烷	2.5
	Parsol 5000	4-甲基苄亚基樟脑	1.0
	GTCC	辛酸/癸酸甘油三酯	2.0
	$C_{12} \sim C_{15}$ 苯甲酸酯	$C_{12} \sim C_{15}$ 苯甲酸酯	2.0
	DC200	聚二甲基硅氧烷	2.0
	2-EHP	棕榈酸乙基己酯	2.0
	α-红没药醇	α-红没药醇	0.4
B 相	卡波 940	卡波姆	0.3
	EDTA 二钠盐	EDTA 二钠盐	0.3
	甘油	丙三醇	4.0
	丙二醇	丙二醇	3.0
	燕麦 β-葡聚糖	燕麦 β-葡聚糖	4.0
	α-甘露聚糖	银耳提取物	4.0
C 相	三乙醇胺	三乙醇胺	0.1
	香精		适量
	防腐剂		适量
	去离子水		余量

表 2-36 防晒乳液配方(W/O 型)

组相	原料名称	INCI 名称	质量分数/%
A 相	EM 90	鲸蜡基聚乙二醇/聚丙二醇-10/1 二甲基硅酮	2.0
	Escalol 557	甲氧基肉桂酸乙基己酯	4.5
	Parsol 1789	丁基甲氧基二苯甲酰基甲烷	3.0
	Parsol 5000	4-甲基苄亚基樟脑	1.0

组相	原料名称	INCI 名称	质量分数/%
A相	GTCC	辛酸/癸酸甘油三酯	4.0
	C₁₂~C₁₅ 苯甲酸酯	C₁₂~C₁₅ 苯甲酸酯	9.0
	DC200	聚二甲基硅氧烷	2.0
	2-EHP	棕榈酸乙基己酯	5.0
	微晶蜡	微晶蜡	0.5
	氢化蓖麻油	氢化蓖麻油	0.5
	硬脂酸镁	硬脂酸镁	0.4
	α-红没药醇	α-红没药醇	0.4
B相	NaCl	NaCl	0.8
	EDTA 二钠盐	EDTA 二钠盐	0.2
	甘油	丙三醇	4.0
	丙二醇	丙二醇	4.0
	燕麦 β-葡聚糖	燕麦 β-葡聚糖	3.0
	α-甘露聚糖	银耳提取物	4.0
C相	香精		适量
	防腐剂		适量
	去离子水		余量

（2）防晒霜配方实例 防晒霜配方实例见表 2-37。

表 2-37 防晒霜配方

组成	质量分数/%	组成	质量分数/%
单硬脂酸甘油酯	4.0	硼砂	2.0
蜂蜡	15.0	氨基苯甲酸薄荷酯	3.0
液体石蜡	36.0	香精	0.2
地蜡	2.0	去离子水	余量
凡士林	11.0		

（3）防晒油配方实例 防晒油配方实例见表 2-38。

表 2-38 防晒油配方

组成	质量分数/%	组成	质量分数/%
棉籽油	51.0	水杨酸薄荷酯	5.0
橄榄油	22.0	香精	0.5
液体石蜡	21.5		

5. 制备工艺

防晒化妆品的制备方法及过程与其剂型相关。防晒乳液的制法与其他乳液类化妆品类似，良好的乳化效果和产品的稳定性是制备的关键。防晒霜的制法则与冷霜类似，将防晒剂溶解于热的油相中，然后将水相缓慢加入油相中，冷却加香即得；防晒膏的制备方法与雪花膏类似，是将水相混合溶解、油相加热熔化后，将两者搅拌混合，形成稳定的乳化体系，冷却加香即得；防晒油的制法是将防晒剂溶解于油中（部分制备过程或需要加热促进溶解），溶解后加入香精等，再经过滤即得。

四、祛斑化妆品

因皮肤内色素增多而使皮肤上出现的黑色、黄褐色等小斑点，称之为色斑，医学名称为

"色素障碍性皮肤病"，一般可分为黄褐斑（妊娠斑、蝴蝶斑）、雀斑、晒斑、老年斑以及中毒性黑皮病等。针对皮肤局部区域的色素沉着而产生的色斑淡化或消退作用的化妆品叫作祛斑化妆品。目前，祛斑化妆品正朝着天然性和功效性发展。

1. 祛斑机理

具体的祛斑机理与美白机理基本一致。根据祛斑机理，为了达到祛斑的目的，主要通过以下途径实现：a. 通过抑制酪氨酸酶的生成和活性，或干扰黑色素生成的中间体，从而防止产生色素斑的黑色素生成；b. 清理已生成的色素，包括还原淡化已合成的黑色素；c. 促进表皮更新，加快黑色素、脂褐素和血红素向角质层转移，最终随老化的角质细胞脱落而排出体外；d. 促进局部黑色素向周围迁移。

2. 祛斑功效体系设计

微课

祛斑功效
体系设计

依据皮肤的祛斑美白机理，祛斑美白剂类型较多，有化学药剂、生化药剂、中草药和动物蛋白提取物等。可用于化妆品的传统祛斑美白剂包括动物蛋白提取物、中草药提取物、维生素类、壬二酸类、熊果苷、曲酸及其衍生物等。

按剂型分，祛斑化妆品包括祛斑乳液、祛斑霜、祛斑啫喱、祛斑水、祛斑面膜等。下面主要介绍祛斑乳液、祛斑霜、祛斑啫喱和祛斑水的功效体系设计。

（1）祛斑乳液功效体系设计　在设计祛斑乳液时，体系对祛斑成分的选择没有太多的限制，祛斑乳液功效体系设计见表2-39。

表 2-39　祛斑乳液功效体系设计

种类	原料名称	INCI 名称	质量分数/%
阻止黑色素形成类	光甘草定	光甘草定	0.2
	Parsol 1789	丁基甲氧基二苯甲酰基甲烷	0.5
	Escalol 557	甲氧基肉桂酸乙基己酯	0.5
促使已生成的色素排出体外类	烟酰胺	烟酰胺	3.0
	维生素 C 磷酸酯钠	抗坏血酸磷酸酯钠	0.5
促渗剂	水溶性氮酮	氮酮/PEG40 氢化蓖麻油	1.0
保湿类	α-甘露聚糖	银耳提取物	4.0
	海藻糖	海藻糖	4.0

（2）祛斑霜祛斑功效体系设计　设计祛斑霜时，祛斑剂的选择与祛斑乳液基本一致，见表2-39。

（3）祛斑啫喱功效体系设计　祛斑啫喱属水剂型的产品，在祛斑剂的选择时要考虑其溶解度，就要选择水溶性的功效添加剂，祛斑啫喱功效体系设计见表2-40。

表 2-40　祛斑啫喱功效体系设计

种类	原料名称	INCI 名称	质量分数/%
阻止色素生成类	熊果苷	熊果苷	6.0
促使已生成的色素排出体外类	烟酰胺	烟酰胺	3.0
	维生素 C 磷酸酯钠	抗坏血酸磷酸酯钠	0.5
促渗剂	水溶性氮酮	氮酮/PEG40 氢化蓖麻油	1.0
保湿类	α-甘露聚糖	银耳提取物	4.0
	海藻糖	海藻糖	4.0

（4）祛斑水功效体系设计　祛斑水功效体系的设计和祛斑啫喱功效体系基本一致，功效体系设计见表2-40。

3. 祛斑化妆品配方实例

（1）祛斑乳液配方实例　祛斑乳液配方实例见表2-41。

表 2-41　祛斑乳液配方

组相	原料名称	INCI 名称	质量分数/%
A 相	EumulginS2	鲸蜡硬脂醇醚-2	1.3
	EumulginS21	鲸蜡硬脂醇醚-21	1.4
	合成角鲨烷	氢化聚异丁烯	6.0
	GTCC	辛酸/癸酸甘油三酯	4.0
	2-EHP	棕榈酸乙基己酯	5.0
	Parsol 1789	丁基甲氧基二苯甲酰基甲烷	0.5
	Escalol 557	甲氧基肉桂酸乙基己酯	0.5
	水溶性氮酮	氮酮/PEG40 氢化蓖麻油	1.0
	DM100	聚二甲基硅氧烷	2.0
	维生素 E	生育酚	1.0
	尼泊金甲酯/尼泊金乙酯	尼泊金甲酯/尼泊金乙酯	0.1/0.05
B 相	卡波 940	卡波姆	0.1
	甘油	丙三醇	5.0
	烟酰胺	烟酰胺	3.0
	α-甘露聚糖	银耳提取物	4.0
	海藻糖	海藻糖	2.0
	丙二醇	丙二醇	3.0
	去离子水	去离子水	余量
C 相	三乙醇胺	三乙醇胺	0.2
	维生素 C 磷酸酯钠	抗坏血酸磷酸酯钠	1.0
	光甘草定	光甘草定	2.0

（2）祛斑霜配方实例　祛斑霜配方实例见表2-42。

表 2-42　祛斑霜配方

组相	原料名称	INCI 名称	质量分数/%
A 相	EumulginS2	鲸蜡硬脂醇醚-2	1.0
	EumulginS21	鲸蜡硬脂醇醚-21	2.5
	白油	液体石蜡	2.0
	Parsol 1789	丁基甲氧基二苯甲酰基甲烷	0.5
	Escalol 557	甲氧基肉桂酸乙基己酯	0.5
	水溶性氮酮	氮酮/PEG40 氢化蓖麻油	1.5
	乳木果油	牛油树脂	3.0
	混醇	鲸蜡硬脂醇	2.5
	单甘酯	单硬脂酸甘油酯	1.5
	GTCC	辛酸/癸酸甘油三酯	3.5
	2-EHP	棕榈酸乙基己酯	2.0
	DM100	聚二甲基硅氧烷	3.0
	IPM	肉豆蔻酸异丙酯	2.0
	尼泊金甲酯/尼泊金乙酯	尼泊金甲酯/尼泊金乙酯	0.1/0.05

组相	原料名称	INCI 名称	质量分数/%
B相	卡波 U20	丙烯酸酯类/$C_{10}\sim C_{30}$ 烷基丙烯酸酯交联共聚物	0.4
	甘油	丙三醇	5.0
	海藻糖	海藻糖	2.0
	烟酰胺	烟酰胺	3.0
	α-甘露聚糖	银耳提取物	2.0
	丙二醇	丙二醇	4.0
	去离子水	去离子水	余量
C相	三乙醇胺	三乙醇胺	0.4
	维生素 C 磷酸酯钠	抗坏血酸磷酸酯钠	0.5
	光甘草定	光甘草定	0.2

（3）祛斑啫喱配方实例　祛斑啫喱配方实例见表 2-43。

表 2-43　祛斑啫喱配方

组相	原料名称	INCI 名称	质量分数/%
A相	甘油	丙三醇	6.0
	丙二醇	丙二醇	5.0
	卡波 U20	丙烯酸酯/$C_{10}\sim C_{30}$ 烷基丙烯酸酯交联共聚物	1.0
	海藻糖	海藻糖	4.0
	熊果苷	熊果苷	5.0
	烟酰胺	烟酰胺	2.0
	α-甘露聚糖	银耳提取物	3.0
	去离子水	去离子水	余量
B相	极马Ⅱ	重氮咪唑烷基脲	0.5
	三乙醇胺	三乙醇胺	0.5
	水溶性氮酮	氮酮/PEG40 氢化蓖麻油	2.0
	维生素 C 磷酸酯钠	抗坏血酸磷酸酯钠	1.0

（4）祛斑水配方实例　祛斑水配方实例见表 2-44。

表 2-44　祛斑水配方

组相	原料名称	INCI 名称	质量分数/%
A相	甘油	丙三醇	5.0
	丙二醇	丙二醇	6.0
	海藻糖	海藻糖	2.0
	熊果苷	熊果苷	4.0
	烟酰胺	烟酰胺	3.0
	α-甘露聚糖	银耳提取物	4.0
	去离子水	去离子水	余量
B相	极马Ⅱ	重氮咪唑烷基脲	0.4
	水溶性氮酮	氮酮/PEG40 氢化蓖麻油	2.0
	维生素 C 磷酸酯钠	抗坏血酸磷酸酯钠	1.0

4. 制备工艺

祛斑产品的制备方法及过程与其相应的剂型相关。祛斑化妆品的制备方法与其对应的化妆品的制备方法基本相同。

五、抗衰老化妆品

皮肤的抗衰老是指延缓皮肤因时间的推移而发生渐进性的功能和器质性的退性改变，表现为防止产生皱纹、干燥、起屑、粗糙、松弛和色斑。抗衰老化妆品就是实现抗衰老功效的化妆品，是一类重要的功效化妆品。

1. 抗衰老机理

（1）自由基-非酶糖基化衰老学说机理如图 2-12 所示。

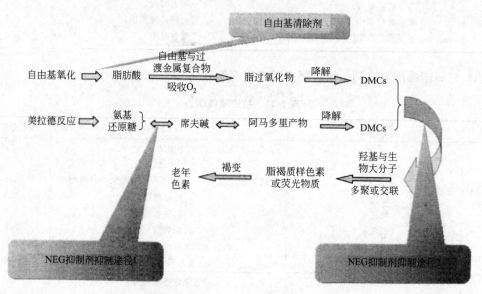

图 2-12 自由基-非酶糖基化衰老学说机理

通过对此机理理论分析可知，要解决皮肤抗衰老问题，就要从三个方面着手：a. 自由基氧化反应生成脂肪酸的过程中，通过加入自由基清除剂，阻止反应进行；b. 在美拉德反应中，阻止席夫碱生成；c. 阻止 DMCs 进一步反应形成色素。

（2）自由基衰老学说机理如图 2-13 所示。

通过对此机理理论分析可知，要解决皮肤抗衰老问题，就要从三个方面着手：a. 通过对皮肤的保护，防止外界的污染而导致的细胞产生自由基；b. 通过添加抗氧化成分，防止细胞内的自由基产生；c. 通过添加有效成分，捕获已形成的自由基。

（3）光老化学说机理如图 2-14 所示。

通过对此机理理论分析可知，要解决皮肤抗衰老问题，就要从三个方面着手：a. 防止 UV 辐射损伤纤维细胞，造成胶原蛋白和弹性胶原蛋白减少；b. 防止 UV 辐射损伤表皮朗格汉斯细胞，造成细胞免疫力降低；c. 防止 UV 辐射诱导线粒体 DNA 损伤，引起 ROS（活性氧簇）过量，导致自由基增多。

以上三种抗衰老机理，各自强调的重点不同，但又有相同之处。通过对上述三种机理理论综合分析可知，抗衰老的主要途径和措施主要有以下几种：保护皮肤细胞免受外界环境刺激，如阻止 UV 对皮肤的伤害、进行防晒保护；清除细胞内多余的自由基；对皮肤细胞进行修复，补充营养。

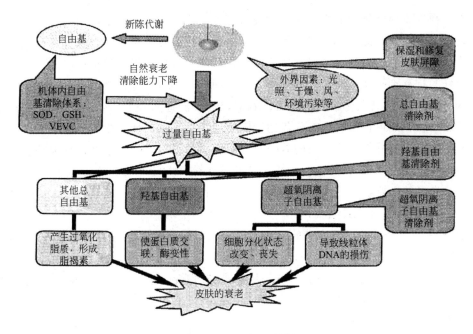

图 2-13　自由基衰老学说机理

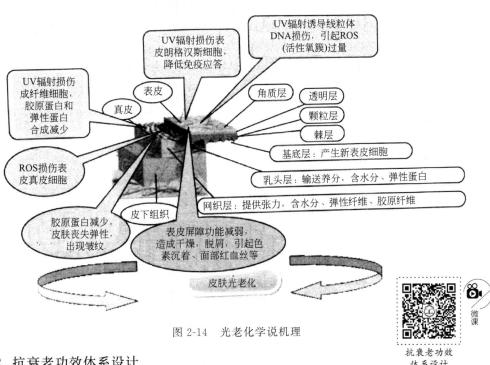

图 2-14　光老化学说机理

抗衰老功效
体系设计

2. 抗衰老功效体系设计

现代皮肤生物学的进展，逐步揭示了皮肤老化现象的生化过程，在这一过程中，对细胞的生长、代谢等起决定性作用的是蛋白质、特殊的酶和起调节作用的细胞因子。因此，可以利用仿生的方法，设计和制备一些生化活性物质，参与细胞的组成与代谢，替代受损或衰老细胞，使细胞处于最佳健康状态，以达到抑制或延缓皮肤衰老的目的。

皮肤与其他组织一样要进行新陈代谢，需要随时补充生存及合成新细胞所需要的一切物质。真皮中弹性蛋白纤维的减少，皮肤的疲劳程度，表皮中水分、电解质的流失，都将使皮肤产生衰老的迹象。因此，抗衰老化妆品需要选择优良的皮肤护理剂，给皮肤补充足够的养分，以达到深层营养的目的。同时，还要减缓皮肤中水分的散失，保护皮肤。

一种好的抗衰老护肤品应该具有以下4个方面的功能。

① 营养性　在抗衰老化妆品中添加营养剂，如骨胶原蛋白水解物、胎盘素、丝肽、D-泛醇等。这些营养剂可提供皮肤新陈代谢所需要的养料，从而加速皮肤的新陈代谢，补充由于肌肉老化而不能充分提供给皮肤的养分，使肌肤充满活力，延缓衰老，减少皱纹的生成。

② 保湿性　为了防止皮肤衰老，补充足够的水分，并使其保持在皮肤上，是维持肌肤富有弹性和光泽的必要条件。故保湿剂是抗衰老化妆品中不可缺少的原料。常用的保湿剂有甘油、尿囊素、芦荟、丙二醇、山梨醇等。

③ 防晒性　紫外线令肌肤衰老的速度远远大于人体皮肤自身的衰老速度，因此防日晒、防紫外线照射是抗衰老化妆品必备的功能。

④ 延缓衰老性　在配方中添加活性物质，参与细胞的组成与新陈代谢，替代受损或衰老的细胞，使细胞处于最佳健康状态。常用的活性物质有胶原蛋白、弹性蛋白、超氧化物歧化酶和细胞生长因子（EGF、bFGF）。

在设计过程中，将四类原料进行组合，形成完整且符合要求的抗衰老体系。下面主要介绍不同剂型化妆品的抗衰老体系设计和不同年龄段化妆品的抗衰老体系设计。

（1）不同剂型化妆品的抗衰老体系设计　不同剂型的抗衰老化妆品包括抗皱乳液、抗皱膏霜、抗皱爽肤水、抗皱啫喱等。

① 抗衰老乳液功效体系设计　抗衰老乳液功效体系设计见表2-45。

表 2-45　抗衰老乳液功效体系设计

种类	原料名称	INCI名称	质量分数/%
清除自由基类	丁香提取物	丁香提取物	0.5
	燕麦多肽	燕麦提取物	4.0
	维生素E	生育酚	0.5
吸收紫外线类	Parsol 1789	丁基甲氧基二苯甲酰基甲烷	1.0
	Parsol 5000	4-甲基亚苄基樟脑	1.0
细胞修复类	胶原蛋白	水解蛋白	1.0
	燕麦 β-葡聚糖	燕麦 β-葡聚糖	4.0
保湿类	海藻糖	海藻糖	4.0
	α-甘露聚糖	银耳提取物	4.0
促渗剂	水溶性氮酮	氮酮/PEG40氢化蓖麻油	1.5

② 抗衰老膏霜功效体系设计　膏霜的抗衰老功效体系设计与乳液的抗衰老体系设计基本一致，需要注意的是膏霜的黏稠度比较大。

③ 抗衰老爽肤水功效体系设计　爽肤水的特质要求所选用的抗衰老成分都要求是水溶性的。抗衰老爽肤水功效体系设计见表2-46。

④ 抗衰老啫喱功效体系设计　设计抗衰老啫喱在抗衰老剂的选择上基本和爽肤水一致。

表 2-46 抗衰老爽肤水功效体系设计

种类	原料名称	INCI 名称	质量分数/%
清除自由基类	丁香提取物	丁香提取物	2.5
	燕麦多肽	燕麦提取物	0.5
吸收紫外线类	二苯酮-4/二苯酮-5	二苯酮-4/二苯酮-5	1.0
细胞修复类	胶原蛋白	水解蛋白	1.0
	燕麦 β-葡聚糖	燕麦 β-葡聚糖	4.0
保湿类	α-甘露聚糖	银耳提取物	4.0
	海藻糖	海藻糖	4.0
促渗剂	水溶性氮酮	氮酮/PEG40 氢化蓖麻油	1.5

（2）不同年龄段化妆品抗衰老体系设计　不同年龄段预防衰老的作用机理是不一样的，因此，在设计相应的抗衰老体系时也是有区别的。35 岁以上年龄段的人体内清除自由基能力差，在设计此类产品时清除自由基的功效成分要多加点。而对于二十几岁的年轻肌肤来说，主要是注重皮肤的保养，这类产品就更多的是注重细胞的修复。

① 高龄肌肤抗衰老功效体系设计　高龄肌肤抗衰老功效体系设计见表 2-47。

表 2-47 高龄肌肤抗衰老功效体系设计

种类	原料名称	INCI 名称	质量分数/%
保湿类	海藻糖	海藻糖	4.0
	α-甘露聚糖	银耳提取物	4.0
	尿囊素	尿囊素	0.5
吸收紫外线类	Parsol 1789	丁基甲氧基二苯甲酰基甲烷	1.0
	Parsol 5000	4-甲基亚苄基樟脑	1.0
自由基清除剂	维生素 E	生育酚	1.0
	燕麦多肽	燕麦提取物	3.5
	丁香提取物	丁香提取物	1.0
细胞修复类	燕麦 β-葡聚糖	燕麦 β-葡聚糖	4.0
促渗类	水溶性氮酮	氮酮/PEG40 氢化蓖麻油	1.5

② 年轻肌肤抗衰老功效体系设计　年轻肌肤抗衰老功效体系设计见表 2-48。

表 2-48 年轻肌肤抗衰老功效体系设计

种类	原料名称	INCI 名称	质量分数/%
自由基清除剂	维生素 E	生育酚	0.5
	丁香提取物	丁香提取物	0.5
紫外线吸收剂	Parsol 1789	丁基甲氧基二苯甲酰基甲烷	1.0
	Parsol 5000	4-甲基亚苄基樟脑	1.0
保湿类	透明质酸	透明质酸	0.1
	海藻糖	海藻糖	4.0
	α-甘露聚糖	银耳提取物	4.0
细胞修复类	胶原蛋白	水解蛋白	2.0
	燕麦 β-葡聚糖	燕麦 β-葡聚糖	4.0
促渗类	水溶性氮酮	氮酮/PEG40 氢化蓖麻油	1.5

3. 抗衰老化妆品配方实例

① 抗衰老乳液配方实例 抗衰老乳液配方实例见表 2-49。

表 2-49 抗衰老乳液配方

组相	原料名称	INCI 名称	质量分数/%
A 相	EumulginS2	鲸蜡硬脂醇醚-2	1.5
	EumulginS21	鲸蜡硬脂醇醚-21	1.5
	合成角鲨烷	氢化聚异丁烯	4.0
	Parsol 1789	丁基甲氧基二苯甲酰基甲烷	1.0
	Parsol 5000	4-甲基亚苄基樟脑	1.0
	GTCC	辛酸/癸酸甘油三酯	3.5
	2-EHP	棕榈酸乙基己酯	3.5
	DM100	聚二甲基硅氧烷	2.5
	维生素 E	生育酚	1.0
	尼泊金甲酯/尼泊金乙酯	尼泊金甲酯/尼泊金乙酯	0.1/0.05
B 相	卡波 940	卡波姆	0.2
	甘油	丙三醇	4.5
	海藻糖	海藻糖	3.5
	燕麦多肽	燕麦提取物	3.0
	燕麦 β-葡聚糖	燕麦 β-葡聚糖	3.0
	α-甘露聚糖	银耳提取物	3.0
	丁香提取物	丁香提取物	2.0
	丙二醇	丙二醇	3.0
	去离子水	去离子水	余量
C 相	三乙醇胺	三乙醇胺	0.2
	水溶性氮酮	氮酮/PEG40 氢化蓖麻油	1.5

② 抗衰老膏霜配方实例 抗衰老膏霜配方实例见表 2-50。

表 2-50 抗衰老膏霜配方

组相	原料名称	INCI 名称	质量分数/%
A 相	EumulginS2	鲸蜡硬脂醇醚-2	1.0
	EumulginS21	鲸蜡硬脂醇醚-21	2.0
	白油	液体石蜡	2.0
	凡士林	凡士林	1.0
	混醇	鲸蜡硬脂醇	3.0
	维生素 E	生育酚	1.0
	单甘酯	单硬脂酸甘油酯	1.5
	GTCC	辛酸/癸酸甘油三酯	3.5
	2-EHP	棕榈酸乙基己酯	2.5
	DM100	聚二甲基硅氧烷	2.5
	IPM	肉豆蔻酸异丙酯	2.5
	尼泊金甲酯/尼泊金乙酯	尼泊金甲酯/尼泊金乙酯	0.1/0.05
B 相	卡波 940	卡波姆	0.4
	甘油	丙三醇	5.0
	燕麦 β-葡聚糖	燕麦 β-葡聚糖	4.0
	燕麦多肽	燕麦提取物	4.0
	丁香提取物	丁香提取物	0.5
	海藻糖	海藻糖	2.5
	α-甘露聚糖	银耳提取物	2.5
	丙二醇	丙二醇	2.5
	去离子水	去离子水	余量

组相	原料名称	INCI 名称	质量分数/%
C 相	三乙醇胺	三乙醇胺	0.2
	水溶性氮酮	氮酮/PEG40 氢化蓖麻油	1.5
	胶原蛋白	水解蛋白	1.0

③ 抗衰老爽肤水配方实例　抗衰老爽肤水配方实例见表 2-51。

表 2-51　抗衰老爽肤水配方

组相	原料名称	INCI 名称	质量分数/%
A 相	甘油	丙三醇	4.0
	丙二醇	丙二醇	4.0
	燕麦多肽	燕麦提取物	2.5
	二苯酮-4/二苯酮-5	二苯酮-4/二苯酮-5	1.0
	燕麦 β-葡聚糖	燕麦 β-葡聚糖	2.5
	α-甘露聚糖	银耳提取物	2.5
	海藻糖	海藻糖	3.5
	丁香提取物	丁香提取物	0.5
	去离子水	去离子水	余量
B 相	极马Ⅱ	重氮咪唑烷基脲	0.3
	水溶性氮酮	氮酮/PEG40 氢化蓖麻油	1.0
	胶原蛋白	水解蛋白	1.0
	三乙醇胺	三乙醇胺	0.5

④ 抗衰老啫喱配方实例　抗衰老啫喱配方实例见表 2-52。

表 2-52　抗衰老啫喱配方

组相	原料名称	INCI 名称	质量分数/%
A 相	甘油	丙三醇	4.0
	丙二醇	丙二醇	4.0
	燕麦多肽	燕麦提取物	3.0
	二苯酮-4/二苯酮-5	二苯酮-4/二苯酮-5	1.0
	燕麦 β-葡聚糖	燕麦 β-葡聚糖	2.0
	α-甘露聚糖	银耳提取物	3.5
	海藻糖	海藻糖	3.5
	丁香提取物	丁香提取物	0.5
	卡波 U20	丙烯酸酯/C_{10}～C_{30} 烷基丙烯酸酯交联共聚物	0.5
	去离子水	去离子水	余量
B 相	水溶性氮酮	氮酮/PEG40 氢化蓖麻油	1.5
	三乙醇胺	三乙醇胺	1.0
	极马Ⅱ	重氮咪唑烷基脲	0.5
	胶原蛋白	水解蛋白	1.0

⑤ 高龄肌肤抗衰老膏霜配方实例　高龄肌肤抗衰老膏霜配方实例见表 2-53。

⑥ 年轻肌肤抗衰老霜配方实例　年轻肌肤抗衰老霜配方实例见表 2-54。

表 2-53　高龄肌肤抗衰老膏霜配方

组相	原料名称	INCI 名称	质量分数/%
A 相	EumulginS2	鲸蜡硬脂醇醚-2	1.0
	EumulginS21	鲸蜡硬脂醇醚-21	2.5
	白油	液体石蜡	2.0
	Parsol 1789	丁基甲氧基二苯甲酰基甲烷	0.5
	Parsol 5000	4-甲基亚苄基樟脑	0.5
	GTCC	辛酸/癸酸甘油三酯	5.0
	混醇	鲸蜡硬脂醇	1.0
	单甘酯	单梗脂酸甘油酯	2.0
	2-EHP	棕榈酸乙基己酯	3.0
	DM100	聚二甲基硅氧烷	2.0
	IPM	肉豆蔻酸异丙酯	2.0
	维生素 E	生育酚	0.5
	尼泊金甲酯/尼泊金乙酯	尼泊金甲酯/尼泊金乙酯	0.1/0.05
B 相	甘油	丙三醇	5.0
	卡波 940	卡波姆	0.3
	海藻糖	海藻糖	5.0
	燕麦多肽	燕麦提取物	5.0
	丁香提取物	丁香提取物	0.5
	燕麦 β-葡聚糖	燕麦 β-葡聚糖	2.0
	尿囊素	尿囊素	0.3
	α-甘露聚糖	银耳提取物	4.0
	丙二醇	丙二醇	4.0
	去离子水	去离子水	余量
C 相	三乙醇胺	三乙醇胺	0.2
	水溶性氮酮	氮酮/PEG40 氢化蓖麻油	1.0

表 2-54　年轻肌肤抗衰老霜配方

组相	原料名称	INCI 名称	质量分数/%
A 相	EumulginS2	鲸蜡硬脂醇醚-2	2.0
	EumulginS21	鲸蜡硬脂醇醚-21	2.5
	白油	液体石蜡	2.0
	Parsol 1789	丁基甲氧基二苯甲酰基甲烷	0.5
	Parsol 5000	4-甲基亚苄基樟脑	0.5
	混醇	鲸蜡硬脂醇	3.0
	单甘酯	单硬脂酸甘油酯	1.0
	GTCC	辛酸/癸酸甘油三酯	3.0
	2-EHP	棕榈酸乙基己酯	4.0
	DM100	聚二甲基硅氧烷	2.0
	IPM	肉豆蔻酸异丙酯	2.0
	维生素 E	生育酚	0.5
	尼泊金甲酯/尼泊金乙酯	尼泊金甲酯/尼泊金乙酯	0.2/0.1
B 相	卡波 940	卡波姆	1.0
	甘油	丙三醇	4.0
	海藻糖	海藻糖	2.0
	丁香提取物	丁香提取物	1.0
	燕麦 β-葡聚糖	燕麦 β-葡聚糖	2.0
	α-甘露聚糖	银耳提取物	4.0
	丙二醇	丙二醇	4.0
	去离子水	去离子水	余量

组相	原料名称	INCI 名称	质量分数/%
C 相	三乙醇胺	三乙醇胺	0.3
	胶原蛋白	水解蛋白	1.5
	透明质酸	透明质酸	0.1
	水溶性氮酮	氮酮/PEG40 氢化蓖麻油	1.5

4. 制备工艺

抗衰老化妆品的制备方法及过程与其对应的剂型相关。抗衰老化妆品包括乳液、膏霜、爽肤水、啫喱、面膜等产品，其制法与对应类型的化妆品基本相同。

【素质拓展】

智能制造

从制造大国向制造强国转变的伟大时代，两化融合、中国智造2025、工业云等政策的出现，无不提振着我们对智造强国的坚定信念。随着技术的发展、人口红利的消退，互联网技术、大数据、云计算、自动化、人工智能等技术已在我们的生活、生产经营过程中得到了广泛使用，数字驱动已成为企业业绩增长的新引擎。

随着化妆品行业新法规的落地，行业将走向更加规范，适应日化行业特色的 MES 制造执行系统应顺而生，有效地指导工厂各个职能部门和生产部门协调运作，提高及时交货能力，改善物料的流通性能，同时满足降本、增效、提质、流程优化等目标，全面实现从订单下达到产品完成的生产过程优化管理，成为日化企业数字驱动的最为关键的一环，也成为企业建构核心竞争力的关键因素。

思 考 题

1. 乳剂类化妆品的配方包括哪几个组成体系？
2. 简述乳剂类化妆品的配方设计总体原则。
3. HLB 法选择乳化剂包括哪几步？
4. 进行乳剂类化妆品配方设计时怎样选择合适的增稠剂？
5. 进行乳剂类化妆品配方设计时怎样选择合适的防腐剂？
6. 进行乳剂类化妆品配方设计时怎样选择合适的抗氧剂？
7. 进行乳剂类化妆品配方设计时怎样选择合适的感官修饰剂？
8. 简述乳剂类化妆品的生产工艺。
9. 简要分析乳剂类化妆品的生产工艺参数。
10. 简述保湿机理及保湿功效体系组成原料。
11. 简述美白机理及美白功效体系组成原料。
12. 简述防晒机理及防晒功效体系组成原料。
13. 简述祛斑机理及祛斑功效体系组成原料。
14. 简述抗衰老机理及抗衰老功效体系组成原料。

微课

润肤霜的制备

实训一 润肤霜的制备

一、润肤霜简介

润肤霜是典型的乳剂类化妆品，包括 W/O 型和 O/W 型。它由油相原料、乳化剂、保湿剂、防腐剂、香精等原料组成。其主要作用是保护皮肤，滋润皮肤，减少风沙、光照等外界环境对皮肤的损伤。润肤霜所含的油性成分介于雪花膏和香脂之间，油性成分含量一般为 10%～70%，通过搭配不同的油相和水相比例可配制适用于各种皮肤类型的产品。

二、实训目的

① 加深学生对润肤霜配方的理解。
② 锻炼学生的动手实践能力。
③ 提高学生对化妆品实训装置的操作技能。

三、实训仪器

乳化机、均质机、电子天平、恒温水浴锅、去离子水装置、恒温水箱、烧杯、数显温度计。

四、润肤霜的制备

1. 制备原理
将油相原料和水相原料分别溶解后，加入乳化剂制成产品。

2. 润肤霜的配方
润肤霜的配方见表 2-55。

表 2-55 润肤霜的配方

组分 A（油相）	质量分数/%	组分 B（水相）	质量分数/%	组分 C	质量分数/%
液体石蜡	15	甘油	4	香精	0.1
DC-200	5	去离子水	余量		
IPP	6				
羊毛脂	4				
蜂蜡	7				
凡士林	5				
C_{16}～C_{18} 醇	1				
司盘-60	2				
吐温-60	2				
尼泊金甲酯	0.2				

3. 制备步骤
① 组装好生产装置，在恒温水浴锅中加入自来水，水量以高出烧杯中物料 1cm 左右为宜，开启恒温水浴锅，设置好控制温度 85℃；
② 开启恒温水箱，设置好控制温度 85℃；

③ 调试好高速搅拌乳化机；

④ 按照配方准确称量各组分；

⑤ 将油溶性物质倒入 500mL 烧杯中，用恒温水浴锅加热、搅拌溶解，继续加热至 85℃，保温 20min，为 A 组分；

⑥ 将去离子水和甘油倒入另一 500mL 烧杯中，用恒温水浴锅加热、搅拌溶解，加热至 85℃，保温 20min，为 B 组分；

⑦ 将 B 组分加入 A 组分中，开启高速搅拌乳化机搅拌 5min，再用均质机均质 3min，搅拌冷却到 50℃ 以下时加入香精，混合搅拌冷却至 38℃ 即可。

五、思考题

1. 简要分析润肤霜配方。

2. 简述润肤霜的制备步骤。

3. 润肤霜的配方组成包括哪几部分？与雪花膏配方有何不同？

4. 制备过程是否需要多加少量去离子水？大约多加多少？

5. 试分析润肤霜乳液稳定性的影响因素。

6. 如何鉴定润肤霜的乳化体类型？

微课

珍珠美白霜
的制备

实训二　珍珠美白霜的制备

一、珍珠美白霜简介

珍珠美白霜是在传统护肤品雪花膏的基础上发展而来的一种新型护肤品，属于当前市场上老品新卖的热销产品。改进配方后使它相比传统雪花膏有三大突破：一是外观漂亮，有珠光。传统的雪花膏是以硬脂酸和强碱氢氧化钠或氢氧化钾反应成硬脂酸钠或硬脂酸钾作乳化剂，得到的膏体外观色泽差，质硬，我们采用有机弱碱三乙醇胺取代 NaOH 或 KOH 与硬脂酸反应成乳化剂，得到的膏体外观晶莹剔透，有珠光且质软。二是美白功效好。添加高科技处理的天然珍珠粉，保留了珍珠粉天然美白护肤成分，使产品的美白功能大大提高。三是采用纯植物精油作赋香剂，产品的香气天然可人，使用后舒适。

二、实训目的

① 加深学生对珍珠美白霜配方的理解。

② 锻炼学生的动手实践能力。

③ 提高学生对化妆品实训装置的操作技能。

④ 掌握反应乳化法的操作技能。

三、实训仪器

乳化机、均质机、电子天平、恒温水浴锅、去离子水装置、恒温水箱、烧杯、数显温度计。

四、珍珠美白霜的制备

1. 制备原理

根据乳化原理,将油相和水相在乳化剂的作用下制得乳化膏体。在珍珠美白霜乳化体中,以硬脂酸与三乙醇胺反应生成乳化剂,单甘酯为辅助乳化剂,珍珠粉为美白特效组分。

2. 制备配方(每组总量为300g)

珍珠美白霜的配方见表2-56。

3. 制备步骤

① 组装好生产装置,在恒温水浴锅中加入自来水,水量以高出烧杯中物料1cm左右为宜,设置好控制温度85℃;

② 开启恒温水箱,设置好控制温度85℃;调试好高速搅拌乳化机;

③ 按照配方准确称量各组分;

④ 取一500mL烧杯,加入水、珍珠粉、三乙醇胺、甘油,用恒温水浴锅加热搅拌溶解,加热到85℃,保温,为组分B;

表2-56 珍珠美白霜的配方

组分A	质量/g	组分B	质量/g	组分C	质量/g
硬脂酸	39	三乙醇胺	3	香精	5~6滴
S165(自乳化单甘酯)	1.5	甘油	24		
白油	24	珍珠粉	6		
尼泊金甲酯	0.6	去离子水	200		
尼泊金丙酯	0.4				
苯氧乙醇	1.5				

⑤ 另取一500mL烧杯,加入硬脂酸、单甘酯、白油、尼泊金甲酯、尼泊金丙酯,用恒温水箱加热搅拌溶解,加热至85℃,保温,为组分A;

⑥ 在不断搅拌下,将组分B加入组分A中,开启高速搅拌乳化机搅拌5min,再均质3min,然后搅拌冷却至50℃,加入香精,继续搅拌冷却到40℃,出料,即得产品。

五、思考题

1. 简要分析珍珠美白霜配方。
2. 简述珍珠美白霜的制备过程。
3. 珍珠美白霜和雪花膏在配方和性能上有何区别?
4. 美白化妆品中常添加哪些特效组分?
5. 珍珠美白霜的珠光效应是怎样产生的?影响因素有哪些?

第三章
淋洗类化妆品

使学生了解污垢的种类、去污机理，掌握淋洗类化妆品的配方组成、配方设计原则并掌握淋洗类化妆品的配方设计；使学生会分析淋洗类化妆品的配方，了解淋洗类化妆品生产主体设备结构及工作原理，掌握淋洗类化妆品的生产工艺流程及主要的工艺参数。

第一节　淋洗类化妆品的去污机理及配方组成

淋洗类化妆品按化妆品的功能划分属清洁类化妆品，包括洁面产品、沐浴液和香波等，用于除去皮肤、毛发上的污染物。淋洗类化妆品的基本要求是必须具有去污和起泡能力，并具有一定护理（护肤和护发）能力。

清洁皮肤的原则是温和地去除皮肤表面多余的皮脂角质和污垢，同时不会破坏皮肤正常的脂质层以免损坏皮肤的屏障功能，以保证皮肤具有足够的水分，防止大分子物质渗入皮肤引起刺激或过敏反应。

一、污垢的种类

皮肤污垢指在皮肤或黏膜表面的附着物，影响皮肤和黏膜腺体以及毛孔的通畅，阻碍皮肤和黏膜正常生理功能发挥的物质。为了保持皮肤健康和良好的外观，需经常清除皮肤上的污物。皮肤异物包括：皮垢、灰尘、微生物、残留的化妆品及细菌等。

1. 按照物质进行分类

（1）皮垢　皮肤表面形成的皮脂膜长时间与空气接触后，被空气中的尘埃附着，与皮肤表面的皮脂混合而形成皮垢；

（2）污染物　皮脂中的某些成分因暴露在空气中而被氧化，发生酸败；或接触微生物发生污物分解而生成新的污染物；

（3）汗液　皮肤分泌的汗液在水分挥发后残留于皮肤表面的盐分、尿素和蛋白质分解物等成分；

（4）死皮　由于新陈代谢，逐渐形成由人体表皮角质层剥离脱落和死亡的细胞残骸；

（5）残留物　残留的化妆品及灰尘、细菌等。

2. 根据污垢的溶解性分类

（1）油溶性污垢　油溶性污垢主要为皮脂、润肤剂和防水美容化妆品的残留物等，适宜使用亲油性强的皮肤清洁化妆品清除此类污垢；

（2）水溶性污垢　水溶性污垢包括化妆品残留物、亲水性润肤剂、可溶性皮肤分泌物等，适宜使用亲水性的皮肤清洁化妆品清除此类污垢；

（3）不溶性污垢　如死亡的细胞、美容化妆品的颜料，或与硬水接触产生的沉淀皂垢等。

3. 根据污垢的存在形状分类

（1）颗粒状污垢　如固体颗粒、微生物颗粒等以分散颗粒状态存在的污垢。

（2）覆盖膜状污垢　如油脂和高分子化合物在皮肤表面形成的膜状物质，可分为固态、半固态或流动态。

（3）无定形污垢　块状或各种不规则形状的污垢。

（4）溶解状态的污垢　以分子形式分散于水或其他溶剂中的污垢。

4. 根据污垢的化学组成分类

（1）无机污垢　如泥垢、粉末等，它们多属于金属或非金属的氧化物及水化物或无机盐类，常采用酸碱等使其溶解而去除。

（2）有机污垢　食物残渣中的淀粉、糖、奶渍、肉汁、动植物油、矿物油等，它们分别属于糖类、脂肪、蛋白质或其他类型的有机化合物。常利用氧化分解或乳化分散的方法从皮肤表面去除。人体皮肤表面常见的油垢主要是有机酯类，如动物脂肪和植物油。

5. 根据在皮肤表面存在状态分类

（1）靠重力作用在皮肤表面沉降堆积的污垢　此类污垢，在皮肤表面上的附着力很弱，较容易从表面上去除。

（2）靠吸附作用结合于皮肤表面的污垢　此类污垢与表面直接接触存在强烈的吸附作用，用通常的清洗方法很难去除。

（3）靠静电吸引力附着在皮肤表面的污垢　由于水有很大的介电常数，会使污垢与皮肤表面间的静电引力大为减弱，从而容易从表面解离。

二、去污作用

清洁类化妆品去污机理：a. 利用其有效成分——表面活性剂（SAA）除掉水洗不干净的，附在皮肤表面上的皮脂及老化的角质细胞以及汗液和化妆品留下的残脂余粉及污垢等；b. 利用摩擦或溶解方式去除死亡的角质细胞以及不溶于水的油脂物质；c. 利用吸附物质去除皮肤上的分泌物、皮屑、污垢等。

清洁类化妆品根据去污机理和化学组成的不同大体可分为三种类型：a. 以皂基或其他表面活性剂为主体的表面活性剂型。目的是去除油污和水溶性污垢，使用范围较广，由于脱脂力相对较强，适用于油性皮肤。b. 以油性成分、保湿剂、乙醇和水等溶剂为主的溶剂型。适用于处理油性污垢，如美容化妆品的残留物和皮肤毛孔的油性分泌物等，因在洗净过程中不发生脱脂作用，适用于干性皮肤。c. 介于前两者类型之间的 O/W 乳化型，以乳化体系为主，复配少量的清洁型表面活性剂。如不起泡的 O/W 型洁面膏霜和乳液，去污过程除少量

去污过程　微课

表面活性剂起作用外，主要利用产品中的油性成分作为溶剂对皮肤上的脏物起溶解作用，适合中干性皮肤，兼有护肤的功能。

三、淋洗类化妆品的配方组成体系

1. 去污体系

去污体系包括表面活性剂、溶剂和洗涤助剂，主要指表面活性剂。表面活性剂去污指表面活性剂与污垢接触后，先充分润湿并渗透到污垢内部，使污垢脱离载体进入溶液，表面活性剂对进入溶液的污垢进行乳化增溶，使其稳定分散于溶液中，经清水反复漂洗而达到洗涤效果。去污力比较强的表面活性剂是阴离子表面活性剂和非离子表面活性剂，两性表面活性剂具有中等强度的去污力。

2. 功能体系

功能体系是指在化妆品配方中起到功能作用的一种或多种原料组成的体系。功能体系是在一般化妆品共性的基础上所具有的特定功能，称为功能性。淋洗类化妆品的主要功能包括护肤、滋润、营养、保湿、护发、去屑、调理等。

3. 防腐体系

防腐体系是由若干种防腐剂（和助剂）按一定比例构建而成。防腐体系的作用是保护产品，使之免受微生物的污染，延长产品的货架寿命，确保产品的安全性。新生、衰老和病变的皮肤易受到微生物的污染，因此，防腐体系也具有防止消费者皮肤上的细菌引起感染的作用。化妆品防腐并不要求在无菌状态下保存，只要求在保质期内不出现有害微生物迅速繁殖，也就是保持一个不利于有害微生物生存的环境条件，降低或抑制洗涤剂中有害微生物的繁殖。

4. 增稠体系

黏稠度是淋洗类化妆品的一个重要的物理指标。产品黏度的大小，不仅影响感官，更影响使用效果。调整黏度是产品制备的一项主要工艺。现代淋洗类化妆品中添加的活性物不断减少，水（溶剂）越来越多，导致产品黏度下降。因此，增稠剂的加入尤为必要。常见的增稠剂有水溶性的高分子化合物和无机盐。

5. 泡沫体系

泡沫本身无去污作用，但在洗涤过程中泡沫有携带污垢的作用。泡沫上的污垢浓度比洗液中的高很多，总之，泡沫有利于去污。污垢、油脂分散悬浮于水中，被泡沫包围和吸附后，容易被清水冲洗干净，不留痕迹。虽然泡沫与去污并没有直接的联系，但人们已将香波、沐浴液和洁面产品与泡沫紧密地联系在一起，如"丰富细腻的泡沫""汹涌澎湃的泡沫"等。总之，泡沫在化妆品中的作用很大程度上是心理因素起作用，泡沫不会增加化妆品对人体组织的功能，但可增添化妆品的使用功能，使用时更方便。

6. 调香、调色体系

调香、调色体系是淋洗类化妆品配方设计的重要组成部分之一，以提高产品的档次。调香是将芳香物质相互搭配在一起，可选用一种或多种香精或香料，调整香气突出产品的特点，并让消费者感到愉悦。调色是在配方设计和调整过程中，选用一种或多种颜色原料，把颜色调整到突出产品的特点，并使消费者感到愉悦。

淋洗类化妆品
的配方组成

第二节 淋洗类化妆品的配方设计

微课

淋洗类化妆品
的配方设计

淋洗类化妆品的基本要求是必须具有去污和起泡能力，并具有一定护理（护肤和护发）能力。淋洗类化妆品的配方设计要求如下：

① 安全性是第一原则。洗涤过程首先应不刺激皮肤，不脱脂，具有与皮肤相近的 pH 值（一般 4.5～6.2），以中性或微酸性为主，不用或少用脱脂性强的原料，最好加入对皮肤有加脂和滋养作用的辅料，提高产品性能。

② 柔和的去污力、适度的泡沫和适当的黏度是主要的应用指标。淋洗类化妆品的技术指标除考核去污力外，对泡沫也有不同的要求。产品的黏度不仅是感官指标，也是使用指标。

③ 香气和颜色是重要的选择性指标。香气纯正，颜色协调的产品，让使用过程成为一种享受，用后留香并给人以身心舒适感。

④ 添加一些具有疗效、柔润、营养性的添加剂，增加产品功能，提高产品档次及附加值。着重考虑添加剂与主成分的配伍性能。对于一些天然来源添加剂，还要考虑加入防腐剂和抗氧剂，有时还需加入紫外线吸收剂。

在实际工作中，不同用途和档次的产品，必须综合考虑各种要求和相关因素。

一、去污剂的选择

表面活性剂去污是润湿、吸附、增溶、乳化、发泡等综合作用的表现。去污力比较强的是阴离子表面活性剂和非离子表面活性剂，两性表面活性剂具有中等强度的去污力。淋洗类化妆品的去污体系主要指表面活性剂的复配体系。主表面活性剂的选择要根据产品的市场定位进行确定，常用的主表面活性剂除皂基外，还有脂肪醇聚氧乙烯醚硫酸钠（AES）、$C_8 \sim C_{14}$ 烷基糖苷（APG）、脂肪酰氨基酸盐、椰油酰羟乙基磺酸酯钠、烷基磷酸酯盐等。辅助表面活性剂主要起稳泡、降低刺激性、提升黏度等作用。淋洗类化妆品中常用的表面活性剂种类有：

1. 阴离子表面活性剂

（1）脂肪醇聚氧乙烯醚硫酸酯盐 分子式为 $R-O(CH_2CH_2O)_n OSO_3 M$，R 为 $C_{12} \sim C_{16}$ 烷基，n 为 2～3，M 为 Na^+、NH_4^+、$[NH(CH_2 H_5 OH)_3]^+$。最常用的为脂肪醇聚氧乙烯醚硫酸钠（AES），去污力强，耐硬水。

（2）聚氧乙烯烷基碳酸钠 去脂力佳，对皮肤和黏膜的刺激性较小。这类清洁剂应用广泛，可用于面部、沐浴和洗发产品。

（3）酰基磺酸钠 具有优良的洗净力，对皮肤的刺激性小，并有极佳的亲肤性，清洗时或洗后皮肤的感觉较佳，皮肤不会过于干涩，且柔嫩感明显。以此为配方的洁面乳，pH 通常控制在 5～7，适合正常皮肤使用。

（4）磺基琥珀酸酯类 中度去脂力，常与其他洗净成分搭配使用。发泡力强，常用于洗面乳、泡沫沐浴露和儿童沐浴露等。也可作为增泡剂，刺激性小，性质温和。

（5）酰基肌氨酸及其盐类 对皮肤和头发十分温和，泡沫丰富，调理性能好，并有抗静电效应，且与多种表面活性剂有很好的相容性，在化妆品工业中有广泛的应用前景。其良好的温和性和调理性能使其成为泡沫浴剂、泡沫浴油和身体用清洁剂理想的原料。如月桂酰基肌氨酸三乙醇胺盐对人体皮肤极温和，是粉刺皮肤清洁剂的最佳原料。

2. 两性表面活性剂

常见的有甜菜碱、氧化胺、氨基酸型和咪唑啉。这类表面活性剂的刺激性小，起泡性能好，去脂力中等，适用于干性皮肤和婴儿清洁剂。如氨基酸型表面活性剂，采用天然氨基酸成分为原料制备，本身可调为弱酸性，对皮肤的刺激性较小，亲肤性特别好，是目前高级洗面乳清洁成分的主流，但成本高。

3. 阳离子表面活性剂

淋洗类化妆品中使用阳离子表面活性剂的主要目的有：在洗发、护发过程中作调理剂；用于消毒，如十二烷基二甲基苄基溴化铵（新洁尔灭）。该类产品有良好的抗静电，杀菌、灭菌等消毒性能，在化妆品中主要起消毒灭菌和调理作用。

4. 非离子表面活性剂

（1）烷基醇酰胺　由脂肪酸与单乙醇胺或二乙醇胺缩合制得，是一类多功能的非离子表面活性剂，其性能取决于组成的脂肪酸和烷醇胺的种类、两者之间的比例和制备方法。常用的有烷基醇单乙醇酰胺等。

（2）烷基葡萄糖苷　此类表面活性剂是以天然植物为原料制备，对皮肤没有任何的刺激和毒性。清洁力适中，为低敏性清洁剂，但在洗面乳中以 APG 为主要成分的仍不多见。

二、功能剂的选择

1. 护肤添加剂

护肤添加剂指组成与皮脂膜相同的油性成分，主要指润肤剂，是一类温和的能使皮肤柔软、柔韧的亲油性物质。它除了有润滑皮肤的功能外，还能减缓表皮角质层水分蒸发，在皮肤表面形成保湿薄膜而阻止水分丢失，免除皮肤干燥和刺激，使皮肤柔软、光滑。常用的润肤剂有羊毛脂及其衍生物、高碳脂肪醇、多元醇、角鲨烷、植物油、乳酸、十六烷基硬脂酸盐、二辛酰基马来酸盐、$C_{12}\sim C_{15}$ 烷基安息香酸盐等。

2. 保湿剂

可保持皮肤角质层水分的各种物质称为保湿剂。要保持皮肤光滑、柔软和富有弹性，皮肤角质层中的含水量必须保持在最佳状态，通常为 $10\%\sim20\%$，低于 10%，皮肤将干燥、粗糙甚至皲裂。淋洗类化妆品中常加入具有保湿和修复皮脂膜功能的原料。这类物质特殊的分子结构可吸附并保留水分，在维持皮肤水合作用的同时维护皮肤屏障功能。保湿剂一般可分为两大类：

（1）亲水性物质　可增强角质层的吸水和结合水的能力。常见的有吡咯烷酮羧酸、乳酸及其盐和尿素等。

（2）油性物质　可在皮肤表面形成油膜，减少或防止角质层水分的损失，保护角质层下面水分的扩散。常见的有皮肤固有的成分如透明质酸、吡咯烷酮羧酸钠、神经酰胺、胶原蛋白，以及羊毛脂、矿物油、凡士林、石蜡、地蜡、十六醇和十八醇。常用可形成油膜的保湿剂类型如表 3-1 所示。

表 3-1　常用可形成油膜的保湿剂类型

类型	品种和用量
脂肪酸酯	脂肪酸乙酯、异丙酯、十四和十六烷基酯;聚乙二醇或聚丙二醇单硬脂酸酯,甘油三酸酯;高碳脂肪酸酯如十六鲸蜡酯(蜜类用量 0.5%~2%,膏霜用量 5%)
脂肪酸	硬脂酸、硬脂酸与棕榈酸混合物,用量为 1%~10%
脂肪醇	甘油、丙二醇、山梨糖醇、1,3-丁二醇、聚乙二醇、十六醇和十八醇
天然保湿成分	乳酸钠、吡咯烷酮羧酸钠
酸性多糖	透明质酸、N-羧甲基壳聚糖,磺化壳聚糖衍生物
尿囊素及其衍生物	尿囊素、尿囊素聚半乳糖醛酸、尿囊素蛋白质

3. 营养、疗效型添加剂

营养添加剂主要有两大类:天然动植物提取液和生化活性物质。常见的营养添加剂有雌激素、水解蛋白、人参提取液、蜂王浆、水果汁、珍珠粉水解液、蛋黄油、胎盘组织液、磷脂、角鲨烷等。雌激素对皮肤有营养作用;水解蛋白是一种肽类化合物;人参提取液中含有抑制黑色素的天然还原性物质和多种营养素,能够增加细胞活力,延缓衰老;蜂王浆中含有多种维生素、微量酶及激素的复合物;常见的营养维生素有油溶性的维生素 A、维生素 D、维生素 E 等。

随着生物工程的发展,获取的生化制剂越来越多地应用于化妆品中,如表皮生长因子和碱性成纤维细胞生长因子。在洁肤、护肤化妆品中,EGF 能直接促进皮肤细胞的产生,同时分泌透明质酸和糖蛋白,合理调整皮肤结构,延缓皮肤老化、减少皱纹,使皮肤光润富有弹性,并具有消炎、有效抑制粉刺和青春痘的生长及增白等作用,而且可对受损皮肤进行快速修复。在洗发、护发化妆品中,EGF 能刺激头皮血液循环,防止头发干涩、枯黄和异常脱落。同时,可添加天然丝素、丝肽和透明质酸产生协同增效作用。

4. 去屑止痒剂

去屑止痒剂指在清洁头发过程中及使用后有清凉感、舒适感以及止痒去屑效果的物质。包括具有杀菌止痒功能的薄荷醇、辣椒酊、壬酸香草酰胺、樟脑、麝香草酚、水杨酸及其盐、十一碳烯酸衍生物、硫化硒、六氯化苯羟基喹啉、聚乙烯吡咯烷酮-碘络合物以及某些季铵化合物等。常见的为吡啶硫酮锌(ZPT)、十一碳烯酸衍生物和甘宝素(又名二唑酮)。

5. 护发、养发添加剂

这类添加剂主要有维生素类,如维生素 E、维生素 B_5 等;氨基酸类,如丝肽、水解蛋白等;中草药提取液,如人参、当归、芦荟、何首乌、啤酒花、沙棘、茶皂素、天山雪莲等提取液。

6. 头发调理剂

为改善头发的梳理性,使头发易成形、保湿、有光泽、柔软,通常添加调理剂。液体香波或膏状香波的原料大都可以作为调理香波的基础原料。头发调理剂可分为离子型,如通过抗静电作用达到调理头发作用的阳离子表面活性剂及阳离子聚合物,以及疏水型的油脂等。

(1) 季铵盐氯化物　主要是季铵盐阳离子表面活性剂,它们均具有良好的调理性能,可使头发柔软,还具有杀菌、乳化或抗静电作用,稳定性良好,生物降解性优良,与阴离子、非离子表面活性剂的配伍良好。包括:十八烷基三甲基氯化铵(1831)、十六烷基三甲基氯化铵(1631)、十二烷基二甲基苄基氯化铵(1227)以及双十二烷基二甲基氯化铵(D1221)等。

（2）聚季铵盐　一系列阳离子聚合物的统称，是一类极具发展前景的新型化妆品原料。具有多种阳离子表面活性剂的优良特性，如抗静电、柔软性等，对头发有很好的调理作用，可与阴离子表面活性剂配伍，因而广泛用于以阴离子表面活性剂为主体的各类化妆品中。

（3）阳离子瓜尔胶　一种天然胶季铵化后得到的阳离子表面活性剂，主要成分是瓜尔胶羟丙基三甲基氯化铵，可与阴离子、两性离子和非离子表面活性剂配伍，具有良好的调理性质。

（4）天然动植物衍生物　主要指水解胶原蛋白的衍生物及丙基三甲基水解胶原蛋白铵等衍生物。具有良好调理作用的水解蛋白季铵化后可以衍生出多种胶原蛋白，如季铵盐-水解胶原蛋白、季铵盐-水解丝质蛋白、季铵盐-水解角蛋白等。

（5）聚硅氧烷　由硅、氧交替组成的高分子，如高分子量聚二甲基硅氧烷醇乳液、聚氨基三甲基硅氧烷、氨基双丙基二甲基硅氧烷、对羟基二乙胺二甲基硅氧烷共聚多元醇、羟丙基三甲基氯化铵聚二甲基硅氧烷等。

三、防腐剂的选择

淋洗类化妆品在储存过程中，会受到有害微生物如细菌、霉菌、酵母的破坏而腐败变质。防腐剂的选择要遵从安全、有效、有针对性且与配方中其他成分的相容性原则。防腐体系应尽可能满足：广谱的抗菌活性；良好的配伍性；良好的安全性；良好的水溶性；适用浓度下，无色、无臭和无味；稳定性高；成本低。液洗类化妆品通常采用化学防腐，即利用杀菌或抑菌的化学药剂（即防腐剂）进行防腐。

1. 防腐机理

通常的防腐剂是破坏细菌的蛋白质，使其变性，从而达到杀菌的目的。不同的防腐剂防腐机理不同，选择防腐剂时可考虑选用不同的防腐机理进行复配。常见的防腐机理有：a. 防腐剂可破坏或抑制微生物细胞壁的形成，使细胞壁破裂或失去保护作用。如防腐剂可抑制肽聚糖、几丁质的合成，如酚类防腐剂。b. 防腐剂可破坏细胞膜影响其功能，使细胞呼吸窒息和新陈代谢紊乱。如苯甲酸、苯甲醇、水杨酸等。c. 防腐剂透过细胞膜与细胞内的酶或蛋白质作用，抑制蛋白质合成使其变性。如硼酸、苯甲酸、山梨酸、醇类、醛类等。

2. 防腐剂的选择及复配

选用防腐剂必须考虑防腐剂适宜的 pH 值范围以及和其他添加剂的相容性。

（1）根据产品类型、pH 值、使用部位及产品的配方组成等选择防腐剂　如洗面奶、沐浴露与皮肤接触时间短，营养成分较少，成本相对较低，对刺激性无明显要求，一般选择广谱抗菌、成本低的防腐剂；又如苯甲酸钠只有在碱性条件下才有防腐效果，因此在酸性介质中不宜使用；再如甲醛会和蛋白质化合，因此加水解蛋白的营养香波不宜选用甲醛作防腐剂。详见第二章。

（2）防腐剂的复配　由于造成化妆品腐败变质的微生物种类繁多，单一防腐剂适宜的 pH 值、最小抑制浓度和抑菌范围都有一定的限制，往往需要两种或两种以上防腐剂混合使用，以达到防腐、灭菌的目的。防腐剂的复配方式有：不同作用机制的防腐剂复配、不同适用条件的防腐剂复配和针对不同微生物的特效防腐剂复配。复配首先要注意防腐剂之间的合理搭配。一方面避免防腐剂间相互反应、配伍禁忌，另一方面考虑复配后的广谱抗菌性，有可能的协同增效作用。其次对配方稳定性进行考查，主要考查组方在产品体系中的稳定情况及对产品体系的影响情况。最后将合理的组合加入产品中，考察防腐效果，选出最合理的组合。可采用正交实验，考察抗菌功效，结合防腐剂最小量的原则，确定组成中各组分的最佳用量。

3. 常用防腐剂

化妆品用防腐剂和杀菌剂种类有酸类，酚、酯、醚类，季铵盐类，醇类，香料等。我国《化妆品安全技术规范》（2015 年版）中规定限用的化妆品防腐剂有 51 种，并规定了最大允许浓度、限用范围和必要条件，特别是用于面部、眼部化妆品中的防腐剂选择更为慎重。常用防腐剂种类及性能如表 3-2 所示。

表 3-2　常用防腐剂种类及性能

商品名称	化学名称	抑菌范围	用量/%	pH 值	适用范围
Germall 115	咪唑烷基脲	广谱抑菌	0.1～0.5	3～9	护肤品、眼用化妆品、儿童化妆品、防晒霜
尼泊金酯	对羟基苯甲酸甲酯 对羟基苯甲酸乙酯 对羟基苯甲酸丙酯 对羟基苯甲酸丁酯	抗真菌和革兰阳性菌能力强，对革兰阴性菌能力弱	0.1～0.3	4～9	膏霜化妆品
DMDMH	1,3-二甲羟甲基二甲基乙内酰脲	广谱抑菌	0.15～0.5	4～7	香波、护发素、粉底等个人护理品
Glydant Plus	碘丙炔醇丁基氨甲酸酯	广谱抑菌	0.03～0.2	5～7	洗面奶、膏霜、乳液
Bronopol（布罗波尔）	2-溴-2-硝基-1,3-丙二醇	广谱抗菌	0.02～0.05	4～8	香波、护肤膏霜、牙膏、防晒用品和婴儿用品
Kathon CG（凯松 CG）	甲基氯异噻唑啉酮，甲基异噻唑啉酮	广谱抑菌	0.02～0.1	4～9	洗发护发用品、洗液、膏霜乳液
山梨酸	2,4-己二烯酸	霉菌、酵母菌	0.03～0.1	2.5～6	各类化妆品
Isocil Pc	甲基氯异噻唑啉酮	广谱抑菌	0.03～0.3	1～9	洗发精、洗手液
ACNIBIO AP	苯氧乙醇/羟苯甲酯/羟苯丁酯/羟苯乙酯/羟苯丙酯/羟苯异丁酯	广谱抑菌	0.25～1.0	3～8	各类化妆品

四、增稠剂的选择

化妆品配方中含有一个或多个增稠剂，以达到增加稳定性和改善化妆品外观目的。增稠体系是化妆品配方设计的重要组成，不同的增稠体系对最终产品的影响也会不同。这种影响不单单体现在产品的稳定性和外观上，对产品的使用感及功效性能也会有很大的影响，好的增稠体系对最终产品的生产、运输、使用、成本等诸多方面都会有积极的帮助。增稠剂是增稠体系中非常重要的部分。

1. 化妆品增稠剂种类

增稠剂是指可改变化妆品流变特性的原料，又叫流变特性添加剂。可分为三类：水相增稠剂、油相增稠剂及降黏剂。

① 水相增稠剂　指用于增加化妆品水相黏度的原料，包括：聚丙烯酸、羟乙基纤维素、硅酸铝镁和其他改性或复配的聚合物等。

② 油相增稠剂　指用于增加化妆品油相黏度的原料，包括：脂肪酸盐、长链脂肪醇、长链脂肪酸酯、蜡类、氢化油脂、聚二甲基硅氧烷和一些油溶性聚合物等。

③ 降黏剂　指用于降低化妆品黏度，增加产品流动性的原料。包括无机盐、有机酸盐、硅油、硅酮及乙醇等。

2. 淋洗类化妆品增稠剂选择

（1）增稠体系设计原则

① 稳定性原则　保证化妆品的稳定性，也是最重要的目的。稳定性是否合格体现在化妆品的耐寒、耐热，不分层，黏度的稳定性，生产和运输等方面。

② 多种增稠剂复配原则　不同的增稠体系进行复配达到最优的效果。

③ 成本最低原则　在达到同等效果的前提下，选用低成本增稠体系，同时考虑使用的方便性和降低生产过程的能耗。

④ 达到感官要求原则　包括产品肤感、黏腻性、拉丝、膏体柔软、流动性及稀稠性等方面。

⑤ 与包装配套原则。

（2）增稠体系设计及增稠剂的选择　淋洗类化妆品的增稠体系设计及增稠剂的选择与产品类型、pH 值、离子浓度、黏度、添加剂、感官指标等有关，此部分内容详见第二章。

五、泡沫剂的选择

泡沫是洗涤是否有效的一个标志，因为油垢对泡沫有抑制作用。泡沫具有吸附和携带固体污垢粒子的作用，因此泡沫上的污垢浓度比洗液中的高很多。泡沫体系的设计就是几种作发泡剂与稳泡剂的表面活性剂的复配，可适当加入消泡剂。

表面活性剂中，阴离子表面活性剂的起泡能力最强，比如直链烷基苯磺酸（LAS）、α-烯基磺酸钠（AOS）、脂肪醇硫酸酯盐（FAS）、AES 等都是良好的起泡剂。烷醇酰胺、氧化胺等两性表面活性剂和非离子表面活性剂 APG 有较强的增泡和稳泡能力，聚氧乙烯类非离子表面活性剂的起泡能力最弱。因此淋洗类化妆品常采用阴离子表面活性剂和烷醇酰胺、氧化胺等两性表面活性剂进行复配。烷基醇酰胺或氧化胺与 LAS、FAS、AES 等复配时，有良好的稳泡、增泡效果。除此之外，很多水溶性高分子化合物也可用作稳泡剂和增泡剂。具有消泡作用的物质主要有亲油性物质（如油脂、矿物油、蜡、硅油、脂肪酸等）、聚醚、醇类（如乙醇、甘油、丙二醇、高级醇）等。

六、调香、调色剂的选择

调香、调色可提高产品档次，是淋洗类化妆品配方设计的重要组成部分之一。

1. 调香剂的选择

淋洗类化妆品调香的目的是为了掩盖原料的不良气味，增强感官形象，赋予顾客愉悦的感受。要求香气扩散力强，圆润，饱满，协调性好，有灵感。香精用量为 0.5%～2.0%，以果香、清香花香、醛香花香为主，主要体现体香。若由软皂组成的香波碱性较高，不宜采用对碱不稳定的香料。化妆品的加香除了必须选择适宜香型外，还要考虑经济性、与包装材料的配伍性、与洗涤剂的配伍性对产品质量及使用效果是否有影响。

总之，对于配方师来说，经常是直接使用配好的香精。淋洗类化妆品所用香精的配方，要求简单一些和成本低廉一些，同时也要求与加香工艺相适应。香精的选择使用可参照中华人民共和国国家市场监督管理总局对香精在化妆品中使用规定，规定包括香精使用种类、适用化妆品种类和使用量。详见《化妆品安全技术规范》（2015 年版）。

2. 调色剂的选择

调色设计是在配方设计和调整过程中，选用一种或多种颜色原料，把洗涤剂的颜色调整到突出产品的特点，并使消费者感到愉悦的过程。化妆品色泽与化妆品消费心理和美学心理密切相关，在指导化妆品开发与生产中具有重要的影响力。化妆品中常用的着色剂有：有机合成着色剂、天然着色剂、无机颜料、珠光颜料等，详见表 3-3 化妆品着色剂分类。着色剂选择使用参照中华人民共和国国家市场监督管理总局对着色剂在化妆品中使用规定，规定包括着色剂使用种类、适用化妆品种类和使用量。详见《化妆品安全技术规范》（2015 年版）。

表 3-3　化妆品着色剂分类

化妆品着色剂	有机合成着色剂	染料	水溶性染料
			油溶性染料
		色淀	
		有机颜料	
	天然着色剂		
	无机颜料		体质颜料
			着色颜料
			白色颜料
	其他：珠光颜料、高分子粉体、功能性颜料等		

对于淋洗类化妆品，如洗发香波和沐浴液，可选用天然着色剂来满足人们回归大自然的心态。加入珠光剂的乳状液，不仅外观漂亮，而且具有珍珠光泽，是高档产品的象征。为了制备多彩产品可加入珠光颜料，常见的珠光颜料有天然鱼鳞片、氯氧化铋、二氧化钛、云母。近年开发的硬脂酸乙二醇酯，可用于高级液体洗涤剂和洗发、护发产品，珠光效果好，在产品中稳定性好、分散性好，用量为 1％～10％。不同于上述珠光颜料，硬脂酸乙二醇酯加入时需注意温度和搅拌速度是否合适，否则珠光效果不明显。

第三节　淋洗类化妆品配方实例

清洁类化妆品是指用于清洁、营养、保护人体皮肤的化妆品。包括洗面奶、洁面膏、沐浴化妆品、洗手液、洗发香波等。目前销量比较大的是洗面奶、沐浴露和香波。本文重点介绍洗面奶、洁面膏、沐浴露及香波的配方实例。

一、洁面化妆品

1. 洁面化妆品的配方设计原则

洁面化妆品大多是轻垢型产品，具有清洁和护理作用，使用温和、安全，且清洁后对皮肤有一定的柔润作用。应具备的性能包括：a. 外观悦目，无不良气味，使用方便，结构细致，稳定性好；b. 使用时能软化皮肤，易涂抹均匀，无脱滞感；c. 用后无紧绷、干燥或油腻感；d. 能迅速除去皮肤表面和毛孔的污垢。清洁类化妆品的主要特征如表 3-4 所示。

表 3-4　清洁类化妆品的主要特征

项目	洁面乳	洁面霜	磨砂膏	美容皂	面膜	洁肤水
剂型	表面活性剂	乳化型	乳化型	表面活性剂	溶剂型	溶剂型
pH 值	中性	弱酸性~中性	弱酸性~中性	中性	弱酸性~中性	弱酸性~中性
洗净力	好	良好	好	良好	良好	良好
脱脂力	中等	极弱	弱	中等	弱	弱
护理作用	有	有	有	无	有	有
成本	中	高	高	中	中	低
特色	泡沫洁面	溶解洁面	摩擦洁面	泡沫洁面	黏附洁面	溶解洁面
洗后感	略有紧绷感	存留薄膜	洁净度高	略有紧绷感	干后滑爽	洁净度低

　　各类制品的功能不同,适用于不同人群、不同的皮肤类型和不同来源的污垢。大多数消费者是根据习惯和使用条件不同选用不同的洁面化妆品。本文主要介绍的洁面产品为洁面膏和洗面奶。

2. 洁面膏配方实例

　　洁面膏外观呈半固体膏状,兼有护肤的作用。利用表面活性剂的润湿、渗透、乳化作用去污,并通过油性原料的渗透和溶解作用辅助去污,具有除油污迅速、使用方便、刺激性小的特点,用后可在皮肤表面形成一层油性薄膜,起到保护和滋润皮肤的作用。

　　洁面膏基本为乳化型产品,成分包括油相、水相和乳化体系。油相作去污剂或溶剂;水相作溶剂,调节洗净作用及使用感;乳化体系包括 W/O 型、O/W 型,及无水液化型。洁面膏中油相通常占 65%~75%,水相占 25%~35%,属高含油量的洁肤化妆品。W/O 型清洁膏油腻感较强,适用于干性皮肤或秋冬干燥季节,O/W 型洁面膏较为清爽,适用于中性和油性皮肤,适用于夏季。

　　(1) 乳化型洁面膏　按照乳化方式的不同,可分为蜂蜡-硼砂乳化体系和非反应式乳化体系。蜂蜡-硼砂乳化体系(反应式和混用式)采用蜂蜡为原料,蜂蜡中的二十六酸与硼砂反应生成二十六酸皂作主要乳化剂,高级脂肪酸酯和羟基棕榈酸蜡醇酯等作辅助乳化剂,构成完整的乳化体系。蜂蜡在膏霜中的含量为 5%~6%(质量),硼砂的添加量为蜂蜡量的 5%~6%,主要取决于蜂蜡含量、酸值和其他酸性组分。若硼砂量不足,制得的膏霜和乳液无光泽、粗糙、不稳定;硼砂过量,会有针状硼酸或硼砂析出。蜂蜡很少使皮肤过敏,并能使皮肤柔软和富有弹性。此外蜂蜡中还含有天然抗菌剂、防霉剂和抗氧剂。但蜂蜡有两方面的缺点,一是具有特别的气味,需要添加适当的香精掩盖;二是作为一种天然产物,质量和组分随原料的来源和季节的不同而不同。近年来这一情况已有较大改善。目前最主要的乳化方式是非反应式乳化体系,直接用表面活性剂作乳化剂,可添加少量蜂蜡作增稠剂,在膏霜乳化体系形成过程中不发生化学反应。

　　① W/O 型洁面膏　主要采用蜂蜡-硼砂乳化体系,利用蜂蜡的乳化作用和黏度调节的性能。这一体系既可单独使用,也可与其他乳化剂配合使用。配方示例如表 3-5~表 3-7 所示。

表 3-5　配方 1 (蜂蜡-硼砂乳化体系,反应式)

原料成分	质量分数/%	原料成分	质量分数/%
蜂蜡	10.0	硼砂	0.7
白油	54.0	羊毛脂	2.0
凡士林	9.0	香精、防腐剂	0.3
石蜡	5.0	去离子水	19.0

配方 1 的产品是反应式乳化体系，蜂蜡中的二十六酸与硼砂中和后生成二十六酸皂。白油对油脂污垢和化妆品残留物具有良好的渗透性和溶解性；凡士林和石蜡可使产品具有良好的触变性；羊毛脂具有助乳化作用可使膏体稳定并提供滋润作用。

表 3-6　配方 2（非反应式乳化体系）

原料成分	质量分数/%	原料成分	质量分数/%
脂肪酸单甘油酯和脂肪酸双甘油酯	10.0	蜂蜡	0.2
白油	12.0	吐温-60	2.0
凡士林	6.0	香精、防腐剂	适量
地蜡	0.2	去离子水	49.6
山梨醇（70%）	20.0		

配方 2 为非反应式乳化体系，采用表面活性剂作为乳化剂，添加少量蜂蜡作为黏度调节剂。随着合成表面活性剂工业的发展，非反应式乳化已成为目前主要的乳化方式。

表 3-7　配方 3（混用式乳化体系）

原料成分	质量分数/%	原料成分	质量分数/%
蜂蜡	6.0	硼砂	0.6
白油	49.0	甘油	3.0
十六醇	2.4	防腐剂、香精	适量
单硬脂酸甘油酯	2.0	去离子水	余量
司盘-65	2.0		

配方 3 中蜂蜡-硼酸生成皂基乳化剂，与非离子表面活性剂单硬脂酸甘油酯、司盘-65 非反应式乳化剂一起，构成混用式乳化体系。甘油做保湿剂，具有使 W/O 型洁面霜保持湿润、防止干缩的作用。

W/O 型洁面膏的制备工艺：将凡士林与蜡等油性原料于搅拌罐内混熔，并加热至60℃，再将其缓慢加入水性原料的搅拌罐内，由均质乳化机搅拌乳化，继续搅拌冷却，加香。这种转相乳化的方法可以有效防止乳状液乳化类型的逆转。

② O/W 型洁面膏　O/W 型洁面膏是一类含油量中等的洁肤产品，配方示例如表 3-8～表 3-10 所示。

表 3-8　配方 4（非反应式乳化体系）

原料成分	质量分数/%	原料成分	质量分数/%
凡士林	31.0	羊毛脂	3.0
白油	17.0	失水山梨醇倍半油酸酯	4.0
白蜡	10.0	去离子水	余量

表 3-9　配方 5（硬脂酸-三乙醇胺乳化体系）

原料成分	质量分数/%	原料成分	质量分数/%
硬脂酸	14.0	防腐剂	适量
皂化蜂蜡	8.0	香精	适量
白油	38.0	去离子水	余量
三乙醇胺	1.8		

配方 4 为非反应式乳化体系，直接以失水山梨醇倍半油酸酯作乳化剂，凡士林、白油、白蜡可溶解皮肤分泌的油脂，达到洁面目的。

配方 5 的皂化方式是由蜂蜡酸、硬脂酸与三乙醇胺等发生反应成皂作为乳化剂。硬脂酸-三乙醇胺乳化体系也能与大多数其他类型的乳化剂（阴离子型和非离子型）配伍使用。

表 3-10　配方 6（混用式乳化体系）

原料成分	质量分数/%	原料成分	质量分数/%
蜂蜡	8.0	硼砂	0.4
石蜡	10.0	汉生胶	0.2
白油	46.0	香精、防腐剂	适量
十六醇	1.0	去离子水	余量
烷基磷酸酯	1.0		

配方 6 为混用式乳化体系，蜂蜡和硼砂反应或乳化剂，烷基磷酸酯也是乳化剂，通过石蜡、白油等溶解皮脂达到去污目的。汉生胶是一种常用的水溶性增稠剂。

O/W 型洁面膏的制备工艺：先将油相、乳化剂、防腐剂等加热至 65～70℃ 混合熔解并保温，另将水相、保湿剂等混合加热至相同温度，再将油相加入水相乳化，均质后冷却，也可将水相加入熔化的油相中，随着水分的增加而发生相的逆转，从而制得 O/W 型洁面膏。

（2）无水洁面膏　无水洁面膏用于去除面部或颈部的防水性美容化妆品和油溶性污垢。主要含有凡士林、白矿油、羊毛脂、植物油和一些酯类，是一类全油性组分的混合制品。不足之处是清洗后不易去除干净，洁肤效果较差。可在无水洁面膏中添加中等至高含量的酯类和温和的油溶性表面活性剂，使制品油腻性减少，并较易清洗。无水油型洁面膏的配方示例如表 3-11～表 3-13 所示。

表 3-11　配方 1（无水油型洁面膏，无水油剂）

原料成分	质量分数/%	原料成分	质量分数/%
石蜡	10.0	白油	53.0
凡士林	25.0	肉豆蔻酸异丙酯	6.0
鲸蜡醇	6.0	防腐剂、香精	适量

表 3-12　配方 2（无水油型洁面膏，无水膏剂）

原料成分	质量分数/%	原料成分	质量分数/%
石蜡	15.0	白油	43.0
凡士林	32.0	二甲基硅氧烷	2.0
微晶蜡	8.0	防腐剂、香精	适量

表 3-13　配方 3（无水油型洁面膏，卸妆油）

原料成分	质量分数/%	原料成分	质量分数/%
聚醚（pluronic L121）	1.0	白油	67.0
棕榈酸异丙酯（IPP）	32.0	香精、着色剂、防腐剂、抗氧剂	适量

无水油型洁面膏的制备工艺简单。先将除香料以外的蜡、凡士林等各种油型成分混合，加热熔解（约 95℃），再搅拌冷却至 45℃ 以下加香，混合均匀后即可包装。制备过程中，冷却时的搅拌方式对膏体性能的影响较大。

3. 洗面奶配方实例

洗面奶的品种繁多。a. 根据产品结构、添加剂不同，可将洗面奶分为普通型、磨砂型、疗效型三类。b. 根据使用对象的不同，可细分为油性皮肤用洗面奶、干性皮肤用洗面奶、混合性皮肤用洗面奶、家庭用洗面奶、美容院用洗面奶等。c. 根据化学组成和使用性能的不同，分为皂基型和非皂基表面活性剂型两种。皂基型洗面奶以脂肪酸皂类为主乳化剂，适用于中性和油性皮肤，因在配方中加入了适量软化剂和保湿剂，使用过程没有肥皂的"紧绷感"，具有良好的润湿感。这类洗面奶常呈碱性，有较强的去污力和丰富的泡沫，但不适用于过敏肤质、青春痘化脓肤质、碱性过敏者。非皂基型洗面奶以非皂基表面活性剂为主原料，性质温和，去污效果良好，对皮肤刺激性小，使用后有清爽湿润的感觉，适用于混合性和干性皮肤。

洗面奶的配方包括油性成分、水性成分、表面活性剂和营养成分等。油性组分在洗面奶中作溶剂和润肤剂，具有良好洗净作用，温和型阴离子、非离子和两性离子表面活性剂作去污剂，兼具乳化作用。另外还有一些具有特殊功效的添加剂，如美白剂、祛斑剂等。配方示例如表 3-14～表 3-18 所示。

表 3-14　配方 1（无泡洗面奶）

原料成分	质量分数/%	原料成分	质量分数/%
白油	14.0	辛酸/癸酸三甘油酯	8.0
异壬基异壬醇酯	3.0	橄榄油	2.5
月桂基醚磷酸酯	5.0	1,3-丁二醇	5.0
乳化硅油	4.0	甘油	5.0
聚甘油酯	3.0	去离子水	余量
柠檬酸、防腐剂、香精	适量		

表 3-15　配方 2（液体皂洗面奶）

原料成分	质量分数/%	原料成分	质量分数/%
月桂酸	5.0	棕榈酸	8.0
肉豆蔻酸	9.0	硬脂酸	7.0
油酸	1.5	PEG(25)羊毛醇醚	2.0
1,3-丁二醇	7.5	氢氧化钾	5.0
香精、抗氧剂、防腐剂	适量	去离子水	余量

表 3-16　配方 3（凝胶洗面奶）

原料成分	质量分数/%	原料成分	质量分数/%
月桂基醚硫酸钠	8.0	月桂醇醚琥珀酸酯磺酸二钠	6
癸基葡萄苷	7.0	椰油酰基丙酸甜菜碱	4.0
赛而可 SC-80	4.0	葡聚糖	1.0
1,3-丁二醇	5.0	三乙醇胺(调节 pH 值到 7.5)	适量
香精、抗氧剂、防腐剂	适量	去离子水	余量

表 3-17　配方 4（磨砂洗面奶）

原料成分	质量分数/%	原料成分	质量分数/%
辛酸/癸酸三甘油酯	2.0	白油	6.0
乙酰化羊毛脂	2.0	聚乙二醇(400)硬脂酸酯	2.0
橄榄油	3.0	聚乙二醇(600)	6.0
吐温-80	2.5	香精、抗氧剂、防腐剂	适量
天然果核粉	3.0	去离子水	余量
十六醇	1.0		

表 3-18　配方 5（祛斑洗面奶）

原料成分	质量分数/%	原料成分	质量分数/%
十六醇	1.0	熊果苷	2.0
白油	6.0	汉生胶	0.6
角鲨烷	5.0	丙二醇	8.0
凡士林	2.5	EDTA 二钠盐	0.2
PEG(6)十八醇醚	1.0	香精、防腐剂	适量
PEG(21)十八醇醚	4.0	去离子水	余量
吐温-80	3.5		

二、沐浴化妆品

1. 沐浴化妆品的配方设计原则

沐浴化妆品是在沐浴时使用的，用于清洁全身皮肤的化妆品。沐浴化妆品除了可以去除污垢、清洁肌肤外，还具有一定的润肤、保湿作用，一些药用或功能型浴用产品还兼有一定的皮肤病防治效果。其基本作用如下：

（1）清洁皮肤　通过软化皮肤角质层，溶解并去除皮肤表面的皮屑，洗净皮脂和污垢，祛除身体的气味；

（2）保湿和护肤　通过加入润肤剂和其他活性物质，促进血液循环和末梢循环，加快新陈代谢，加速体内废弃物的排泄；

（3）对皮肤疾患的治疗　通过加入疗效性的物质，起到抑菌、软化角质层等作用，对于癣及一些慢性皮肤病产生疗效；

（4）放松神经、缓解疲劳　芳香剂及着色剂等的加入，使沐浴者心情舒畅、精神安宁。

2. 沐浴化妆品配方实例

沐浴化妆品包括淋浴和盆浴产品。淋浴产品包括沐浴露（液）、沐浴凝胶，盆浴产品包括泡沫浴剂、浴盐、浴油等。其中，沐浴露使用者较多，市场销售量最大，这里重点介绍沐浴露。沐浴露制品有乳液型、透明型、珠光型等多种。按功能分有清凉浴液、止痒浴液、营养浴液、矿工浴液，保健浴液、儿童浴液等。

沐浴露主要成分为：泡沫型表面活性剂、泡沫稳定剂、增稠剂、香精、着色剂和去离子水等。表面活性剂的基本功能是去污、产生泡沫、润湿皮肤，对污垢和油污有乳化效果。常见的阴离子表面活性剂有单十二烷基（醚）磷酸酯盐、性能温和的烷基醇醚磺基琥珀酸单酯二钠、PEG-5 月桂醇柠檬酸酯磺基琥珀酸二钠、N-月桂基肌氨酸盐等。常见的非离子表面活性剂常选用性质温和、刺激性低、具有保湿作用的葡萄糖苷衍生物，以及烷基醇酰胺（6501）等。常见的两性离子表面活性剂有烷基酰胺丙基甜菜碱、磺基甜菜碱、氧化胺、咪唑啉等。常用的润肤剂有植物油脂、聚烷基硅氧烷类、羊毛醇醚及脂肪酸酯类。保湿剂有甘油、丙二醇、烷基糖苷。沐浴露中常添加调理剂（如阳离子聚合物）和活性物质（如动植物提取物和中草药成分等），赋予皮肤光滑的表面和提供营养功效。沐浴露的配方示例如表 3-19～表 3-21 所示。

表 3-19　配方 1（乳液型沐浴露）

原料成分	质量分数/%	原料成分	质量分数/%
十二烷基聚氧乙烯醚硫酸酯铵（AESA）70%	11	椰油酰胺丙基甜菜碱（CAB-35）35%	8
脂肪酸甲酯磺酸盐（MES）	5	乳化硅油	3
6501	4	水杨酸	0.1
芦荟提取液	1	香精、防腐剂	适量
橄榄油	2	去离子水	余量

配方 1 配制要点：将橄榄油和 6501 混合为油相，加热到 75℃ 熔化成液体，保温备用。除香精和防腐剂外的剩余原料溶解在水里加热到 70℃ 为水相，将水相加入油相中搅拌混合均匀，均质成稳定乳液。降温至 40℃ 后加入香精、防腐剂，搅拌均匀。将产品降温到室温，静置 24h 以上消泡，灌装得成品。

表 3-20　配方 2（透明型沐浴露）

原料成分	质量分数/%	原料成分	质量分数/%
十二烷基聚氧乙烯醚硫酸酯铵（AESA）70%	12	海藻提取液	2
十二烷基硫酸钠铵（$K_{12}A$）70%	4	硼酸	0.1
月桂酸二甲基氧化铵	3	羟乙基纤维素	0.2
椰油酰胺丙基甜菜碱（CAB-35）35%	8	香精、防腐剂	适量
丙二醇	2	去离子水	余量
EDTA	0.1		

配方 2 配制要点：将去离子水放入夹套加热锅内，加热升温至 70～80℃，加入 $K_{12}A$、AESA 和羟乙基纤维素，搅拌溶解成透明溶液。降温至 60℃，加入其他成分搅拌均匀。降温至 40℃ 后，加香精搅匀。静置 24h 以上，过滤，灌装得成品。

表 3-21　配方 3（珠光型沐浴露）

原料成分	质量分数/%	原料成分	质量分数/%
月桂醇聚氧乙烯醚硫酸酯钠盐	18.0	氯化钠	1.0
月桂醇硫酸酯三乙醇胺盐	22.0	柠檬酸（pH 调至 6～7）	0.2
椰油酰胺丙基甜菜碱	7.0	防腐剂	适量
羊毛脂	1.5	香精、着色剂	适量
珠光剂	3.5	去离子水	余量

配方 3 配制要点：采用热混法，将表面活性剂椰油酰胺丙基甜菜碱、月桂醇聚氧乙烯醚硫酸酯钠盐和月桂醇硫酸酯三乙醇胺盐等溶于水中，在不断搅拌下加热至 70℃，加入珠光剂和羊毛脂等蜡类固体原料，继续搅拌，溶液逐渐呈半透明状后将其冷却。注意控制冷却速度不要太快，否则珠光效果不好。冷却至 40℃ 时加入香精、防腐剂和着色剂，最后用柠檬酸调节 pH 值，冷却至室温即可。

三、洗发香波

1. 洗发香波的配方设计原则

① 适度的清洁洗涤能力，可去除头发上的沉积物和头皮，但又不会过度脱脂和造成头发干涩。

② 良好的发泡性能，在头皮和污物存在下，也能产生丰富的泡沫。

③ 良好的梳理性，包括湿梳阻力最小，头发干后梳理性好。

④ 头发洗后应具有光泽、潮湿感和柔顺的特点。

⑤ 使用香波洗发，不应给烫发和染发等操作带来不利影响。

⑥ 对眼睛、头发和头皮无刺激和无毒，或刺激性和毒性很低，可安全使用。

⑦ 易洗涤，耐硬水，在常温下洗发效果最好，无不愉快气味。

⑧ 各种调理剂和添加剂（如抗静电剂、体感增加剂和活性物）的沉积适度，不会产生可见或明显的残留物。

⑨ 各种功能（如清洁能力、调理性和溶解度等）不因水质、地域、酸碱和不同类型的头发有明显的变化。

⑩ 经济成本合适，原料来源有保障，易于制备。

香波种类较多，配方结构也是各种各样，大多数液态香波的组成如表 3-22 所示。

表 3-22　大多数液态香波的组成

组成	主要功能	质量分数/%
主表面活性剂	清洁,起泡	10～20
辅助表面活性剂	降低刺激性,稳泡,调理,黏度调节	3～10
增稠剂和分散稳定剂	调理黏度,改善外观和体质	0.2～5
稳泡剂和增泡剂	稳泡和增泡作用,调节泡沫结构和外观	1～5
调理剂	调理作用(柔软、抗静电、定型、光泽)	0.5～3
珠光剂或乳白剂	赋予珠光和乳白外观	2～5
防腐剂	抑制微生物生长	适量
螯合剂	络合钙、镁和其他金属离子,抗硬水作用,防止变色,对防腐剂有增效作用	0.1～0.5
稳定剂和抗氧剂 紫外吸收剂	防止不饱和组分氧化,产生酸败 防止紫外线引起产品变化和氧化	0.1～0.2
着色剂	赋予产品颜色,改变外观	0.1～0.5
酸度调节剂或缓冲剂	调节 pH 值	适量
香精	赋香	0.1～0.5
各种功能添加剂(去头皮屑剂、杀菌剂、动植物提取剂、各种药物)	赋予香波各种特定的功能	适量
稀释剂	稀释作用,作为基体,一般为去离子水	余量

2. 洗发香波配方实例

香波的种类很多，其配方、配制工艺及性能也是多种多样的，可以按照洗发香波的形态、特殊成分、性质、用途等来分类。

① 按香波中主表面活性剂的种类，可分成阴离子型、阳离子型、非离子型和两性离子型。在阴离子型中，皂基洗发香波又可单独为一大类。绝大部分产品为复配型产品，其中阴离子和非离子表面活性剂用量最大，而阳离子和两性离子表面活性剂多用于高档香波和调理香波中。

② 按适用发质不同，可将洗发香波分为通用型、干性头发、油性头发和中性洗发香波等产品。

③ 按产品形态分类，可分为液体、膏状、粉状、块状、胶冻状及气雾剂型产品。块状的可称为合成香皂，粉状的称为洗发粉，膏状称洗发膏。通常香波指液体状态的洗发产品，根据液体状态分为透明香波、乳液状香波、胶状香波、珠光香波。

④ 按包装形式分，有瓶装、袋装、罐装、气雾罐装等。

⑤ 按功效分，有调理香波、普通香波、药用香波、婴幼儿香波、抗头屑香波、烫发香波、染发香波等。

⑥ 在香波中添加特种原料，改变产品的性状和外观，有蛋白香波、菠萝香波、黄瓜香波、苹果香波、啤酒花香波、酸性香波等。

现代流行的多功能产品中，将兼有洗发、护发作用的洗发香波称为"二合一"香波，将洗发、护发、去头屑的产品称为"三合一"香波，将洗发、护发、养发、去屑止痒的产品称为"四合一"香波等。因此，洗发香波已突破单纯洗发功能，成为洗发、洁发、护发、养发、美发等交叉型产品。

（1）液体香波的配方示例 液体香波具有性能好、使用方便、制备简单等特点，主要包括透明液体香波和珠光液体香波。液体香波已成为香波中的主体，占洗发用品市场的60%以上。香波主要含有三种类型的基本原料：表面活性剂、辅助表面活性剂及添加剂。a. 表面活性剂提供良好的去污力和丰富的泡沫，使香波具有很好的清洗作用。用于香波的表面活性剂以阴离子表面活性剂为主，利用它们的渗透、乳化和分散作用将污垢从头发、头皮上除去。常见的有 AES、脂肪醇硫酸酯盐（AS）、α-烯基磺酸盐（AOS）等。也可以采用一些非离子型、两性离子型和阳离子型表面活性剂。b. 辅助表面活性剂用量较少，能增强主表面活性剂的去污力和泡沫稳定性，改善香波的洗涤性和调理性。常见的有 N-酰基谷氨酸钠（AGA）、甜菜碱类、烷基醇酰胺、氧化胺、吐温-20、环氧乙烷缩合物、醇醚磺基琥珀酸单酯二钠盐等。c. 添加剂是为了赋予香波某些理化特性和特殊效果而使用的，如稳泡剂、增稠剂、稀释剂、螯合剂、澄清剂、去头屑剂等。液体香波的配方示例如表 3-23、表 3-24 所示。

表 3-23　配方 1（透明液体香波）

原料成分	质量分数/%	原料成分	质量分数/%
月桂基硫酸三乙醇胺(30%)	40.0	氯化钠	0.3
月桂酸二乙醇酰胺	10.0	香精、着色剂	适量
甘油	5.0	防腐剂	适量
羟丙基甲基纤维素	1.0	去离子水	43.5
EDTA 二钠盐	0.2		

配方 1 中添加的羟丙基甲基纤维素作增稠剂。它的加入可减少配方中月桂酸二乙醇酰胺的用量，同时，由于这种水溶性纤维素醚的加入，可以减少无机盐用量，使香波黏度比用盐增稠时更高。纤维素醚的非离子性，不影响表面活性剂的浊点，故具有良好的透明性和低温稳定性。

表 3-24　配方 2（珠光调理液体香波）

原料成分	质量分数/%	原料成分	质量分数/%
AES-NH₄(70%)	13.0	乳化硅油	2.0
椰油酰胺丙基甜菜碱(30%)	12.0	柠檬酸	0.3
尼纳尔	2.0	香精	适量
乙二醇单硬脂酸酯	2.5	防腐剂	适量
阳离子瓜尔胶	0.3	去离子水	67.9

配方 2 中加入了乙二醇单硬脂酸酯作珠光剂，还加入了阳离子聚季铵盐（阳离子瓜尔

胶）起调理作用，也为香波提供良好的增稠作用。

（2）膏状香波的配方示例　膏状香波也称洗发膏，是一种质地柔软、状如牙膏的头发清洁用品。洗发膏的活性物含量比液体香波高，因而去污力较强，适用于油性头发及污垢较多的消费人群，运输和使用方便。配方示例如表3-25、表3-26所示。

表3-25　配方1（皂基香波）

原料成分	质量分数/%	原料成分	质量分数/%
硬脂酸	3.0	三聚磷酸钠	8.0
羊毛脂	1.0	碳酸氢钠	12.0
KOH(8%)	5.0	香精、着色剂	适量
十二烷基硫酸钠(K12)	18.0	防腐剂	适量
6501	5.0	去离子水	48.0

将硬脂酸加热升温熔化，加至已加热到90℃的K12、KOH、水的体系中，搅拌皂化后，再加入三聚磷酸钠、6501，继续搅拌成液体，加入碳酸氢钠成膏，降温至45℃，加入防腐剂、香料，搅拌均匀后出料。

表3-26　配方2（洗发膏）

原料成分	质量分数/%	原料成分	质量分数/%
十二烷基硫酸钠(K12)	20.0	甘油	3.0
硬脂酸	5.0	防腐剂	适量
羊毛脂	2.0	香精	适量
NaOH(100%)	1.0	着色剂	适量
三聚磷酸钠	5.0	去离子水	余量

将K12、NaOH加入水中，搅拌加热到90℃，溶解均匀后，加入溶解好的硬脂酸、羊毛脂的混合物，搅拌均匀，然后按要求依次加入三聚磷酸钠、甘油、防腐剂、着色剂等搅拌均匀，冷却到45℃后加入香精搅匀即可。

（3）凝胶型香波　凝胶型香波呈透明胶冻状，市场上常称其为洗发啫喱，是透明香波的一种。外观清澈透明，可配成各种色泽，晶莹夺目，很受消费者喜爱。凝胶型香波的配方示例如表3-27、表3-28所示。

表3-27　配方1（洗发凝胶1）

原料成分	质量分数/%	原料成分	质量分数/%
椰油酰胺两性基乙酸钠	15.0	香精、着色剂	适量
月桂基硫酸酯三乙醇胺盐(40%)	25.0	防腐剂	适量
椰油基二乙醇酰胺	10.0	去离子水	余量
羟丙基甲基纤维素	1.0		

表3-28　配方2（洗发凝胶2）

原料成分	质量分数/%	原料成分	质量分数/%
卡波980	0.6	EDTA二钠盐	0.1
十二烷基硫酸三乙醇胺(30%)	20.0	防腐剂	适量
甜菜碱	10.0	香精	适量
丙二醇	4.0	着色剂	适量
氢氧化钠(15%溶液)	适量	去离子水	余量
聚氧乙烯(25)对氨基苯甲酸酯	0.1		

因为卡波 980 极易结块成团，尤其在高温热水中，会立即结成"疙瘩"，因此先将卡波 980 均匀分散于水中形成均匀的水溶液（30%），这是制备凝胶的一个关键点。一般在强烈搅拌下，将卡波 980 慢慢分散于水（室温）中，分散液的浓度不要太高。再将中和剂及其他原料一并混合形成凝胶。需注意中和形成凝胶后，不宜再进行高速搅拌，否则会使凝胶黏度下降。

（4）调理香波　调理香波除具有清洁头发的作用外，还能改善头发的梳理性、手感和外观，防止毛发产生静电，使头发易梳理、有光泽及柔软。在香波中加入硅氧烷，尤其是含羟基官能团的硅氧烷，如硅氧烷乙二醇共聚物，在阴离子型表面活性剂体系内可降低对眼睛的刺激性。采用直链硅氧烷与高分子硅氧烷树脂的混合物可使头发润滑，产生光泽。

调理香波是在液体香波和膏状香波的基础上，添加调理剂，经洗发后吸附在头发的表面和深入头发纤维内。调理香波的好坏与调理剂的类型及吸附能力密切相关。头发调理剂可分为离子型，如阳离子表面活性剂、阳离子聚合物及疏水型的油脂。常见的有季铵盐氯化物、聚季铵盐、阳离子瓜尔胶、天然动植物衍生物及聚硅氧烷和长链烷基化合物等。

调理香波的制法与普通香波的制法基本相同。调理剂的性状不同，加入方式也不同：易溶于水的组分，可在低温或混合条件下加入；不易溶解的组分，则需要提前溶解或提供加热等条件。比如"二合一"调理香波组分中的调理剂聚季铵盐型阳离子表面活性剂，一般的制备步骤是：先将聚季铵盐与水在搅拌下充分混溶（如不易溶解，可适当加热），另将配方中的其他表面活性剂在加热下混溶，混合均匀后缓慢降温，在搅拌的同时加入聚季铵盐溶液及其他原料，如珠光剂、防腐剂等，在 45℃ 时加入香精、着色剂，最后用柠檬酸调节体系的 pH。配方示例如表 3-29、表 3-30 所示。

表 3-29　配方 1（普通调理香波）

原料成分	质量分数/%	原料成分	质量分数/%
N-椰油酰基-N-甲基牛磺酸钠	10.0	聚季铵化乙烯醇	0.2
十二烷基甜菜碱	8.0	EDTA 二钠盐	0.1
月桂酸二乙醇酰胺	4.0	防腐剂	适量
乙二醇硬脂酸酯	1.5	香精	适量
甘油	2.0	着色剂	适量
山嵛基三甲基氯化铵	0.3	去离子水	余量

表 3-30　配方 2（"二合一"调理香波）

原料成分	质量分数/%	原料成分	质量分数/%
月桂醇醚硫酸钠	25.0	柠檬酸(调 pH 至 6.0)	适量
椰油酰胺丙基甜菜碱	10.0	氯化钠	适量
月桂醇醚硫酸钠、乙二醇二硬脂酸酯、椰油酸单乙醇酰胺	4.5	丙烯酸钠/二甲基二烯丙基氯化铵共聚物	1.0
聚异丁烯酸甘油酯、丙二醇	3.0	香精、防腐剂	适量
全水解小麦蛋白	0.5	去离子水	56.0

配方 2 中，预先用少量的水溶解全水解小麦蛋白和丙烯酸类共聚物（可适当加热），在搅拌下缓慢加入其他表面活性剂的水溶液体系中，混合均匀，降温后加香，用柠檬酸调节 pH，用氯化钠调节黏度。

（5）专用香波　专用香波是指在香波制品中加入一些具有特殊功效的香波，在基本香波配方中加入具有特殊功能的添加剂。如添加各种营养成分的养发香波、去屑止痒香波、杀菌香波、婴幼儿香波等。婴幼儿香波详见第九章。配方示例如表 3-31、表 3-32 所示。

表 3-31　配方 1（去头屑香波）

原料成分	质量分数/%	原料成分	质量分数/%
月桂醇聚醚硫酸酯钠（30%）	15.00	吡啶硫酸锌（7.7μm）	1.00
十二烷基硫酸铵（30%）	3.00	十六醇	0.50
乙二醇二硬脂酸酯	3.00	硬脂酸	0.2
椰油酰单乙醇胺	2.50	着色剂、香精	适量
聚乙二醇（PEG，M_r=546）	2.00	防腐剂	适量
液态二甲基硅氧烷	1.00	去离子水	余量

　　配方 1 中吡啶硫酸锌为去屑剂。制备过程：先将水和去屑剂混合，搅拌下加热到 70℃，数分钟后加入氯化钠和其他水溶性添加剂，搅拌均匀后加入表面活性剂，加热搅拌均匀后，降温至 40℃，加入香精。

表 3-32　配方 2（去屑止痒香波）

原料成分	质量分数/%	原料成分	质量分数/%
十二烷基醚硫酸酯铵盐	40.0	氯化钠	0.1
聚季铵盐-11	0.6	着色剂、香精	适量
椰油酰胺丙基甜菜碱	12.0	防腐剂	适量
甘宝素	0.5	去离子水	余量

　　配方 2 中甘宝素为去屑止痒剂。制备过程：将甘宝素和表面活性剂混合加热至 70～75℃，成为透明液体，加入防腐剂、去离子水等，然后用氯化钠调节黏度。

第四节　淋洗类化妆品的生产工艺

微课
淋洗类化妆品
的生产工艺

一、淋洗类化妆品的生产过程

　　淋洗类化妆品的生产一般采用间歇式批量化生产工艺，而不宜采用管道化连续生产工艺，这主要是因为生产工艺简单，产品品种繁多，没有必要采用投资大、控制难的连续化生产线。淋洗类化妆品的生产过程如下。

　　1. 原料准备

　　淋洗类化妆品是多种原料的混合物，因此，熟悉所使用的各种原料的物理化学特性，确定合适的物料配比和加料顺序至关重要。在生产制备之前，应按照工艺要求选择合适的原料，每种原料经实验室化验合格后才能投入使用，要保证每批产品质量一致。

　　原料要做好预处理，如有些原料应用溶剂预溶，有些原料应预先熔化，有些原料需按要求预先处理，某些物料应预先滤去机械杂质，主要溶剂水应进行去离子处理等。所有物料的计量都是十分重要的。原料有粉状、液状、油状和蜡状等。在工艺过程中，应按加料量和物料性质确定所称量物料的准确度、计量方式、计量单位，然后选择工艺设备。如用高位槽计量用量较多的液体物料；用定量泵输送并计量水等原料；用天平或秤称取固体物料；用量筒计量少量的液体物料。在此过程一定要注意计量单位。

2. 混合或乳化

大部分淋洗类化妆品都是制成均一、透明的混合溶液，也可制成乳状液。但是不论是混合，还是乳化，都离不开搅拌，只有通过搅拌操作才能使多种物料互相混溶。一般淋洗类化妆品的生产设备仅需要带有加热和冷却用的夹套并配有适当的搅拌配料锅即可。淋洗类化妆品的主要原料表面活性剂易产生泡沫，因此加料的液面必须没过搅拌桨叶，避免混入过多的空气。

淋洗类化妆品的配制过程以混合为主，按照生产工艺可分为冷配法、热配法、部分热配法三种。目前，热配法是应用最多的制备工艺。尤其是对于皂基型的清洁类产品，由于投料时存在大量脂肪酸，需要加热才能完成皂化反应。淋洗类化妆品的生产工艺流程如图 3-1 所示。

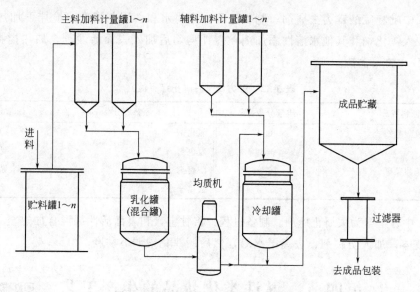

图 3-1　淋洗类化妆品的生产工艺流程

（1）冷配法　冷配法适用于不含蜡状固体或难溶物质的配方。首先在混合罐中加入去离子水，然后将表面活性剂溶解于水中，再加入其他助洗剂，待形成均匀溶液后，加入香料、着色剂、防腐剂、络合剂等其他成分。最后用柠檬酸或其他酸类调节 pH 值，用无机盐（氯化钠）来调整黏度。若香料不能完全溶解，可先同少量助洗剂混合，再投入溶液，或者使用香料增溶剂。

（2）热配法　当配方中含有蜡状固体或难溶物质时，如珠光剂或乳浊制品等，一般采用热配法。热配法温度不宜过高，一般不超过 70℃，避免配方中的某些成分遭到破坏。首先在热水或冷水中加入表面活性剂，在不断搅拌下加热到 70℃进行溶解。注意液面要没过搅拌桨叶，以免过多的空气混入而产生大量泡沫。然后加入要溶解的固体原料，继续搅拌，直至所有物料完全溶解或变成乳液状。当温度下降至 50℃左右时，加入香精、着色剂和防腐剂等。热配法中加香的温度十分重要。在较高温度下加香会使易挥发香料挥发，造成香精损失，同时高温下可能会发生化学反应，使香精变质，香气变差。因此一般在较低温度，一般在 50℃以下加入。pH 和黏度的调节一般都应在较低温度下进行。

（3）部分热配法　当某些原料难溶解时，可采用升温的方法进行加热溶解，易溶解的原料在常温下直接溶解。最后将加热溶解的物料加入整个体系中。

3. 混合物料的后处理

无论是生产透明溶液还是乳液，在包装前还要经过一些后处理，以便保证产品质量或提高产品稳定性。这些处理可包括以下内容：

（1）过滤　在混合或乳化操作时，由于要加入各种物料，难免带入或残留一些机械杂质，或产生一些絮状物，这些都直接影响产品外观，所以物料包装前的过滤是有必要的。

（2）均质　经过乳化的液体，其乳液稳定性往往较差，最好再经过均质工艺，使乳液中分散相的颗粒更细小、更均匀，得到高度稳定的产品。

（3）排气　在搅拌的作用下，各种物料可以充分混合，但不可避免地将大量气体带入产品。由于搅拌作用和产品中表面活性剂等作用，有大量的微小气泡混合在成品中。气泡不断冲向液面的作用力，造成溶液稳定性差，包装时计量不准。采用静置的方法排气，或采用抽真空排气工艺，快速将液体中的气泡排出。

（4）陈放　也可称为老化。将物料在老化罐中静置贮存几个小时，可使性能更加稳定。

（5）包装　包装是生产过程的最后一道工序，包装质量是非常重要的，否则将前功尽弃。正规生产应使用灌装机，采用流水线进行包装。小批量生产可用高位槽手工灌装。灌装过程应严格控制灌装量，做好封盖、贴标签、装箱和记录批号、合格证等工作。袋装产品通常使用灌装机灌装封口。包装质量与产品内在质量同等重要。绝大部分淋洗类化妆品，都使用塑料小包装。

二、淋洗类化妆品的生产主要工艺参数

1. 温度

淋洗类化妆品的配制过程以混合为主，当配方中全部是低温水溶成分时，可以采用冷配法；当配方体系中含有固体油脂或其他需要高温加热才能溶解的原料时，需要采用热配法；还有一种制备方法是部分热配法，即预先溶解一部分需要加热溶解的成分，然后再加入整个体系中。溶剂型淋洗类化妆品的原料在室温或加热条件下溶解，混合即可，但需要注意温度不能太高。

皂基型表面活性剂采用热配法进行混合。温度不宜过高，一般不超过70℃，以免配方中的某些成分遭到破坏，水相加入油相后温度会升高10～20℃，要求皂化温度一般不低于80℃。

非皂基表面活性剂型的淋洗类化妆品可采用部分热配法，油相温度一般控制在75℃左右。表面活性剂的添加温度应该在65℃以上，以免体系的温度因表面活性剂的加入而进一步降低，导致体系黏度增大而使加料时带入体系内的气泡无法自然排出。

珠光剂通常在70℃左右加入，溶解后需控制一定的冷却速度使珠光剂结晶增大，获得闪烁晶莹的珍珠光泽。若采用珠光浆则可在常温下加入。

当温度下降至50℃左右时，再加着色剂、香料和防腐剂等。防止高温度下香精的挥发及可能发生的化学反应。

2. 加料顺序

原料的加料顺序要遵从先难后易的原则，即将难溶解的物料先溶解。加料顺序的改

变会对产品质量产生一定的影响，甚至造成产品质量不合格。因此，一定要按照工艺要求进行加料。比如高浓度表面活性剂（AES 等）的溶解，必须把它慢慢加入水中，而不是把水加入表面活性剂中，否则会形成黏性极大的团状物，导致溶解困难。适当加热可加速溶解。

再如，水溶性高分子物质如调理剂 JR-400、阳离子瓜尔胶等，多为固体粉末或颗粒，它们虽然溶于水，但溶解速度很慢。传统的制备工艺是长期浸泡或加热浸泡，能量消耗大，设备利用率低，某些天然产品还会在此期间变质。新的制备工艺是在高分子粉料中加入适量甘油，可快速渗透粉料使其溶解，在甘油存在下，将其加入水相，室温下搅拌 15min，即可彻底溶解。

此外，表面活性剂是产生气泡的主要原因，表面活性剂的加入时机是控制气泡产生的一个关键点。将表面活性剂直接放在水相中参与皂化过程，会使表面活性剂因皂化过程剧烈的放热反应而产生大量的气泡。因此为了降低皂液的黏度，表面活性剂应选择在皂化反应结束后添加。

3. pH 值

根据现有的国家和行业标准，对不同产品的 pH 值要求也不同。如表面活性剂型洁面奶（膏霜）的 pH 值要求 4.0～8.5（果酸类产品除外），皂基型洁面奶（膏霜）的 pH 值要求 5.5～11.0。成人沐浴制品 pH 值为 4.0～10.0，儿童沐浴制品 pH 值为 4.0～8.5。洗发液 pH 值要求 4.0～8.5（果酸类产品除外），洗发膏 pH 值要求 4.0～10.0。

常采用的 pH 值调节剂有柠檬酸、酒石酸、磷酸和磷酸二氢钠等。通常在配制后期加入。当体系降温至 35℃左右，加完香精、香料和防腐剂后，再调节 pH 值。首先测定其 pH 值，估算缓冲剂加入量，然后投入，搅拌均匀，再测 pH 值。未达到要求时再补加，就这样逐步调节，直到满意为止。

对于一定容量的设备或加料量，测定 pH 值后可以凭经验估算缓冲剂用量，制成表格指导生产。对于一种已经很熟练的产品操作，可将 pH 值调节剂预先加入体系中，因为 pH 值对于珠光的显现具有一定的辅助作用。另外，产品配制后立即测定的 pH 值并不完全准确，长期贮存后产品的 pH 值将发生明显变化，这些在生产控制时都应考虑到。

4. 搅拌

皂化反应过程的搅拌应该控制在一个较低的合适转速，防止将空气带进皂化体系，否则产生的气泡将很难消除。

外观非常漂亮的珠光是高档产品的象征。一般是加入硬脂酸乙二醇酯。珠光效果的好坏，不仅与珠光剂用量有关，而且与搅拌速度和冷却速度（采用片状珠光剂时）有关。快速冷却和相当迅速的搅拌，会使体系暗淡无光。

5. 黏度

黏度是淋洗类化妆品的重要的物理指标之一。国内消费者多数喜欢黏度高的产品。产品的黏度取决于配方中表面活性剂、助洗剂和无机盐的用量。表面活性剂、助洗剂（如烷醇酰胺、氧化胺等）用量高，产品黏度也相应提高。为提高产品黏度，通常加入增稠剂，如水溶性高分子化合物、无机盐等。水溶性高分子化合物通常在前期加入，而无机盐氯化钠则在后期加入，其加入量视实验结果而定，一般不超过 3％。过多的无机盐不仅会影响产品的低温稳定性，增加产品的刺激性，而且黏度达到一定值，再增加无机盐的用量反而会使体系黏度降低。

三、主体设备结构及工作原理

淋洗类化妆品生产工艺所涉及的设备，主要是带搅拌的混合罐、高效乳化和均质设备、物料输送泵和真空泵、计量泵、物料贮罐和计量罐、加热和冷却设备、过滤设备、灌装和包装设备。把这些设备用管道串联在一起，配以恰当的能源动力即组成淋洗类化妆品的生产工艺。

1. 混合搅拌设备

混合搅拌是指在搅拌器的作用下，使两种或多种物料在彼此之间相互分散、均匀混合，目的是制成均匀一致的产品。淋洗类化妆品生产过程中的混合，根据物料状态可分为液相与液相、液相与固相、固相与固相物料的混合。液态非均相的混合与乳化设备主要是搅拌混合釜，由壳体、搅拌装置、轴封和换热装置组成。通常搅拌机安装在釜盖上，也可装在独立组装的构件上，或是可移动的。壳体一般为圆形筒体，轴封是指连接搅拌器和壳体的密封装置，换热装置常见的为夹套。淋洗类化妆品生产过程中应用最广泛的是立式搅拌混合釜，也称搅拌锅，其特点是电动机、变速器与搅拌轴的中心线相重合，配有夹套换热装置。立式搅拌混合釜的结构示意图如图 3-2 所示。

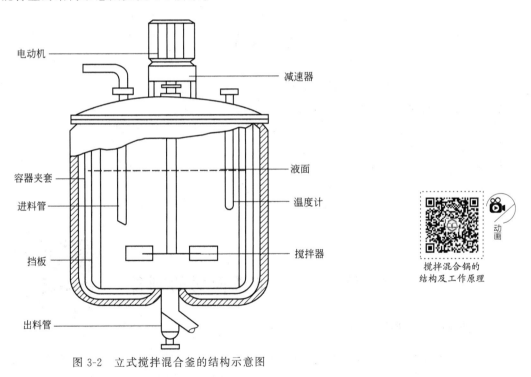

电动机　　减速器　　容器夹套　　液面　　进料管　　温度计　　挡板　　搅拌器　　出料管

搅拌混合锅的结构及工作原理（动画）

图 3-2　立式搅拌混合釜的结构示意图

2. 均质乳化设备

均质乳化设备包括高剪切均质器、胶体磨、超声乳化设备、连续喷射式混合乳化机、真空乳化机等。

目前，多功能的混合搅拌锅广泛用于液洗类化妆品的生产，适用于不同物料的混合搅拌，集均质乳化、刮壁搅拌、电加热、冷却、集中控制等多功能为一体。该设备具有以下特点：a. 设备内筒的材质为不锈钢；b. 高速均质器对黏稠的难溶解的固体或液体原料有强烈地分散作用，可缩短操作周期；c. 搅拌器的搅拌频率和速度可调节，有利于在温度低、黏度高时减少气泡；d. 刮壁式搅拌器，可减少锅壁粘料现象；e. 采用夹套，可根据工艺要求对物料进行加热和冷却，常采用蒸汽加热或电加热，自来水冷却方式；f. 配备集中控制面板，可全面监控温度、搅拌转速等。

【素质拓展】

绿色发展理念

大自然是人类赖以生存发展的基本条件。绿色发展理念指以人与自然和谐为价值取向，以绿色低碳循环为主要原则，以生态文明建设为基本抓手，终极目标是实现人与自然的和谐共生。"不谋全局者，不足谋一域；不谋长远者，不足谋一时"。作为化妆品行业，必须牢固树立和践行"绿水青山就是金山银山"的理念，从产业全局和长远发展战略角度谋划未来，大力推动化妆品朝着绿色原料、绿色工艺、低碳、零排放的方向，推动行业的绿色和可持续性发展。比如各种淋洗类化妆品的广泛使用，产生的大量废水会造成不同程度的环境污染，遵循"减量化"原则，选择可降解原料，从源头控制污染的发生，是实现行业和产品绿色发展的良好途径。

思 考 题

1. 淋洗类化妆品的配方组成体系有哪些？
2. 皂基洗面奶中常用哪些酸和碱构成皂基？
3. 试举一配方示例说明非皂基表面活性剂型洗面奶中各组分的作用。
4. 试举一配方示例说明洁面膏中各组分的作用。
5. 常用的去屑止痒剂有哪些？
6. 简述沐浴化妆品的配方设计原则，试设计一个沐浴露的配方。
7. 简述液体香波的组成。
8. 简述淋洗类化妆品的生产过程。

微课

氨基酸洗面奶
的制备

实训三　氨基酸洗面奶的制备

一、氨基酸洗面奶简介

洁面，你开始氨基酸了吗？这是目前洗面奶市场的流行语言。氨基酸洗面奶打破传统洗面奶配方设计观念，采用亲肤低刺激性的氨基酸类表面活性剂作为去污的有效成分。此产品自投放市场以来销量呈上升趋势，遥居同类产品销售榜首，具有广阔的市场前景。氨基酸洗面奶，是一款亲肤温和的洗面奶，具有以下特点：

① 膏体外观细腻，柔软不黏腻，涂抹轻盈，铺展性好；
② 高效洁肤，且泡沫丰富、细密、易漂洗；

③ 采用的去污剂是弱酸性的氨基酸类表面活性剂，低刺激；

④ pH 值与人体肌肤接近；

⑤ 氨基酸是构成蛋白质的基本物质，所以氨基酸洗面奶温和亲肤，不但适合痘痘肌肤的人使用，敏感肌肤也可以使用；

⑥ 具有耐热、耐寒、耐光照等特点。

二、实训目的

① 加深学生对氨基酸洗面奶配方的理解。

② 锻炼学生的动手实践能力。

③ 提高学生对化妆品实训装置的操作技能。

三、实训仪器

电动搅拌器、均质机、电子天平、恒温水浴锅、去离子水装置、恒温水箱烧杯、数显温度计。

四、氨基酸洗面奶的制备

1. 制备原理

以氨基酸类表面活性剂和其他低刺激性的表面活性剂复配作去污剂，再加入乳化剂、保湿剂等助剂制备成一种亲肤温和的乳剂类洁面产品。

2. 制备配方

氨基酸洗面奶制备配方如表 3-33 所示。

表 3-33　氨基酸洗面奶制备配方

组相	原料名称	质量分数％
A 相	去离子水	21.65
	EDTA 二钠盐	0.05
	月桂醇磺基琥珀酸酯二钠(含量＞95％)	8.0
	椰油酰甘氨酸钠	5.0
	甘油	15.0
	椰油酰胺丙基甜菜碱	5.0
	甲基椰油酰基牛磺酸钠	30.0
B 相	PEG-150 二硬脂酸酯	2.0
C 相	氯化钠	3.0
	去离子水	10.0
D 相	甲基异噻唑啉酮	0.1
	香精	0.2

3. 制备步骤

① 先称量 A 相于烧杯中，并置于 85℃ 水浴中加热搅拌，至 A 相溶解完全（如 A 相溶解后还剩下少许白色颗粒物，可适当地均质进行分散）；

② A 相溶解完全后，一边搅拌一边加入 B 相，搅拌均匀后，再加入预先溶解好的 C 相，消泡干净、开始降温；

③ 53℃ 左右膏体开始变白，中速搅拌（200～300r/min）使整个膏体搅拌均匀；

④ 膏体结膏（47～49℃）后慢速搅拌（50～100r/min）至混合均匀，温度降至 45℃ 以下加入 D 相，继续搅拌至膏体柔软析出珠光后即可出料。

五、思考题

1. 简要分析氨基酸洗面奶配方。
2. 简述氨基酸洗面奶的制备过程。
3. 简述氨基酸洗面奶的性能特点。

实训四　皂基沐浴露的制备

皂基沐浴露
的制备

一、皂基沐浴露简介

沐浴露又称为浴用香波，具有柔和性、可漂洗性及发泡性，同时还有良好的肤感和香气。沐浴露配方必须重点考虑的是高起泡性、一定的清洁力和对皮肤的低刺激性。与洗发香波比，其刺激性要求更低，可不考虑柔顺性，但清洁力要更高。皂基沐浴露是一款以皂基作为去污剂，再配以助剂制备而成的洁肤产品。

二、实训目的

① 加深学生对皂基沐浴露配方的理解。
② 锻炼学生的动手实践能力。
③ 提高学生对化妆品实训装置的操作技能。

三、实训仪器

电动搅拌器、电子天平、恒温水浴锅、恒温水箱、去离子水装置、烧杯、数显温度计。

四、皂基沐浴露的制备

1. 制备原理

以脂肪酸与氢氧化钾发生中和反应生成皂基，加入增稠剂增稠皂基，再加入其他助剂即可制得皂基型清爽沐浴露。为提高外观，可加入珠光片使制得的沐浴露呈现珠光。

2. 皂基沐浴露配方（每组总量 500g）

皂基沐浴露配方如表 3-34 所示。

表 3-34　皂基沐浴露配方

组分 A	质量/g	组分 B	质量/g	组分 C	质量/g
十二酸	55.0	KOH	22.5	6501	15.0
十四酸	25.0	去离子水	310	椰油酰胺丙基甜菜碱	40.0
珠光片	7.0	EDTA 二钠盐	0.5	香精	5～8 滴
		甘油	20.0	卡松	0.5
				氯化钠	4.5

3. 操作步骤

① 组装好生产实训装置后，在恒温水浴锅和恒温水箱中分别加入自来水，量以高出烧杯中物料 1cm 左右为宜，开启恒温水浴锅和恒温水箱，设置控制温度为 85℃；

② 按照配方准确称量各组分；

③ 取一个 500mL 烧杯，加入去离子水、KOH、甘油、EDTA 二钠盐，用恒温水浴锅加热到 85℃搅拌溶解，为组分 B；

④ 另取一个 500mL 烧杯，加入十二酸、十四酸、珠光片，用恒温水箱加热至 85℃熔融混合，为组分 A；

⑤ 将组分 B 加入组分 A 中，开启电动搅拌器保温搅拌 30min（确保皂化反应完成）；

⑥ 继续搅拌冷却至 60℃，加入椰油酰胺丙基甜菜碱，搅拌均匀后再加入 6501 溶解；

⑦ 当冷却至 50℃以下时，加入香精、卡松；

⑧ 加氯化钠调节黏度（氯化钠须用水溶解后再调黏度，质量比为氯化钠:水＝1:3），搅拌冷却至 40℃，即可出料，制得皂基型清爽沐浴露。

五、思考题

1. 简要分析皂基沐浴露配方。

2. 简要描述皂基沐浴露的制备过程。

3. 影响沐浴露的泡沫性质和珠光效果的因素有哪些？如何影响？

4. 两组分混合后为什么必须保温搅拌 30min？

5. 两组分在混合前的温度控制在多少？是否要一致？为什么？

6. 冷却的快慢对该产品质量有何影响？

第四章
水剂类化妆品

第一节　化妆水的配方组成与设计

微课

化妆水的配方
与设计

　　化妆水黏度较低、流动性好，大部分呈透明外观。通常在洁面后使用，达到二次清洁、柔软皮肤、为角质层补充水分、平衡皮肤酸碱值等目的，使护肤成分更好地被吸收。

　　和乳液相比，化妆水的油溶性成分少，具有舒适清爽的使用感，且使用范围广，能用于面部、胸部和背部表面等。除保湿和柔软肌肤外，化妆水还有清洁、杀菌、消毒、收敛、防晒、均衡皮肤水分、控制油脂积聚、使皮肤清凉爽洁、防止皮肤长粉刺或去除粉刺等多种功效。但油溶性成分很难充分加入至水剂体系中，因此这些功能的实现仍有一定局限性。

　　市售化妆水种类繁多，通常根据剂型可分为水剂、凝胶、喷雾等。根据使用目的和功能可分为柔肤水、紧肤水、爽肤水、营养水等，其分类及特征如表 4-1 所示。

表 4-1　化妆水的分类及特征

种类	特征
柔肤水	软化角质，润湿表层
紧肤水	抑制皮肤分泌过多的油分，收敛调整皮肤
爽肤水	有一定的清洁作用，补水，平衡皮肤酸碱度
营养水	营养性精华物质含量较多，营养滋润皮肤
须后水	清凉、杀菌，缓解剃须后所造成的刺激
痱子水	止痒、去痱，赋予清凉舒适感

一、化妆水的配方组成体系

　　上述各类化妆水的目的和功能不同，配方体系中所用的成分及其用量也有差异，常见的基础配方如表 4-2 所示。

表 4-2　化妆水的基础配方

成分		主要功能	添加量/%
溶剂	去离子水	补充水分、溶解	30～70
	醇类	保湿、杀菌、溶解	0～30
保湿剂		保湿、改善使用感	0～15
润肤剂		滋润皮肤、保湿软化皮肤、改善肤感	适量
增溶剂		增溶非水溶性原料	0～2.5
增稠剂		改善肤感、增黏	0～2.0
防腐剂		防腐	适量
功效型添加剂		收敛、杀菌、滋养、美白皮肤等	适量
辅助助剂		增香、赋予颜色、螯合金属离子、调节 pH 等	适量

（1）溶剂　化妆水是典型的水或水-醇溶液。水是典型的溶剂，也是活性成分或其他重要护肤成分的溶剂或输送系统。

根据原料的溶解性和皮肤类型，可适当使用乙醇，一定量的乙醇有助于非水溶性原料的溶解。根据不同国家规定，其他醇类也可使用，如异丙醇，但由于其气味较大，现在使用的越来越少。

化妆水溶剂用量大，质量要求高，尤其不能有钙、镁等金属离子，否则可能将产生絮状沉淀物。其中水应是去离子水，乙醇应不含低沸点的乙醛、丙醛及较高沸点的戊醇、杂醇油等杂质。

值得一提的是，很多人选择化妆水时会刻意避开乙醇，认为乙醇对皮肤有刺激。其实不然，有皮肤学专家认为乙醇是较好的消毒杀菌剂、清洁剂和去油污剂。乙醇在化妆品中有以下作用：a. 杀菌消炎作用；b. 赋予产品清凉感，由于乙醇易挥发，挥发时带走皮肤表面热量，使用起来有清凉感；c. 溶剂作用，在配方中能溶解非水溶性原料，在使用时能溶解皮肤表面的油脂成分而起到清洁作用；d. 收敛作用，能够收缩毛孔，让毛孔变小，使皮肤看起来更为细腻。合理地使用乙醇有利于皮肤的健康，尤其是有益于油性肌肤和易生粉刺暗疮的皮肤，但一般不适于干性皮肤或敏感性肌肤。

（2）保湿剂　保湿剂的主要作用是保持皮肤角质层适宜的水分含量，降低化妆水的冰点以保证其在低温下的稳定性；同时保湿剂的加入有利于其他油性成分的溶解。

常用的保湿剂有多元醇类和天然保湿剂类。其中多元醇类有甘油、丙二醇、1,3-丁二醇、聚乙二醇、山梨醇等；天然保湿剂类有透明质酸、氨基酸类、吡咯烷酮羧酸钠（PCA钠）和乳酸钠等。甘油和山梨醇是常用的成本较低的保湿剂，主要依赖于分子结构中的羟基与水分子形成氢键，从而起到锁水作用，但易产生黏腻厚重感。吡咯烷酮羧酸钠黏性小，是皮肤天然保湿因子（NMF）的组成部分。通常保湿剂会采用复配体系，使不同保湿剂之间协同增效，提升化妆水的保湿性，丰富产品肤感。

（3）润肤剂　润肤剂是用来塑化、软化和光滑皮肤的，通常是通过填补角质细胞之间的空隙和替换皮肤中丢失的脂类来实现的。润肤剂还能在皮肤表面提供保护和润滑，以减少皮肤的龟裂，并提高皮肤的美感、光滑性和柔软性。

水溶性油脂是化妆水中常用的润肤剂，包括水溶性硅油类、水溶性霍霍巴油类及其他，如双-PEG-18甲基醚二甲基硅烷、双-PEG-15甲基醚聚二甲基硅氧烷、PEG-7甘油椰油酸酯、PEG-75羊毛脂、霍霍巴蜡PEG-80酯类、PEG-10向日葵油甘油酯类、霍霍巴油PEG-150酯类、PEG-16澳洲坚果甘油酯类、PEG-50牛油树脂等。

（4）增溶剂（表面活性剂）　增溶剂有助于非水溶性成分的溶解，保持产品透明和稳定性，并改善化妆水在皮肤上的铺展性。表面活性剂是常用的增溶剂，利用其在水中形成胶团的特性和对溶质的增溶作用，不仅能增加油性原料的添加量，提高滋润性，还能起到一定的清洁作用。常用的增溶剂包括乙氧基化合物和丙氧基化合物，如PEG-40氢化蓖麻油、PPG-5-鲸蜡醇聚醚-20和聚山梨醇酯-20（吐温-20）。聚氧乙烯醚和聚氧丙烯醚类的保湿剂也有增溶效果，但效率较低。

（5）增稠剂　增稠剂能增加黏性、帮助成膜，还能使皮肤润滑，改善肤感。常见的水溶性增稠剂有黄原胶、丙烯酸聚合物（如卡波姆）、纤维素胶衍生物（如甲基纤维素、羟丙基纤维素和羟乙基纤维素）等；脂溶性增稠剂有蜡（如十六醇）；部分润肤剂和非离子乳化剂也具有一定的增稠作用。

（6）防腐剂　由于化妆品用防腐剂大部分是油溶性的，在水剂体系中的溶解能力有限，大大影响了防腐剂的防腐效能，因此一般选择水溶性和醇溶性的防腐剂，再借助于醇类化合物增溶。常用于水剂体系起防腐作用的成分主要包括：1,2-己二醇、1,2-戊二醇、辛甘醇、苯氧乙醇、乙基己基甘油、氯苯甘醚、尼泊金甲酯等。它们具有一定的水溶性，可复配形成防腐体系。

（7）功效型添加剂　应用于化妆水的功效型添加剂主要有收敛剂、营养剂、美白剂等。

① 收敛剂　收敛剂对皮肤蛋白质有轻微的凝固作用，并能抑制皮脂和汗液的过度分泌。常用的收敛剂三类：a.金属盐类收敛剂，如苯酚磺酸锌、硫酸锌、氯化锌、明矾、氯化铝、硫酸铝、苯酚磺酸铝等；b.酸类收敛剂中有机酸类收敛剂有苯甲酸、乳酸、单宁酸、柠檬酸、酒石酸、琥珀酸、醋酸等，无机酸类有硼酸等；c.低碳醇，如乙醇和异丙醇。其中铝盐的收敛作用最强，锌盐较温和，酸类中苯甲酸和硼酸使用较多。

② 营养剂　如维生素类、氨基酸衍生物、生物制剂等。

③ 美白剂　如熊果苷、维生素C衍生物、甘草提取物等。

（8）辅助助剂　化妆水中除上述主要原料外，还会加入其他辅助原料。

① 香精　为赋予化妆水令人愉快舒适的香气，一般会加入一些植物香型香精。

② 缓冲剂　为了维持皮肤正常的弱酸性，化妆水中可加入pH调节剂，如柠檬酸、柠檬酸钠、乳酸、磷酸、酒石酸、磷酸二氢钠、三乙醇胺等。

③ 螯合剂　如EDTA二钠盐，可防止铁、铜等金属离子的催化氧化作用而形成的不溶性沉淀。

④ 清凉剂　如薄荷脑，赋予化妆水用后清凉的感觉，乙醇也有此功效。

⑤ 紫外线吸收剂　防止产品褪色或赋予化妆水一定的防晒功能，如果化妆水包装瓶是透明的，一般要加入水溶性紫外线吸收剂。

二、化妆水配方设计主体原则

化妆水的配方设计必须在满足化妆品安全性、稳定性、功效性和舒适性要求的基础上，符合化妆水自身的特点和性能要求。具体可概括为以下几点：

① 符合皮肤生理，无毒、无刺激，能保持皮肤健康；

② 均匀液体，不含杂质，并符合规定香型，对于透明型化妆水来讲，应清澈透明，无悬浮物，无混浊，无沉淀现象；

③ 一定条件下（5～40℃）保持产品气味、外观稳定，不产生沉淀或浑浊；

④ 酸碱适宜，除 α-羟基酸类、β-羟基酸类产品外，化妆水的 pH 值在 4.0～8.5；

⑤ 具有清洁、保湿、柔软和营养肌肤的功效。

三、化妆水配方特点及实例

柔肤水、紧肤水、爽肤水、营养水是常见的化妆水，其基础配方大致相同，但侧重点有所不同。使用时根据想要的效果，选择具有相应功效的化妆水。

1. 柔肤水

柔肤水的主要功能是软化角质和给皮肤补充水分。配方包括溶剂、保湿剂、增溶剂、皮肤柔软剂和香精等。

皮肤柔软剂是柔肤水中的重要成分，最常用的是果酸（AHA）。果酸提取于水果等天然物质，如柠檬酸、甘醇酸、乳酸、乳糖酸等。医学实验已经证明，果酸能加速老化角质的脱落，清除毛囊口角化物，使皮脂排泄通畅，改善皮肤质地。果酸去除角质的作用力度与浓度和 pH 值密切相关。一般果酸浓度大于 5%，同时 pH 值在 3～4，才具备剥离角质的作用，但浓度过高会产生不耐受反应，一般柔肤水中建议用量低于 6%。果酸目前有四代，第一代 AHA 刺激性较大，第三代、第四代则较温和，且具有较好的保湿和抗衰老功效。有资料显示，水杨酸浓度在 1%～2%，pH 值为 3～4 时，也能去角质，但易引起皮肤干燥。因此果酸比较适合干性皮肤，水杨酸适合偏油尤其是痘痘肌肤。易溶解的高级脂肪酸及其酯类等油性成分渗入皮肤角质层中，使其在油脂的长时间浸泡下慢慢软化，也能达到柔软肌肤的目的，适合干性肌肤及皮脂分泌较少的中老年人或秋冬寒冷季节。

值得注意的是，柔肤水有去角质作用，而肌肤新陈代谢周期为 28 天，所以应避免使用过多，特别是皮肤较薄的人。另外，去角质后皮肤本身防晒能力下降，更易被阳光伤害，应加强防晒工作。配方举例如表 4-3、表 4-4 所示。

表 4-3　柔肤水的配方（一）

组分	质量分数/%	组分	质量分数/%
甘油	9.0	月桂醇聚氧乙烯醚	2.5
丙二醇	3.0	EDTA 二钠盐	0.1
油醇	0.5	果酸	4.0
乙醇	20.0	香精	适量
防腐剂	适量	去离子水	余量

表 4-4　柔肤水的配方（二）

组分	质量分数/%	组分	质量分数/%
甘油	5.0	吡咯烷酮羧酸钠	0.1
丁二醇	5.0	芦荟提取物	1.0
透明质酸钠	0.1	柠檬酸	适量
尿囊素	0.2	防腐剂	适量
EDTA 二钠盐	0.05	PEG-40 氢化蓖麻油	0.5
香精	适量	去离子水	余量

2. 紧肤水

紧肤水也叫作收敛水、收缩水，以收敛作用为主。它能有效地收敛粗大毛孔，调理肌肤，对过多的脂质及汗液的分泌具有抑制作用，适合毛孔粗大的油性皮肤、痘痘皮肤、运动员等使用。

配方由溶剂、收敛剂、保湿剂、增溶剂和香精等组成。配方的关键是收敛效果，主要依靠收敛剂——化学收敛剂（硫酸锌、氯化锌、硫酸铝等金属盐类）和收敛调理成分（金缕梅、绿茶、芦荟等）两类。其中化学收敛剂可以让毛孔附近的皮肤角质蛋白质凝固，让收缩的毛孔"固定"住，让皮肤看起来毛孔变小、细腻，同时还可以暂时性地抑制皮脂腺及汗腺分泌。在收敛效果要求较高的产品中，可使用铝盐等较强烈的收敛剂。收敛调理成分能收缩毛孔，逐步调理皮肤状态。冷水和乙醇的蒸发会瞬间降低皮肤表面温度而使毛孔收缩，也有一定的收敛作用，并有清凉感。因此，有些紧肤水配方中乙醇用量较多。紧肤水配方举例如表4-5、表4-6所示。

表 4-5　紧肤水的配方（一）

组分	质量分数/%	组分	质量分数/%
着色剂	适量	金缕梅提取物	20.0
乙醇	20.0	甘油	5.0
香精	适量	去离子水	余量

表 4-6　紧肤水的配方（二）

组分	质量分数/%	组分	质量分数/%
硼酸	4.0	乙醇	13.5
苯酚磺酸锌	1.0	吐温-20	3.0
甘油	10.0	香精	0.5
去离子水	68.0		

3. 爽肤水

通常，洁面可能破坏脸部皮肤的酸碱度和皮脂膜，爽肤水能平衡调节皮肤酸碱度，并补充少量的油脂，帮助皮肤恢复正常状态，有利于后续产品的吸收。

配方中一般含有乙醇、多元醇、增溶剂，有些爽肤水还含有酸类（比如柠檬酸、水杨酸等）。乙醇、多元醇、增溶剂能帮助溶解和清洁洁面后的残留，另外，乙醇也可赋予肌肤清爽感；酸类则能帮助中和洗脸后的弱碱性；多元醇也能保持皮肤角质层适宜的水分；增溶剂一般选用温和的非离子型及两性型类的表面活性剂，这些物质即使残留在皮肤上也不会对皮肤造成损伤。

相比于柔肤水，爽肤水中的乙醇和表面活性剂的用量较多，适用于油性和混合性皮肤。爽肤水配方举例如表4-7、表4-8所示。

表 4-7　爽肤水的配方（一）

组分	质量分数/%	组分	质量分数/%
1,3-丁二醇	2.0	尿囊素	0.1
PEG-40 氢化蓖麻油	0.5	芦荟提取物	0.2
乙醇	10.0	防腐剂	适量
香精	适量	去离子水	余量

表 4-8　爽肤水的配方（二）

组分	质量分数/%	组分	质量分数/%
丙二醇	8.00	羟乙基纤维素	0.10
聚乙二醇	5.00	乙醇	20.00
吐温-80	2.00	香精	适量
氢氧化钾	0.05	防腐剂	适量
着色剂	适量	去离子水	余量

4. 营养水

营养水也称精华水，主要是给皮肤补充营养。配方组成有溶剂、保湿剂、营养剂、润肤剂、增稠剂、增溶剂及香精等。与其他三种化妆水的最大区别在于添加了高浓度的营养剂。

一般普通化妆水只含有 2% 左右的活性物质，营养水则能达到 5% 左右，这种有效成分含量甚至达到一些乳液乃至乳霜的程度。营养剂多数是从天然物中提取的、具有生理活性的物质，如多重维生素、肽类、矿物质、透明质酸、植物精华萃取成分或中药护肤成分（如活血的黄芪、当归，美白的薏米、牡丹等）。因此，营养水一般可达到深度补水、抗氧化、抗衰老等功效，更适合有深层次护肤需求的干性肌肤或熟龄肌肤使用。但中药类有效成分大多是以乙醇浸取物的形式出现，干性、敏感性、红血丝皮肤需慎用。配方举例如表 4-9、表 4-10 所示。

表 4-9　营养水的配方（一）

组分	质量分数/%	组分	质量分数/%
防腐剂	适量	大豆提取物	2.0
PCA 钠	5.0	黄原胶	0.2
绿茶提取物	3.0	香精	适量
着色剂	适量	去离子水	余量

表 4-10　营养水的配方（二）

组分	质量分数/%	组分	质量分数/%
香精	0.1	氢化蓖麻油	0.2
丁二醇	6.0	柠檬酸	0.2
丙二醇	2.0	甘草提取物	0.2
PCA 钠	3.0	尼泊金甲酯	0.1
透明质酸	3.0	EDTA 二钠盐	0.1
乙醇	3.0	去离子水	余量

第二节　化妆水的生产工艺

微课

化妆水的
生产工艺

一、化妆水的生产过程

化妆水的生产一般不需乳化，生产过程相对简单，通常采用间歇制备法。根据是否含乙醇，工艺略有不同。典型的生产过程包括溶解、混合、调色、陈化、过滤和灌装等。具体过程如下：

① 溶解　在不锈钢设备中加入去离子水，再加入保湿剂、收敛剂、紫外线吸收剂、杀菌剂等水溶性成分，搅拌至全部溶解得水相；在另一搅拌设备中加入乙醇，再将滋润剂、香

精、防腐剂、增溶剂等非水溶性成分加入，搅拌至充分溶解得油相；

② 混合　在不断搅拌下，将油相组分加入至水相体系中，在室温下混合、增溶，使其完全溶解；

③ 调色　在混合组分中加入着色剂调色，并调节体系 pH 值；

④ 陈化　为防止温度变化后引起低溶解度组分沉淀析出，化妆水最好经 5～10℃ 冷冻陈化，平衡一段时间。尤其是不含醇或含醇量少的化妆水，其香料或非水溶组分易在容器底部沉淀析出而成为不合格产品。同时，陈化有利于减少产品的粗糙的气味。若各组分溶解度较大，陈化时则无需冷冻。

⑤ 过滤　将陈化后的液体过滤，除去杂质、不溶物等。过滤材料可用素陶、滤纸、滤筒等。

⑥ 灌装　利用灌装机将化妆水灌装至容器中，包装入库。

生产工艺流程如图 4-1 所示。

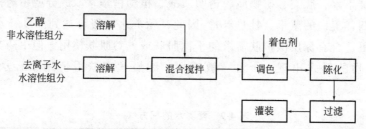

图 4-1　化妆水的生产工艺流程

生产时注意：若配方乙醇含量较少，且有增溶剂（表面活性剂）存在时，可将香精先加入增溶剂中混合均匀，在最后阶段缓缓地加入，不断地搅拌直至成为均匀透明的溶液，再经陈化和过滤后，即可灌装。溶解时，水溶液可略加热以加快溶解，但要注意控制温度，以免有些成分变色或变质。若滤渣过多，可能是增溶和溶解过程不完全，应重新考虑配方及工艺。同时，少量着色剂和香料可能会吸附在过滤材料上，导致气味和颜色变化，在配方和工艺设计时应注意。

二、主要工艺参数

生产时，影响化妆水质量的主要工艺参数有温度、陈化时间和溶剂质量等。

① 温度　溶解温度一般是室温，有时为加速溶解，可适当加热；冷冻温度偏低，或过滤温度偏高，可能会使部分不溶解的沉淀物不能析出，导致陈化过程中产生浑浊或沉淀。

② 陈化时间　不同的产品、配方以及原料的性能不同，陈化时间从 1～15 天不等。时间不够，可能导致沉淀析出不完全。一般不溶性成分含量越多，陈化时间越长，反之可短一些。

③ 溶剂质量　化妆水溶剂用量大，质量要求高，尤其不能有钙、镁等金属离子。其中水应是去离子水，无微生物污染；乙醇应不含低沸点的乙醛、丙醛及较高沸点的戊醇、杂醇油等杂质。微生物易使化妆水产生不愉快气味；铜、铁等金属离子会催化不饱和芳香物质氧化，导致产品变色变味，溶解度较小的香精化合物甚至会共沉淀出来，产生絮状沉淀物。

一般使用的去离子水已除去活性氯，较易被细菌污染。因此，使用前要进行必要的灭菌处理。

三、主要生产设备及工作原理

乙醇是化妆水常用的原料之一，根据其物理特性（沸点78.5℃，闪点12.78℃，在空气中的爆炸极限浓度为3.28%～18.95%，空气中最高允许含量为3mg/m³），需在密闭状态下生产，以避免大量乙醇挥发到空气中，对车间造成空气污染，并保持良好的自然通风，同时所用设备、照明和开关等都应采取防火防爆措施。

另外，因铁等金属离子容易与乙醇溶液发生反应，导致产品变色和香味变坏，最好采用不锈钢制生产设备。主要用到的设备有混合设备、过滤设备，以及陈化、冷冻、液体输送及灌装等辅助设备。

（1）混合设备　混合设备能使各物料充分溶解以形成均一溶液。通常化妆水黏度较低，原料溶解性较好，混合设备的搅拌桨叶采用各种形式均可，一般以螺旋推进式搅拌较为有利。锅体为不锈钢，电机和开关等电器设备均需有较好的防燃防爆措施。

（2）过滤设备　过滤效果直接影响化妆水的澄清度。过滤机类型很多，其中板框式压滤机应用较广泛，结构如图4-2所示。板框式压滤机由许多顺序交替的滤板和滤框构成，滤板和滤框支撑在压滤机机座的两个平行的横梁上，可用压紧装置压紧或拉开，每块滤板与滤框之间夹有过滤介质（滤布或滤纸等）。压滤机的滤板表面周边平滑，在中间部分有沟槽，能和下部通道联通，通道的末端有旋塞用以排放滤液。滤板的上边缘有3个孔，中间孔通过需过滤的液体，旁边的孔通过清洗用的洗涤液。滤板上包有滤布，滤布上有孔，并要与滤板上的孔相吻合。

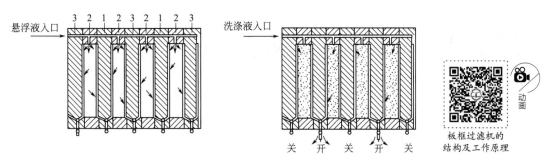

图4-2　板框式压滤机的结构

1—滤板；2—滤框；3—洗涤滤板

滤框位于两滤板之间，三者形成一个滤渣室，被滤布、滤纸等阻挡的滤渣固体沉积在滤框侧的滤布上。滤框上有同滤板相吻合的孔，当滤板与滤框装配在一起时，就形成输送液体的3条通道。

过滤时，液体在规定的压强下由泵送入过滤机，沿各滤框上的垂直通道进入滤框，在压力作用下，液体穿过两侧滤布再沿滤板的沟槽流出去，滤液由出口排出，滤渣固体则被截留于框内，当滤渣充满框后，则停止过滤。清洗时，打开压滤机取出滤渣，清洗滤布，整理滤板、滤框即可。

（3）液体灌装设备

① 定量杯充填机　定量杯充填机的结构如图4-3所示。灌装前，定量杯由于弹簧的作用而下降，浸没在储液相中，则定量杯内充满液体。待灌装瓶进入充填器下面后，瓶子向上

升起，瓶口被送进喇叭口内，压缩弹簧，使定量杯上口超出液面，并使进样管中间隔板的上、下孔均与阀体的中间相通。这时定量杯中液体由调节管流入瓶内，瓶内空气则由喇叭口上的透气孔逸出，当定量杯中液体下降至调节管的上端面时，定量灌装则完成。灌装定量可由调节管在定量杯中的高度来调节。

② 真空充填器　真空充填器的结构如图 4-4 所示。当瓶口与密封材料接触密封后，瓶内的空气通过真空吸管从真空接管内抽出，瓶内产生局部真空（负压），液体通过液体进入管进入瓶内。当充满后，瓶口的密封被破坏，液体就自动停止流入瓶内。瓶内液面的高度由真空吸入管的长度调节控制，多余的液体可通过真空吸管流入中间容器内回收。

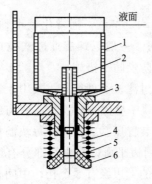

图 4-3　定量杯充填机的结构

1—定量杯；2—调节管；3—刚体；
4—进样管；5—弹簧；6—喇叭口

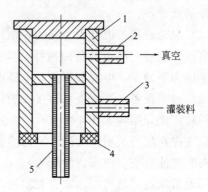

图 4-4　真空充填器的结构

1—壳体；2—真空接管；3—液体进入管；
4—密封材料；5—真空吸管

微课

香水的配方
与设计

第三节　香水的配方组成与设计

香水具有芬芳浓郁的香气，喷洒于衣襟、手帕及发际等部位，能散发出怡人的香气，给人以美的享受，有的还具有爽肤、抑菌、消毒等作用。香水在过去很长一段时间被视为无用的奢侈品，如今已成为化妆品家族中重要的成员之一，是珍贵的芳香类化妆品。

一、香水的配方组成体系

香水中香精的含量多少不一，一般根据最终产品的定位确定。国际市场上香水品种很多，通常按香水的香精含量大体分为 5 类，浓香水（PARFUM）、香水（EAU DE PAEFUM，简称 EDP）、淡香水（EAU DE TOILETTE，简称 EDT）、古龙水（EAU DE COLOGNE）、清淡香水（EAU DE FRAICHEUR），特点如表 4-11 所示。

表 4-11　香水的种类及其特点

种类	浓香水	香水	淡香水	古龙水	清淡香水
持续时间/h	5~7	<5	3	1~2	<1
香精浓度/%	15~30	10~15	5~10	3~5	1~3

浓香水一般在欧美国家使用较多，国内通常采用香水的浓度。古龙水最早主要用于男

性，"古龙"代表以柑橘类的清甜新鲜香气配以橙花、迷迭香和薰衣草香的一种香型。现代的古龙水在配方上有很多的衍变，不只是一个"古龙"香型，而是代表香精含量在3％～5％的低浓度香水。清淡香水通常指市面上的剃须水等，留香时间短，可以给人带来神清气爽的感觉。

根据剂型不同，香水可分为液态、固态或半固态等，一般以液态芳香制品为多。根据产品形态，可分为溶剂类香水、气雾型香水、乳化香水和固体香水。

1. 溶剂类香水

溶剂类香水是香水中的主流产品，大多是用乙醇为溶剂的透明液体，主要包括香水、花露水和古龙水。三者的配方组成大致相同，区别主要在于所用香精的质量、用量和乙醇浓度不同。

香水，通常指高级香水，所用香精一般以名贵的天然动植物香料为主，香精含量占15％～25％（质量分数），所用乙醇的浓度通常为95％左右，以保证香精的良好溶解性。古龙水香精含量一般为3％～8％（质量分数），乙醇浓度为75％～90％。花露水香精含量一般为2％～5％（质量分数），所用的乙醇浓度为70％～75％，具有消毒杀菌、止痒消肿的作用，现代的花露水更多是作为卫生用品。

溶剂类香水的主要原料是香料或香精、溶剂，有时根据需要加入适量的水和极少量的着色剂、抗氧剂、表面活性剂等助剂。

（1）香料或香精　香料或香精用于赋香，是香水中最重要的原料，是决定香水香型和质量的关键。组成香精的香料性能各异，在香水中的作用也不同，可分为主香剂、协调剂、变调剂和定香剂。主香剂是主题香韵和基本香气的基础，配方用量较大；协调剂又称和香剂，用于调和各成分的香气；变调剂用于改变香气的型调，用量较少但效果明显；定香剂能抑制易挥发香料的挥发速度，保持香气持久。

根据香气不同，香水分为花香型香水和幻想型香水。花香型香水的香气是植物净油或模拟天然花香配制而成的，如玫瑰、茉莉、铃兰、桂花、紫丁香等单一花香型香水和以素心兰、康乃馨等几种花香配合制成的多香型香水。幻想型香水的香气是用花以外的天然香气制备或是调香师根据自然现象、地名、情绪、音乐、绘画等艺术想象创造出来的，如清香型、苔香型、飞碟型、海风型等。

高级香水中的香精往往采用天然的植物净油如茉莉净油、玫瑰净油等，以及天然动物性香料如麝香、灵猫香、龙涎香等配制而成。但天然香料供应有限，近年来合成了很多新品种。古龙水选用的香原料一般为香柠檬油、橙花油、橙叶油、迷迭香油、薰衣草油等。花露水常以清香的薰衣草油为主体香料，有时香精也采用东方香型、素心兰香型、玫瑰香型等。

香精种类繁多，用于香水中的香精须具备以下条件：
① 香气优雅、细致而谐调；
② 香气浓郁，扩散性好；
③ 香气格调新颖，对人有吸引力，能引起人们的好感与喜爱；
④ 在皮肤和织物上有一定的留香能力，且安全舒适。

（2）溶剂

① 醇类　乙醇是最常用的溶剂，用于溶解各种香料或香精，有助于香精挥发，增强芳香性。通常产品中香精含量越高，乙醇浓度就越高，以保证香精的溶解，并根据香精溶解程

度调整用量。

乙醇的质量会影响香水品质。一方面，乙醇不能含有乙醛、丙醛、杂醇油等杂质；另一方面，乙醇质量与生产原料有关。以葡萄为原料发酵制得的乙醇无杂味，质量最好，但成本高，适合制备高档香水；用甜菜碱和谷物等制得的乙醇适合于制备中高档香水；用山芋、土豆等制得的乙醇含有一定量的杂醇油，不能直接使用，须经过一定的加工精制才能使用。

② 水　水既能降低成本又能使香气挥发性下降，使香气更持久。不同产品的含水量有所不同：香水中只能少量加入或不加水分，一般为5%左右，否则溶液易产生浑浊现象；古龙水中一般为5%～20%；花露水中达25%～28%。所用的水都是新鲜蒸馏水或经过灭菌处理的去离子水，不允许有微生物和铁、铜及其他金属离子存在。

（3）其他添加剂　其他添加剂包括抗氧剂、螯合剂、表面活性剂和着色剂等。为防止香料被空气氧化变味，可加入0.02%的抗氧剂如丁基羟基茴香醚（BHA）、二丁基羟基甲苯（BHT）等。为防止金属离子的催化氧化作用，稳定香水的色泽和香气，可加入0.005%～0.02%的螯合剂如柠檬酸钠或EDTA二钠盐等。表面活性剂用来增溶香精，使其完全溶解，以聚氧乙烯类非离子表面活性剂为佳，如吐温系列、脂肪醇聚乙烯醚（AEO-9）、聚氧乙烯（20）硬化蓖麻油等。在香水中还可加入酯类物质如肉豆蔻酸异丙酯等，使香气持久。有时还会加入着色剂，赋予香水一定的颜色。花露水中还可加入止痒剂、凉感剂、消炎剂、驱蚊药等。

2. 气雾型香水

气雾型香水通过喷嘴呈雾状飞散在空气中，良好的雾化效果使其香味一般比同浓度的溶剂类香水来得强，含1%香精的喷雾香水抵得上含有3%～4%香精的溶剂类香水。

气雾型香水是在一般溶剂类香水的基础上加入推进剂制成，使用时依靠推进剂的压力将香水喷射出来。所使用的推进剂要求安全无毒、对皮肤无刺激性、不造成环境污染、不与配方里的其他成分发生化学作用，与香精的相容性好，没有不愉快的气味，不能影响香水的香型。常用的推进剂是二甲醚。

3. 乳化香水

溶剂型香水要使用大量溶剂，溶剂气味会对香味造成影响，且部分香料成分不能完全溶于乙醇，使得香料的使用受限，调香不能完美。

乳化香水能克服以上缺陷，溶剂含量较少，主要靠表面活性剂将油溶性的香料通过乳化分散在水中形成乳液状产品，具有留香持久（配方中油蜡类物质有保香作用）、滋润皮肤、刺激小等特点。配方包括香精、乳化剂、多元醇和其他助剂等。

（1）香精　通常香精的加入量为5%～10%，用量越多，形成稳定乳化体就越困难。同时，要注意香精在体系中的稳定性，如芳香族的醇类及醚类在多数情况下是稳定的，而醛类、酮类和酯类在含有乳化剂的碱性水溶液中易分解。

（2）乳化剂　乳化香水中香精含量较多，因此要选择高效率的乳化剂，并采用先乳化后加香方式生产，以保证乳化体系的稳定性。合适的乳化剂有阴离子型表面活性剂和非离子型表面活性剂，可单独使用或搭配使用，如长碳链脂肪酸皂（硬脂酸钾、硬脂酸钠、硬脂酸三乙醇胺等）和脂肪醇无机酸盐（月桂醇硫酸钠等）等。

（3）多元醇　多元醇可以保持乳化香水适宜的水分含量，保证乳化体系的稳定性；降低乳化香水的冻点，防止低温结冰，同时也是香精的溶剂。通常采用的多元醇有甘油、丙二醇、山梨醇、聚乙二醇、乙氧基二甘醇醚等。

（4）其他助剂　除了稳定性外，乳化香水在使用时要求无油腻感觉，不留污，并具有化妆品必要的光洁细致的组织。适量油蜡类原料作为乳化体的油相，能滋润皮肤，并可起到保香剂的作用，提高香气持久性；着色剂可以改善香水外观；增稠剂可增加连续相的黏度，提高乳化体系的稳定性；防腐剂防止微生物的生长，有利于香水的稳定性。水质的要求同溶剂类香水。

4. 固体香水

固体香水本不属于水剂类化妆品，但其与液体香水配方和原材料相似，使用目的相同，因此放在本章讨论。

固体香水是将香料溶解在固化剂中，制成各种形状并固定在密封较好的特形容器中，携带和使用方便，香气更持久。除了涂抹在人的身体上，固体香水更多是在房间、卫生间、汽车、公共场合等地方作为环境清新剂使用。其配方主要由固化剂、增塑剂、溶剂、香精等组成。

（1）固化剂　固化剂是香水的载体，香料被吸附或者固化在合适的载体里，缓慢释放到空气中，硬脂酸钠是常用的固化剂。生产透明的固体香水时，可使用含棕榈酸多的硬脂酸或蓖麻籽油及蓖麻籽油脂肪酸制备硬脂酸钠，但蓖麻籽油脂肪酸会影响香水的坚韧性。加入部分硬脂酸锌时，得到的固体香水呈乳白色。硬脂酸钠的含量影响固体香水的硬度，增加用量可生产较硬的固体香水棒。

其他固化剂有蜂蜡、小烛树蜡、松脂皂、加洛巴蜡、乙酸钠、乙基纤维素等。使用硬脂酸皂做固化剂时，固体香水形态类似于雪花膏；使用蜂蜡做固化剂时类似于冷霜。酯都可直接涂抹于皮肤上，既能保持持久香气，又兼备护肤功能。

（2）增塑剂　多元醇类，如甘油、丙二醇、山梨醇、乙氧基二甘醇醚和聚乙二醇等在固体香水中作为增塑剂，不仅可防止固体香水干燥碎裂，而且能避免涂敷在皮肤上的薄膜干燥太快而形成硬脂酸皂白粉层。同时多元醇还是固化剂的良好溶剂。

（3）溶剂　水和乙醇是固体香水中普遍使用的溶剂。水的用量不超过10%，主要用来溶解氢氧化钠，方便与硬脂酸中和生成硬脂酸钠。水量过多可能会产生硬脂酸钠和硬脂酸的微小结晶，形成白色斑点，影响外观，还容易形成乳化体，改变固体香水的形态。乙醇在生产过程中能改善流动性，增加香料在载体中的溶解度，方便香料均匀分散，在使用过程中能增加固体香水的挥发性，也有完全不含溶剂的固体香水制品。

（4）香精　采用硬脂酸钠作固化剂的固体香水呈碱性，在选择香料时必须注意其在碱性条件下的稳定性。另外，也要考虑生产过程中加热温度的影响。

二、香水配方设计的主体原则

香水能散发出舒适怡人的香气，给人以美的享受。优质的香水应能够满足以下要求：

① 对人体安全、无毒、无刺激；

② 水质清晰，无沉淀、杂质和黑点，且在5℃时保持水质清晰，不浑浊；

③ 符合规定的香气和色泽，无刺鼻或其他令人不愉快的气味，并能在（48±1）℃保持24h，维持色泽稳定；

④ 香气协调、纯净无杂味，连贯持久，既有好的扩散性，又有适当的留香能力。

1. 调香原理

调香即调配香精，是指将几种乃至数十种香料通过一定的调香技艺，按拟定的香型、香气调配出人们喜好的、和谐的、极富浪漫色彩和幻想的香型。这种具有一定香型、香气的有香混合物称为香精。

根据散发速度，香水香气分为头香、体香、基香三部分。头香是香水最初 0～10min 的香气印象，通常由香气扩散力较好的香料形成；体香是头香后的香气印象，并在相当长时间内（4h 左右）保持稳定一致，是香型的主体；基香是头香和体香挥发后留下的最后香气，也是香气中最持久的部分，通常要求持续 4h 以上，由挥发性很低的香料或定香剂组成。因此，在香水的组成中，头香要求扩散力好，飘逸动人，富有感染力；体香要求丰润完美，纯正无杂；基香应持久，赋予想象，耐人回味。一般好香水的头香、体香、基香都能清晰分明，三层香气流畅、和谐、统一。

为达到上述目的，调香师要经过拟方—调配—修饰—加香等多次反复实践，才能确定配方。调香是技术，也是一门艺术。调香师运用天然香料和合成香料，结合艺术的感受，创造出符合需要的艺术作品。同样的香料，不同的调香师所调配出来的香水品质可能大有不同，这与调香师的技术和艺术修养有关。

2. 香精调香的步骤

香精调香大体上可以分为以下几个步骤。

① 明确所配制香精的香型、香韵、用途和档次，以此作为调香的目标。

② 选择香精的主香剂、协调剂、变调剂和定香剂。选择适当类型的定香剂，考虑在延缓易挥发香料散失的同时，不得改变原定的香型，且用量适当。单一的定香剂往往达不到好的定香效果，可以选用几种配合使用。

③ 根据香料挥发程度和香料的分类法，将可能应用的香料按头香、体香和基香进行排列。一般来说头香香料占 20％～30％，体香占 35％～45％，基香占 25％～35％，做到使头香突出、体香统一、基香持久，三个阶段的衔接与协调。

④ 提出香精配方的初步方案，这主要依靠调香者的知识水平和经验。

⑤ 正式调配时通常先加入基香香料，再加体香香料，再逐步加入容易透发的头香香料，使香气浓郁的协调香料，使香气更加优美的修饰香料和使香气持久的定香香料。应当特别指出的是，调香者在加料时，并不是按照香精初步方案的数量一次全部加入。尤其是头香香料，每一种香料都要分几次加入，甚至是以 10％或 1％的稀释溶液加入，每加入一次都要嗅辨，并记录所加的香料、数量及香气嗅辨效果。经过多次加料，嗅辨，修改后，配制出数种小样（10g）进行评估，最后认可的小样再放大配成香精大样（500g 左右），大样在加香产品中做应用试验，考察通过后，香精配方拟定才算完成。香精调配的主要步骤如图 4-5 所示。

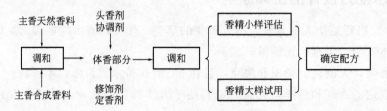

图 4-5　香精调配的主要步骤

3. 香水配制应注意的问题

香精的稳定性、溶解性以及溶剂质量等都会影响香水的品质，在调制过程中需注意。

（1）香精的稳定性　主要包括香精本身的稳定性和香精在介质中的稳定性。香精本身的稳定性主要是指香气、色泽等的稳定性。香精中的部分成分受到金属离子、空气、阳光、温度、湿度和酸碱度的影响，可能会发生化学反应，导致产品变色或香气恶化，甚至对皮肤产生刺激或过敏。香精在介质中的稳定性主要是配伍问题，香精中某些成分与介质中某些组分之间发生化学反应或不相容（如介质 pH 值的影响而水解或皂化，表面活性剂的存在引起增溶，某些组成不配伍产生浑浊或沉淀等），使香气变化、产品变色、浑浊、析出沉淀、乳液分层等。

（2）溶解性　香料的选择要考虑在溶剂中的溶解度，如含蜡等不溶物过多，在生产或储存过程可能会出现浑浊或沉淀。

（3）溶剂质量　水中不允许有微生物和铁、铜及其他金属离子存在。乙醇中不含乙醛、丙醛和杂醇油等杂质，且气味不能太浓重，否则容易破坏香气。

乙醇使用前通常都需要进行醇化处理，使其气味醇和，减少刺鼻的气味。精制方法是：在乙醇中加入 1% 的氢氧化钠，煮沸回流数小时后，再经过一次或多次分馏，收集气味较纯正的部分，用于配制中低档香水。如要配制高级香水，往往还要在处理后的乙醇内加入少量香料（如秘鲁香脂、吐鲁香脂等），经过一段时间的陈化后再使用。

配制古龙水和化露水的乙醇可以采用以下方法处理：

① 乙醇中加入 0.01%～0.05% 的高锰酸钾充分搅拌，并通入空气，待有棕色二氧化锰沉淀出现，静置一夜后过滤；

② 每升乙醇中加 1～2 滴浓度为 30% 的过氧化氢，在 25～30℃ 下储存几天；

③ 在乙醇中加入 1% 活性炭，经常搅拌，1 周后过滤即可。

三、香水的配方实例

香水配方的关键在于香精配方，配方实例如表 4-12～表 4-20 所示。

表 4-12　茉莉香水的配方

组分	质量分数/%	组分	质量分数/%
茉莉香精	13.5	麝香酮	0.2
茉莉净油	0.6	龙涎香酊（3%）	2.0
橙花净油	0.3	麝香酊剂（3%）	3.0
玫瑰净油	0.2	乙醇（95%）	80.0
灵猫香净油	0.1	癸醛（10%）	0.1

表 4-13　康乃馨香水的配方

组分	质量分数/%	组分	质量分数/%
香叶醇	2.67	松油醇	10.66
甲基紫罗兰酮	6.67	葵子麝香	6.67
羟基香草醇	6.67	丁子香酚	13.32
吲哚（10%）	2.67	酮麝香	6.67
桂酸戊酯	5.33	异丁子香酚	22.67
醋酸苄酯	5.33	邻氨基苯甲酸甲酯	4.00
芳樟醇	6.67		

表 4-14　玫瑰香水的配方

组分	质量分数/%	组分	质量分数/%
玫瑰净油	0.4	麝香酊剂(3%)	3.0
香柠檬油	0.1	乙醇(95%)	91.1
玫瑰香精	5.0	甜橙油	0.2
香叶油	0.2		

表 4-15　古龙水的配方

组分	质量分数/%	组分	质量分数/%
柠檬油	1.4	香柠檬油	0.8
迷迭香油	0.6	乙醇(95%)	80.0
橙花油	0.8	去离子水	16.0

表 4-16　花露水的配方

组分	质量分数/%	组分	质量分数/%
玫瑰麝香型香精	3.0	着色剂	适量
豆蔻酸异丙酯	0.2	乙醇(95%)	75.0
麝香草酚	0.1	去离子水	21.7

表 4-17　半固体乳化香水的配方

组分	质量分数/%	组分	质量分数/%
硬脂酸	16.0	氢氧化钾	1.2
鲸蜡	1.0	防腐剂	0.1
蜂蜡	1.5	去离子水	69.2
甘油	6.0	香精	5.0

表 4-18　液态乳化香水的配方

组分	质量分数/%	组分	质量分数/%
硬脂酸	2.5	三乙醇胺	1.2
鲸蜡醇	0.3	羧甲基纤维素钠	0.2
单硬脂酸甘油酯	1.5	防腐剂	0.1
丙二醇	5.0	去离子水	82.2
香精	7.0		

表 4-19　固体香水的配方（一）

组分	质量分数/%	组分	质量分数/%
乙醇(95%)	80.0	氢氧化钠	0.9
甘油	6.5	香精	3.0
硬脂酸	5.6	去离子水	余量

表 4-20　固体香水的配方（二）

组分	质量分数/%	组分	质量分数/%
乙醇(95%)	80.0	丙二醇	4.0
二甘醇单乙醚	3.0	香精	2.0
硬脂酸钠	6.0	去离子水	余量

第四节　香水的生产工艺

一、溶剂类香水的生产

溶剂类香水的乙醇含量高，且乙醇易燃易爆，因此最好采用不锈钢设备生产，车间和设备等必须采取防火防爆措施，以保证安全。包装容器必须是优质的中性玻璃或与内容物不发生作用的材料。

溶剂类香水的生产过程包括混合、陈化、冷冻、过滤、调色、灌装等，生产工艺流程如图 4-6 所示。

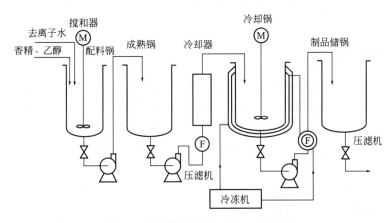

图 4-6　溶剂类香水的生产工艺流程

（1）混合　将乙醇、香精（或香料）等加入配料锅内，充分混合搅拌，再加入去离子水（或蒸馏水）搅拌均匀，再用泵输送到成熟锅。

（2）陈化　也称熟化，是调制溶剂类香水的重要操作之一。陈化有两个作用：一是使香味匀和成熟，减少粗糙的气味。刚配制的香水香气比较粗糙，需放置一段时间，使香气趋于调和。二是使容易沉淀的不溶性物质自溶液内离析出来，以便过滤。

香精的成分有醇类、酯类、内酯类、醛类、酸类、酮类、肟类、胺类等，陈化过程中它们之间可能发生复杂的化学反应，如酸和醇反应生成酯，酯也可能分解生成酸和醇；醛和醇反应生成缩醛或半缩醛；在水的存在下，含氮化合物会与醛生成 Schiff 化合物；其他氧化、聚合等反应。通常陈化会使香气趋于圆润柔和，但香精调配不当时也可能产生不理想的效果。

关于陈化时间长短，有不同的说法。一般认为，香水至少要陈化 3 个月，古龙水和花露水陈化 2 周。也有人认为香水陈化 6～12 个月，古龙水和花露水陈化 2～3 个月更有利。具体可视香料种类的不同以及各厂实际生产情况而定。为了减少陈化时间，可在使用前将乙醇预先陈化处理。

香水陈化的方法有：一是物理方法，如机械搅拌、空气鼓泡、红外或紫外线照射、超声波处理和机械振动；二是化学方法，如空气、氧气或臭氧鼓泡氧化，银或氯化银催化，锡或氢气还原。如在密闭容器中进行，容器上应带有安全管，以调节因热胀冷缩而引起的容器内压力的变化。

（3）冷冻 在 35℃ 下过滤后的古龙水，若处于低温环境时会变成半透明或雾状，因此为保证产品低温下的透明度，先冷冻后过滤，一般用冷却器冷却至 0～5℃，以充分除去不溶物。冷冻在固定的冷冻槽内或冷冻管进行。

（4）过滤 陈化和冷冻沉淀出的不溶物需过滤除去，使溶液清澈透明。一般采用石棉滤垫或滤纸，少量生产用滤纸，大量生产用石棉垫或帆布加滤纸压滤，还可以加入少量助滤剂如滑石粉或碳酸镁，有助于过滤细小的胶体颗粒和不溶物。

（5）调色 过滤后香水颜色可能被吸附而变浅，乙醇也可能挥发或损失，因此需调整香水色泽和乙醇量，化验合格后即可灌装。

（6）灌装 灌装前，先将空瓶清洗干净。按不同品种产品的灌装标准（指高度）进行严格控制，在瓶颈处空出空隙，以防储藏期间瓶内溶液受热膨胀而使瓶子破裂，装瓶宜在室温 20～25℃ 下进行。

二、乳化香水的生产

乳化香水的外形是膏霜乳液，配制工艺类似于膏霜乳液。生产工艺流程如图 4-7 所示。通常先将油相原料在不锈钢夹层锅内加热至 65℃ 左右熔融混合，在另一搅拌锅中将水相原料加热至 65℃，搅拌溶解均匀。然后在搅拌条件下将油相倒入水相中，待乳化完全后，搅拌冷却至 45℃，再缓缓加入香精，混合均匀后，在夹层内通冷却水，快速冷却至室温，停止搅拌即可灌装。

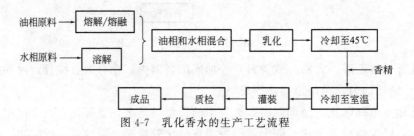

图 4-7 乳化香水的生产工艺流程

若乳化后再加香导致乳化体不稳定，可先将香精加入油相中，再进行乳化，但乳化温度要合适，不能破坏香精的稳定性。乳化香水配方最好经过 6 个月的稳定性试验，合格后再投入正式生产。

三、气雾型香水的生产

气雾型香水是以一般溶剂类香水为基质（即喷射的内容物），加入推进剂，配合适当的耐压容器和阀门制成的。与溶剂类香水的生产相比，只在灌装部分有所不同，灌装流程如图 4-8 所示。通常使用加压灌装机，喷雾剂二甲醚是在灌装的过程加入的。

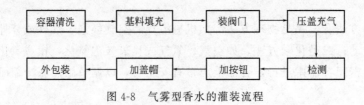

图 4-8 气雾型香水的灌装流程

四、固体香水的生产

固体香水使用的硬脂酸钠既可在生产过程中由硬脂酸和氢氧化钠自溶液内部生成，也可直接使用硬脂酸钠。前者物料混合更均匀，得到的产品光洁、致密、细腻，外观和稳定性更好，但工艺上稍复杂；后者分量更准确、配制工艺更加简单，但硬脂酸钠溶解时间较长，物料的混合均匀程度以及产品细腻度稍差。

硬脂酸钠自溶液内部生成的生产工艺流程如图4-9所示。将乙醇、硬脂酸、甘油等油相成分混合，加热至70℃熔解混合均匀。在快速搅拌条件下，将溶解在水中的氢氧化钠缓缓加入，形成半透明的液体。适当降温，加入香精和着色剂搅拌均匀。趁物料可以流动时灌入模具，冷却成型后即可包装。

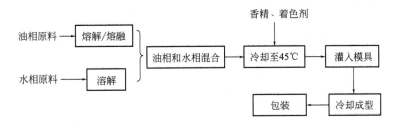

图 4-9　硬脂酸钠自溶液内部生成的生产工艺流程

直接使用硬脂酸钠时，将乙醇、水和硬脂酸钠等油相和水相原料加热溶解，搅拌混合均匀，适当降温后加入香精、着色剂，趁物料流动时灌入模具，冷却成型后即可包装。

【素质拓展】

科技是第一生产力

科技是第一生产力，人才是第一资源，创新是第一动力。实施科教兴国战略，坚持科技自立自强是我们的基本国策。化妆品行业领域秉承基本国策，在高科技攻关尤其是调香领域得到了良好的贯彻落实。化妆品调香是技术与艺术相结合的产物。传统的调香包括前调、中调、后调三部分，其中作为后调的香料多采用麝香、灵猫香等动物香料，达到留香时间较长的目的。新型的微胶囊调香通过现代化的科技手段，把香料，植物精油等原料用特殊材料和科学方法包裹起来的纳米胶囊产品，采用缓释原理实现香味可保持12个月以上，相比传统调香留香时间更长、制造成本更低，充分说明了科技是第一生产力。

思 考 题

1. 简述化妆水的作用和配方组成体系。
2. 常见的化妆水种类有哪些？其配方有何区别？
3. 简述化妆水的生产工艺及其主要工艺参数的影响。
4. 乙醇作为香水溶剂有何要求？应如何处理？
5. 溶剂类、气雾型、乳化香水和固体香水的配方有何区别？
6. 溶剂类香水的生产过程包括哪些工序，为什么要进行陈化和过滤？

实训五　香水的制备

一、香水简介

香水通过喷洒于皮肤、衣襟等处，赋予浓郁持久的香气。根据溶解在溶剂里的香料浓度，香水可以大概分为浓香水、香水、淡香水、古龙水、清淡香水。香水中的香料挥发速度不同，喷洒后会经历前调、中调和后调三个阶段，其配方主要由香精、乙醇和水组成。

二、实训目的

① 提高学生对香水配方的理解。
② 锻炼学生的动手实践能力。
③ 提高学生对化妆品实训装置的操作技能。

三、实训仪器

磁力搅拌器、电子天平、去离子水装置、烧杯、辨香纸。

四、香水的制备

1. 制备原理

以乙醇作溶剂，加入香精、EDTA 二钠盐、去离子水等混合、陈化得到的一种水剂类化妆品。

2. 香水配方（每组总量 25g）

香水配方如表 4-21 所示。

表 4-21　香水配方

组分	质量/g	组分	质量/g
纯液体玫瑰香精	2.0	BHT	0.03
栀子花香精	1.75	EDTA 二钠盐	0.02
乙醇(95%)	16.0	去离子水	5.2

3. 制备步骤

① 按照香水配方准确称量各组分；
② 取一个 100mL 烧杯，加入纯液体玫瑰香精、栀子花香精、乙醇和 BHT，放入磁力转子，开动磁力搅拌器，均匀搅拌至完全溶解，得乙醇相组分 A，备用；
③ 另取一个 100mL 烧杯，加入去离子水、EDTA 二钠盐，放入磁力转子，开动磁力搅拌器，均匀搅拌至完全溶解，得水相组分 B，备用；
④ 将水相组分 B 加入乙醇相组分 A 中，放入磁力转子，开动磁力搅拌器，均匀搅拌至均匀。倒入小样瓶中，储存；
⑤ 在辨香室中，用辨香纸蘸取少量上述香水，进行嗅辨，并记录；

⑥ 放置一段时间后，再嗅辨，记录香气的变化。

五、思考题

1. 简要分析香水配方。
2. 简述溶剂类香水的生产过程。
3. 香水主要有哪几类？其配方和性能有何区别？
4. 溶剂类香水的配制对设备材质有何要求？整套装置需采用什么安全措施？为什么？
5. 香水的制备过程为什么需要陈化？

实训六 固体香水的制备

一、固体香水简介

固体香水是将香料溶解在固化剂中，制成各种形状并固定在密封较好的特形容器中，携带和使用方便。其用途与其他香水相同。虽然固体香水的香气不及液体香水来得幽雅，但在香气持久性方面，固体香水优于液体香水。

由于人们消费观念的转变，香水已经成为生活、工作、学习、休闲，甚至爱情，必不可少的一部分，增添人们的生活色彩，提升人们的品位。

二、实训目的

① 提高学生对固体香水配方的理解。
② 锻炼学生的动手实践能力。
③ 提高学生对化妆品实训装置的操作技能。

三、实训仪器

电动搅拌器、电子天平、恒温水浴锅、去离子水装置、烧杯、数显温度计、固体香水模具、辨香纸。

四、固体香水的制备

1. 制备原理

以乙醇和水作溶剂，加入表面活性剂作固化剂和分散剂，再加入增塑剂使软硬适中，最后加入香精和着色剂等混合均匀，注入模具，冷却成型即得固体香水。常用的固化剂有硬脂酸钠、蜂蜡、小烛树蜡、松脂皂、二丙酮果糖硫酸钾、乙酸钠、乙基纤维素、石蜡和凡士林等。常用的增塑剂有甘油、丙二醇、山梨醇、乙氧基二甘醇醚和聚乙二醇等。水和乙醇是固体香水中普遍使用的溶剂，在固体香水中水的用量较少，一般不超过10%。

2. 固体香水的配方

固体香水的配方如表4-22所示。

表 4-22　固体香水的配方

原料名称	质量分数/%	原料名称	质量分数/%
硬脂酸	6	棕榈酸异丙醇酯	3
氢氧化钠	0.8	去离子水	4
甘油	5.5	丙二醇	3.5
乙醇(95%)	67	香精	10
着色剂	适量		

配方说明：使用硬脂酸钠做固化剂和分散剂，而且让硬脂酸钠在生产过程中自溶液内部生成，混合均匀而且得到的产品光洁、致密、细腻，外观好，稳定性更好。适合涂抹在皮肤上使用和作为空气清新香座使用。与雪花膏不同的是，配方里游离脂肪酸的含量约为配方中硬脂酸用量的10%以下，以硬脂酸钠为主，意在提高产品的硬度。配方里水的用量控制在4%时，不会出现乳化现象。

3. 制备步骤

① 准确称量各组分；

② 取一烧杯，将乙醇、硬脂酸、甘油等成分加入并搅拌混合均匀，加热至70℃，保温备用；

③ 另取一烧杯，将氢氧化钠溶解于水中，在快速搅拌条件下，将溶解好的氢氧化钠缓缓加入上述烧杯中，不停搅拌至反应形成半透明的液体，再加入香精和着色剂继续搅拌均匀；

④ 趁物料可以流动的时候（约50℃）灌入模具，冷却成型后即得产品。

五、思考题

1. 简要分析固体香水配方。

2. 简述固体香水的制备过程。

3. 固体香水相比液体香水有哪些优缺点。

第五章
粉剂类化妆品

【学习目的与要求】

使学生掌握香粉、粉饼、粉底霜的配方组成与设计及生产工艺。

粉剂类化妆品是指以粉类原料为主要原料配制而成的外观呈粉状、块状或霜状的一类制品，包括香粉、粉饼、粉底霜、胭脂以及眼影等。所采用的粉类原料要求颗粒细小、滑腻、易于涂抹，所以在生产工艺及设备上与其他化妆品有很大区别。本章主要介绍香粉、粉饼和粉底霜的配方及其生产工艺，胭脂和眼影的介绍见第八章。

第一节　香粉的配方设计及生产工艺

香粉类制品是用于面部和身体的美容类化妆品，具有一定的遮盖、涂展、附着和吸油性能，粉末细滑，香气持久悦人。

一、香粉的配方设计

香粉的作用在于使极细的颗粒粉末涂敷于面部或周身，以掩盖皮肤表面的某些缺陷，要求近乎自然的肤色和良好的质感。除考虑香气和色泽的区别外，根据香粉在使用上遮盖力、吸收性和黏附性等特性的要求，分为轻、中、重遮盖力，以及不同吸收性、黏附性的产品。

1. 香粉的配方组成

香粉的成分主要有粉料、着色剂、香精、防腐剂和抗氧剂等。香粉类产品的配方设计主要就是寻找下述各种物料的最佳搭配。

微课

香粉的配方组成

（1）粉料　化妆品粉质原料主要有滑石粉、高岭土、钛白粉、锌白粉、碳酸镁、碳酸钙、硬脂酸锌等。除此之外，超细钛白粉、超细陶瓷粉末、合成云母粉等新型粉质原料在近年来应用较多，特别是经过表面处理后的改性粉体，性能好，配伍性佳，并赋予产品更好的铺展性、吸附性、保湿性、防晒性等效果。下面详细介绍以下几种：

① 滑石粉　主要成分为硅酸镁（$3MgO \cdot 4SiO_2 \cdot H_2O$），是香粉中应用最多的基础原料，滑爽性好，易铺展，具有光泽，但几乎无黏附性，具有覆盖皮肤疤痕的作用，用量一般为 $60\% \sim 70\%$。

② 高岭土　对皮肤有良好的附着性，具有抑制皮脂腺分泌及吸收汗液的作用，与滑石粉配合使用可消除滑石粉的光泽。

③ 钛白粉　化学名称二氧化钛，一种白色颜料，遮盖力强，可阻挡紫外线，超细钛白粉具有防晒作用。吸油性及附着性佳，但延展性差，不易与其他粉料混合均匀，常与锌白粉混合使用，用量在 10％以内。

④ 锌白粉　化学名称氧化锌，有较强的着色力和遮盖力，对皮肤具有灭菌和收敛作用，因具有碱性可与油类原料调制成乳膏，用量为 15％～25％。

⑤ 碳酸镁　白色轻质原料，可用以增加制品的比体积，具有良好的吸收性能，尤其对香精有优良的混合特性，常作为香精混合剂。

⑥ 碳酸钙　一种白色无光泽的细粉，具有较好的吸收汗液和皮脂的性质，也可作香精的混合剂。

⑦ 硬脂酸锌（硬脂酸镁）　具有滑腻感，与皮肤有良好的黏附性，但遮盖力差，用量约为 3％～10％。

⑧ 云母粉　一种复合的硅酸铝盐，是化妆品行业首选的、重要的高档粉质原料。在化妆品中主要采用的是白云母和绢云母。白云母质软，有光泽，可与大多数化妆品原料配伍；绢云母平滑，触感柔软，易加工成粉类化妆品。

（2）着色剂　为了调和皮肤颜色，使之有良好的质感，常添加微量着色剂。常见的色泽有白色、米色、天然肤色（肉色）、浅玫瑰色等，要求着色剂能耐光和耐热，日久不变色，使用时遇水或油不会溶化，此外，对弱酸、弱碱具有稳定性。常用的着色剂有氧化铁、氧化铬等无机颜料，有机颜料（如紫草宁）和天然、生物着色剂等。

（3）香精　为使制品具有宜人的芳香，常加入一些香气醇厚的挥发性较低的香精。由于香精黏附在粉粒上，挥发表面大，如果香精留香效果差，2～3 个月内香味就会全部消失。常选用的有花粉香型、素心兰、馥奇香、玫瑰、麝香等。

（4）防腐、抗氧体系　少量加入，一般占配方的 0.3％～0.6％。

2. 香粉配方设计主体原则

香粉使用过程中要求：a. 易涂敷，能均匀分布；b. 去除脸上油光，遮盖面部某些缺陷；c. 对皮肤无损害刺激，敷用后无不舒适的感觉；d. 色泽应近于自然肤色，不能显现出粉拌的感觉；e. 香气适宜，不要过分强烈。香粉配方设计要考虑原料的安全性、使用性能及稳定性能。所添加的原料需符合《化妆品安全技术规范》（2015 年版）。根据以上要求，香粉配方设计应满足以下原则。

（1）良好的遮盖力　遮盖力是评价粉体好坏的重要标志，粉类制品涂敷在皮肤上，应能遮盖皮肤的本色、疤痕和黄褐斑等。遮盖力以单位质量的遮盖剂所能遮盖的黑色表面来表示，例如 1kg 二氧化钛约可遮盖黑色表面 $12m^2$。常用的遮盖剂有钛白粉、氧化锌等。钛白粉的遮盖力最强，是氧化锌的 2～3 倍，常与氧化锌混合使用，但钛白粉可催化某些香料氧化变质，选用时应注意。化妆品用的遮盖剂要求色泽白、颗粒细、质轻、无臭，铅、砷、汞等杂质含量少。工业用的钛白粉不宜用于化妆品制作。如果要求不同的遮盖力，可以调节氧化锌和钛白粉在配方中的用量，得到轻、中、重三种不同遮盖力的配方产品。如果要求香粉有重遮盖力，可适当增加钛白粉的用量。

（2）良好的滑爽性　香粉应具有良好的滑爽流动性能，才能涂敷均匀。香粉的滑爽性主要来自滑石粉的作用。滑石粉种类繁多，有的柔软滑爽，有的硬而粗糙，因此滑石粉的品质是制备粉类产品成功的关键。滑石粉用量一般在 50％以上。适用于化妆品的滑石粉要求色泽白、无臭、手指触觉柔软光滑、颗粒细小均匀，要保证 98％ 以上的颗粒能通过 200 目筛网，即粒径小于 $74\mu m$。滑石粉中所含杂质的量不能太大，特别是铁，因为铁会破坏产品的香味和色泽。为了提高滑爽性，可在粉类化妆品中添加粒径为 $5\sim15\mu m$ 范围的球状粉体替代滑石粉，如二氧化硅和氧化铝球状粉体以及聚酰胺、聚乙烯、聚苯乙烯等球状高分子粉体。

（3）良好的吸收性　吸收性主要指香粉对油脂和汗液的吸收，也包括对香精的吸收。常用的吸收剂有沉淀碳酸钙、碳酸镁、胶态高岭土、淀粉和硅藻土等，以沉淀碳酸钙与碳酸镁为主。沉淀碳酸钙有许多气孔，和胶性陶土一样可消去滑石粉的闪光，缺点是在水溶液中呈碱性，遇酸分解。如果夏天用量过多，吸汗后会在皮肤上形成条纹，因此用量一般低于15％。碳酸镁的吸收性较碳酸钙大 $3\sim4$ 倍，吸收性强，用量过多会造成皮肤干燥，一般用量不宜超过 15％。同时碳酸镁也是一种很好的香精吸收剂。胶态高岭土有很好的吸收汗液的能力和较好的遮盖力，对皮肤黏附性优于滑石粉，可与滑石粉复配使用减少皮肤油光。缺点是略感粗糙、不够滑爽，用量一般不超过 30％。香粉用的胶态高岭土应色泽洁白、细致均匀，触觉无粗颗粒，不含有水溶性的酸或碱，同时要注意铁的含量。

香粉的颗粒愈细，表面积愈大，吸收性愈好，但增强了皮肤的干燥性。为了配制吸收性较差的香粉，一方面可减少碳酸镁或沉淀碳酸钙的用量，增加滑石粉或硬脂酸盐的用量，使香粉不易透水；另一方面可加入适量脂肪物，称为加脂香粉。加入的脂肪物可均匀地涂敷在粉料颗粒表面降低吸收性能，同时降低粉质碱性对皮肤 pH 值的影响，而且加脂香粉具有柔软、滑爽和黏附性好等优点。脂肪物用量与要求与其他原料的吸收性有关，一般低于 6％，否则会导致香粉结块。为使脂肪物分布均匀，在生产过程中可将脂肪物先溶解在适量的挥发性溶剂中，或将熔化的脂肪物和部分滑石粉先混合过筛后再加入香粉。通过显微镜观察脂肪物在香粉中是否分布均匀。为防止酸败可加入抗氧剂。

（4）良好的黏附性　粉类制品应具有很好的黏附性，防止产品脱落。常用的黏附剂有硬脂酸锌、硬脂酸镁和硬脂酸铝等。这些硬脂酸的金属盐是轻质的白色细粉，加入粉类制品后包覆在粉粒表面使香粉不易透水，用量一般在 5％～15％。由于硬脂酸铝盐比较粗糙，硬脂酸钙盐缺少滑爽性，普遍采用的是硬脂酸镁盐和硬脂酸锌盐，也可采用硬脂酸、棕榈酸与肉豆蔻酸的锌盐和镁盐的混合物。为了提高产品的黏附性，可以增加硬脂酸锌或硬脂酸镁的用量。制备金属盐的硬脂酸的质量极其重要，质量差的硬脂酸，由于存在油酸或其他不饱和脂肪酸等杂质会造成酸败，制成的金属盐会产生令人不愉快的气味，加入再多香精也很难掩盖这种气味。

（5）颜色　香粉一般都带有颜色并要求接近皮肤的本色，因此颜料的选择十分重要。适用于香粉的颜料必须具有良好的质感，能耐光、耐热、日久不变色，使用时遇水或油以及 pH 值略有变化时不致溶化或变色。一般选用的无机颜料有赭石、褐土、铁红、铁黄、群青等，为了使色彩鲜艳和谐，还可加入红色或橘黄色的有机色淀。

（6）香气　香粉能否畅销取决于香粉的香味能否适合广大消费者。香粉的香味不可过分浓郁，以免掩盖香水的香味。香精的香韵以花香或百花香型为主，使香粉具有甜润、高雅、花香生动而持久的香气感觉。因香粉类制品挥发表面非常大，需加入定香原料，如香膏、檀香油和人造麝香等。所用香精在香粉的贮存及使用过程中应保持稳定，不酸败变味，不变色，不刺激皮肤等。

（7）其他　不同类型的香粉适用于不同类型的皮肤和不同的气候条件。多油型皮肤应采用吸收性较好的香粉，而干燥型皮肤应采用吸收性较差的香粉。炎热潮湿的地区或季节，皮肤容易出汗，宜选用吸收性和干燥性较好的香粉，而寒冷干燥的地区或季节，皮肤易干燥开裂，宜选用吸收性和干燥性较差的香粉，可采用加脂香粉。

3. 香粉的配方实例

香粉的配方如表 5-1 所示。

表 5-1　香粉的配方

原料成分	质量分数/%					原料成分	质量分数/%				
	配方 1	配方 2	配方 3	配方 4	配方 5		配方 1	配方 2	配方 3	配方 4	配方 5
滑石粉	44	50	45	70	40	氧化锌	10	10	15	10	15
高岭土	8	16	10	10	16	硬脂酸锌	10		3	5	6
沉淀碳酸钙	8	5	5		14	硬脂酸镁		4	2		4
碳酸镁	15	10	10	5	5	着色剂	适量	适量	适量	适量	适量
钛白粉			5	10		香精	适量	适量	适量	适量	适量

配方 1 属于轻遮盖力、很好的黏附性和适宜吸收性的产品；配方 2 属于中等遮盖力及强吸收性的产品；配方 3 属于重遮盖力及强吸收性的产品；配方 4 属于轻遮盖力及弱吸收性的产品；配方 5 属于轻遮盖力、很好的黏附性和适宜吸收性的产品。

二、香粉的生产工艺

1. 香粉的生产过程

香粉的生产过程比较简单，主要包括混合、研磨、筛分，有的是磨细过筛后混合，有的是混合磨细后过筛。粉体细化的方法有两种，一种是磨碎的方法，如采用万能磨、球磨机和气流磨；另一种是将粗颗粒分开，如采用筛子和空气分细机等。香粉的生产过程为：粉料灭菌→混合→磨细→过筛→加脂→加香→灌装。

（1）粉料灭菌　粉类化妆品用于美化面部及皮肤表面，为保证制品的安全性，通常要求香粉、爽身粉、粉饼等制品的细菌总数小于 1000 个/g，而眼部化妆品如眼影要求细菌数为零。所用滑石粉、高岭土、钛白粉等粉末原料不可避免地会附有细菌，所以必须对粉料进行灭菌。粉料灭菌方法有环氧乙烷气体灭菌法、钴 60 放射性源灭菌法等。放射性射线穿透性强，对粉类灭菌有效，但投资费用高，目前很少采用，一般采用的是环氧乙烷气体灭菌法。

（2）混合　混合的目的是将各种粉料用机械的方法使其拌和均匀，是香粉生产的主要工序。混合设备的种类很多，如卧式混合机、带式混合机、立式螺旋混合机、V 型混合机以及高速混合机等，目前使用比较广泛的是高速混合机。一般是将粉末原料计量后放入混合机中进行混合，但是颜料之类的添加物由于量少在混合机中难以完全分散，所以初混合的物料尚需在粉碎机内进一步分散和粉碎，然后再返回混合机，此操作可反复数次以使色调均匀。

（3）磨细　磨细的目的是将颗粒较粗的原料进行粉碎，并使加入的颜料分布得更均匀，显出应有的色泽。不同的磨细程度，香粉的色泽也略有不同，一般采用球磨机。磨细后的粉料色泽应均匀一致，颗粒均匀细小，颗粒度用 120 目标准检验筛网进行检测，按香粉、爽身粉、痱子粉轻工行业标准的要求，不同产品的通过率分别为：香粉＞95%，爽身粉＞98%，痱子粉＞98%。

微课

香粉的生产工艺

（4）过筛　通过球磨机混合、磨细的粉料或多或少会存在部分较大的颗粒，为保证产品质量，要经过筛处理。常用的是卧式筛粉机。过筛后粉料颗粒度应能通过 120 目标准检验筛网。若采用气流磨或超微粉碎机，再经过旋风分离器得到的粉料，则不需过筛。

（5）加脂　一般香粉的 pH 值是 8～9，而且粉质比较干燥，为了克服此种缺点，在香粉内加入少量脂肪物，称为加脂香粉，加脂的过程简称加脂。加脂香粉不影响皮肤的 pH 值，且在皮肤表面的黏附性能好，粉质柔软，容易敷施。

（6）加香　香精的加入最好是和一些吸收性较好的物质先行混合，一般是将香精和全部或部分的碳酸盐在拌粉机（球磨机）内搅拌均匀。香精和碳酸盐用量的比例以混合物在手中干燥且易粉碎为原则，避免产生潮湿黏着现象。香精和碳酸盐混合均匀后过 15～20 号筛子，置于密闭的不锈钢容器中数天内吸收完全，然后再和其他经过旋风分离器除尘的粉料混合均匀。

（7）灌装　灌装是生产香粉的最后一道工序，一般采用的有容积法和称量法。对定量灌装机的要求是应有较高的定量精度和速度，结构简单，并可根据定量要求进行手动调节或自动调节。

2. 香粉主要生产工艺参数

中华人民共和国国家标准 GB/T 29991—2013《香粉（蜜粉）》的要求如下：

（1）粒径　香粉细度要求粒径为 120 目的粉粒≥97%。

（2）杂菌数　细菌总数≤1000CFU/g，儿童用产品≤500CFU/g；霉菌和酵母菌总数≤100CFU/g；粪大肠菌群、金黄色葡萄球菌、绿脓杆菌不得检出。

（3）pH 值　香粉类化妆品的 pH 要求 4.5～10.5，儿童用产品 pH 为 4.5～9.5。

（4）色泽　色泽均匀，符合规定色泽。控制混合、磨细时间，使之混合均匀，采用效能好的设备，如高速混合机、超微粉碎机等。控制烘烤过程及时间，防止粉体变色。

（5）香型　符合规定香型。

（6）搅拌速度　粉料、香精加入高速搅拌混合器进行混合，搅拌速度控制在 1000～1500r/min。

（7）粉类原料与脂类原料的混合　加脂的操作方法是，先将脂肪物、水、乳化剂等制成乳剂，再将乳剂加入已通过混合、磨细的粉料中，充分混合均匀，脂肪物过多粉料易结团，应注意避免。再在 100 份粉料中加入 80 份乙醇拌和均匀，过滤除去乙醇，在 60～80℃ 烘箱内烘干，使粉料颗粒表面均匀地涂布脂肪物，经过干燥后的粉料含脂肪物 6%～15%，再经过筛即成加脂香粉。

3. 主体设备

粉类化妆品在生产工艺及设备上与其他化妆品有很大差别，常用的设备有灭菌器、粉碎机、筛粉设备、混合设备、除尘设备等。

（1）灭菌器　粉体原料含细菌较多，因此各种粉料在配料前必须先经过灭菌。化妆品生产中常用的灭菌方法有高温灭菌、紫外线灭菌、放射线灭菌和气体灭菌等，粉料灭菌通常采用环氧乙烷气体灭菌法。粉料环氧乙烷气体灭菌工艺流程如图 5-1 所示。

（2）粉碎机　粉碎机是制作粉类化妆品的主要设备。按被粉碎的物料在粉碎前后的大小分为 4 类：粗碎设备、中碎与细碎设备、磨碎和研磨设备、超细粉碎设备。香粉类化妆品的生产主要用到超细粉碎设备。常见的有球磨机、振动磨、微细粉碎机、气流粉碎机、冲击式超细粉碎机等。球磨机如图 5-2 所示。

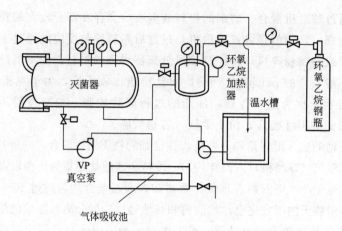

图 5-1　粉料环氧乙烷气体灭菌工艺流程

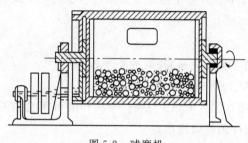

图 5-2　球磨机

（3）筛分设备　粉碎后的固体原料颗粒不均匀，需要用筛分设备将颗粒按大小分开，以满足不同的需要。筛分设备的主要部件是由金属丝、蚕丝和尼龙丝等材料编织而成的网。筛孔的大小通常用目数来表示。目数越高，筛孔越小。筛分可用机械离析法，也可用空气离析法。前者设备称为机械筛，比如栅筛、圆盘筛、滚动筛等；后者设备称为风筛，比如离心风筛机、微粉分离器（图 5-3）。由于筛孔较细，化妆品工业用的筛粉机一般还附装有不同形式的刷子，在粉料过筛时不断地在筛孔上刷动，以便粉料筛过。制作香粉、粉饼、爽身粉、痱子粉等粉状化妆品通常采用 200～325 目细度的粉料。

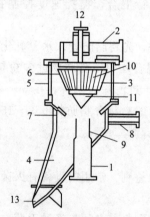

图 5-3　微粉分离器

1—进料管；2—排风管；3—转子；4—集粉管；
5—分离室；6—转子上的空气通道；7—节流环；
8—二次风管；9—喂料位置环；10—扇片；
11—转子锥底；12—转轴；13—活络排风口

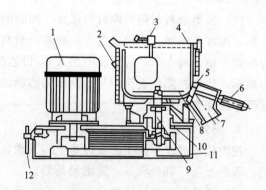

图 5-4　高速搅拌混合机

1—电动机；2—料筒；3—温度计；4—盖；
5—门盖；6—气缸；7—出料口；8—搅拌叶轮；
9—轴；10—轴壳；11—机床；12—调节螺丝

（4）混合设备　混合设备主要是用于粉状化妆品原料的混合。它能承担粉体原料的预备混合、整个粉体的调料混合，如调色或调香混合等。混合机采用不锈钢材质制成并附有搅拌器的设备。当投入粉体原料后，开动搅拌器便可将物料拌和均匀。在粉状化妆品生产中，经常采用的混合设备有带式混合机、立式螺旋混合机、V型混合机、双螺旋锥型混合机、螺带式锥型混合机以及高速搅拌混合机等。其中高速搅拌混合机是近年来使用比较广泛的高效混合设备，如图5-4所示。

（5）除尘设备　在粉类化妆品生产过程中，为使粉料从气体中分离出来或除去气体中所含粉尘，避免造成环境污染或粉料的大量流失，通常采用除尘设备。除去气体中固体颗粒的过程称为气体净制，气体净制的方法大致可分为干法净制、湿法净制、过滤净制、静电净制4类。用于粉状化妆品的除尘设备有旋风分离器、袋式过滤器、静电除尘设备、吸收除尘设备等。

第二节　粉饼的配方设计及生产工艺

粉饼是由粉料压制而成的化妆品，其形状随容器形状的变化而变化。具有包装精美、携带和使用方便的特点。其作用是补妆，即修补化妆的不均匀部位及脱落部位。

1. 普通粉饼

粉饼属于底妆，使用简易，上妆简单，妆感为雾面陶瓷肌。有些品牌的粉饼也带有微微光泽，但大多数还是走娇柔路线。粉饼不适合单用。皮肤状况极佳的人可以在夏天用完隔离霜后，直接用粉饼再刷一层蜜粉，就能创造出很自然的妆感，而且跟其他底妆产品比起来对肌肤最没负担。但不建议皮肤状况不好的人直接使用，粉会卡在凹陷、痘痘上面或因为皮肤太干而结块。

2. 气垫粉饼

气垫粉饼的质地可以理解为容易携带的粉底液。气垫粉饼，蕊心都充满高密度气孔，粉底液被吸附在里面，使用海绵按压的时会附着在上面，碰到肌肤再释放，使用携带方便。各大品牌甚至兰蔻在爱茉莉集团气垫粉底的专利到期后，纷纷在全球市场上推出气垫粉饼。

一、粉饼的配方设计

粉饼在配方上与香粉主要组成接近，但由于剂型不同，在产品使用性能、配方组成和制备工艺上还是有差别。

1. 粉饼的配方组成

（1）普通粉饼　粉饼的组成与香粉相似，为了易于结块，含滑石粉、高岭土较多。为了改善其压制和加工性能，通常粉饼中都添加较大量的胶态高岭土、氧化锌和硬脂酸盐。如果粉体本身的黏结性不足，可添加适量的胶黏剂，在压制时可形成较牢固的粉饼。粉饼的配方组成包括基质粉料、着色颜料、胶黏剂、防腐剂、抗氧剂、香精等，如表5-2所示。

微课

粉饼的配方组成

表5-2　粉饼的配方组成

组分		代表性原料	功能
基质粉料	无机填充剂	滑石粉、高岭土、云母、碳酸钙、二氧化硅、硅藻土、膨润土等	铺展、填充
	有机填充剂	纤维素微球、尼龙微球、聚乙烯微球、聚四氟乙烯微球等	提高滑爽感
	天然填充剂	纤维素粉、淀粉、改性淀粉等	胶黏、填充

组分		代表性原料	功能
着色颜料	白色颜料	钛白粉、氧化锌	遮盖作用
	有机颜料	食品、药品及化妆品用焦油色素	着色、赋予光泽
	无机颜料	氧化铁红、氧化铁黄、氧化铁黑、群青、氧化铬、赭石、炭黑等	
	天然颜料	花红素、β-胡萝卜素、胭脂红、叶绿素等	
	珠光颜料	氯氧化铋、云母钛、鱼鳞箔、铝粉等	
黏合剂		聚二甲硅氧烷、苯基硅油、矿物油	提高粉体可压性、保湿性
防腐剂、抗氧剂、香精		羟苯甲酯、羟苯丙酯等	防腐、提香

从表 5-2 可知，粉饼的配方组成与香粉类似，粉料和着色颜料与香粉相同。为提高粉质的胶合性能，在压制时形成较牢固的粉饼，需要加入胶黏剂。胶黏剂的选择和用量必须按照粉饼的组成和胶黏剂的性质而定。常用的有水溶性、油溶性、乳化型和粉类四种胶黏剂。

a. 水溶性胶黏剂　包括天然和合成两类。天然的胶黏剂有黄蓍胶、阿拉伯树胶、刺梧桐树胶等。合成的胶黏剂有甲基纤维素、羧甲基纤维素、聚乙烯吡咯烷酮等。各种胶黏剂的用量一般在 0.1%～3.0%，一般先配制成 5%～10% 的水溶液，再与粉料混合。但水溶性胶黏剂的缺点就是需要用水作溶剂，这样在压制前还需要烘干除去水，且粉块遇水会产生水迹。

b. 油溶性胶黏剂　有液体石蜡、矿脂、脂肪酸酯类、羊毛脂及其衍生物等，有液体的、半固体的和固体的，它们是在熔化状态时和粉料混合，可单独或混合使用。这类胶黏剂还有润滑作用，但单独采用油溶性胶黏剂有时黏结力不够强，压制前可再加一定的水分或水溶性胶黏剂。用量一般为 0.2%～2.0%。

c. 乳化型胶黏剂　是油溶性胶黏剂的发展，由于少量脂肪物很难均匀地混入胭脂粉料中，采用乳化型胶黏剂就能使油脂和水在压制过程中均匀分布于粉料中，防止脂肪物出现小油团现象。乳化型胶黏剂通常由硬脂酸、三乙醇胺、水和液体石蜡或单硬脂酸甘油酯配合使用，也可采用失水山梨醇的酯类作乳化剂。

d. 粉类胶黏剂　常见的有硬脂酸锌、硬脂酸镁等粉状的金属皂类，制成的产品细致光滑，对皮肤附着力好，但需要较大压力才能压制成型，且金属皂的碱性对敏感皮肤有刺激。

（2）干、湿两用粉饼　干、湿两用粉饼的外观、形体虽与普通粉饼相同，但其配制与功用不同。这种粉饼除干用外，亦可用润湿的海绵涂擦干燥的粉饼面，使得水分与粉饼发生乳化，海绵吸附粉乳后再用其涂抹面部。该粉饼的遮盖力及黏附力均较强，待皮肤上粉乳的水分蒸发后，在皮肤表面形成含有油分的防水粉料膜，此膜不但延展性好，又有光泽，而且不易剥落。干、湿两用粉饼的配方组成如下：

① 粉料中的钛白粉、氧化锌、滑石粉、高岭土及淀粉等通常经过表面疏水处理，以增加粉饼的疏水性，湿用时表面不会结块，面妆也不会被汗水化开。

② 油脂原料有白油、羊毛脂及其衍生物、酯类、硅油等。

③ 乳化剂有阴离子和非离子表面活性剂，如三乙醇胺的脂肪酸皂、失水山梨醇倍半油酸酯、聚氧乙烯月桂醚等。

④ 着色剂与普通粉饼着色剂相同，但含量较高。

2. 粉饼配方设计主体原则

粉饼要求具有良好的遮盖力、吸收性、滑爽性、附着性和组成均匀一致，除此之外，还要求粉饼具有适度的机械强度，使用时不会破碎，并且用粉扑或海绵等从粉饼取粉体时，容易附着在粉扑上，可均匀地涂抹在脸上，不结团、不感到油腻。通常粉饼中都添加较大量的胶态高岭土、氧化锌和金属硬脂酸盐，以改善其压制加工性能。为提高黏结性，可添加少量的胶黏剂。

3. 粉饼的配方实例

粉饼的配方如表 5-3、表 5-4 所示。

表 5-3　普通粉饼的配方

原料成分	质量分数/%				原料成分	质量分数/%			
	配方 1	配方 2	配方 3	配方 4		配方 1	配方 2	配方 3	配方 4
滑石粉	60	74	47	55	羊毛脂		2		
高岭土	12	10	14	13	失水山梨醇倍半油酸酯			2	
碳酸钙			14		液体石蜡		4		0.2
碳酸镁	5			7	单甘酯				0.3
钛白粉		5	5		山梨醇				0.25
氧化锌	15		10	10	甘油	0.25			
硬脂酸锌	5				丙二醇		2.0		
淀粉			5	10	香精、防腐剂、颜料	适量	适量	适量	适量
黄蓍胶	0.1		0.1	0.1	去离子水	余量	余量	余量	余量

制备要点：将胶黏剂、脂肪物、水和滋润剂先调和成胶水，然后与部分粉料一次混合，用 20 目粗筛过筛，再与其余粉料混合后，即可冲压。

表 5-4　干、湿两用粉饼的配方

A 组分（粉料部分）	质量分数/%	B 组分（油脂乳剂部分）	质量分数/%
滑石粉	75.0	硬脂酸	2.0
高岭土	6.0	异三十烷	4.0
铝淀粉琥珀酸辛酯	12.0	甘油	5.0
亲油性钛白粉	5.0	羊毛脂	5.0
着色剂	适量	失水山梨醇倍半油酸酯	3.0
防腐剂	适量	三乙醇胺	1.0
香精	适量	去离子水	80.0

二、粉饼的生产工艺

1. 生产过程

微课

粉饼的生产工艺

粉饼与香粉的生产工艺基本相同，不同点主要是粉饼要压制成型，为便于压制成型，除粉料外，还需加入一定的胶黏剂。也可用加脂香粉直接压制成粉饼，因加脂香粉中的脂肪物有很好的黏合性能。粉饼的生产工艺过程包括：胶质溶解→粉料灭菌→混合→磨细→过筛→压制粉饼→包装。

（1）胶质溶解　用不锈钢容器称量胶粉（天然的或合成的胶质类物质）和保湿剂，加入去离子水搅拌均匀，加热至 90℃，加入安息香酸钠或其他耐高温的防腐剂，在 90℃ 保持 20min 灭菌，用沸水补充蒸发的水分后备用。所用羊毛脂、白油等油脂类物质可和胶黏剂混合在一起同时加入粉料中。如单独加入粉料中，则应事先熔化，加入少量抗氧剂，用尼龙布过滤，备用。胶质的用量必须按香粉的组分和胶质的性质而定。

(2) 粉料灭菌、混合、磨细、过筛　按配方要求称取粉料（含颜料）在球磨机中混合磨细 2h，粉料与石球的质量比是 1：1，球磨机转速 50～55r/min。加脂肪物如羊毛脂和白油等混合 2h，再加香精混合 2h，最后加入胶黏剂混合 15min。在球磨机混合过程中，要经常取样检验是否混合均匀，色泽是否与标准样相同。混合好的粉料，筛去石球后，加入超微粉碎机中进行磨细，磨细后的粉料在灭菌器内用环氧乙烷灭菌，将粉料装入清洁的桶内，盖好桶盖，防止水分挥发，并检查粉料是否有未粉碎的颜料色点、二氧化钛白色点或灰尘杂质的黑色点。也可将胶黏剂先和适量的粉料混合均匀，经过 10～20 目的粗筛过筛后，再和其他粉料混合，经磨细等处理后，将粉料装入清洁的桶内在低温处放置数天，保持水分平衡。粉料不能太干，否则会失去胶合作用。

粉饼的成型过程

(3) 压制粉饼　压制粉饼前，粉料要先经过 60 目的筛子。按规定重量将粉料加入模具内压制，压制时要做到平、稳，不要过快，防止漏粉、压碎，应根据配方适当调整压力。压制粉饼所需要的压力大小和压粉机的形式、粉饼的水分、吸湿剂的含量以及包装容器的形状等都有关系。压力过大，制成的粉饼太硬，使用时不易涂抹开；压力太小，制成的粉饼太松易碎。

(4) 包装　压制好的粉饼，必须检查有无缺角、裂缝、毛糙、松紧不匀等现象。压制好的粉饼应保持清洁，准备包装。包装盒不能弯曲，当粉饼压入盒后，压力去除时，盒子的底板恢复原状弯曲，就会使粉饼破裂，因为粉饼没有弹性。同理，冲压不能接触盒子边缘，必须经过试验确定盒子直径和粉饼厚度的关系，如果比例不合适，在移动及运输过程中容易破碎。

据报道，广州雅芳化妆品公司采用的粉浆注射法，是一种全新的粉饼生产工艺，它将粉相与溶剂相混合成泥浆状，再将其注射到塑料粉盒中，然后通过抽真空吸出溶剂相，粉盒中剩下所需粉相。相对传统生产工艺，此法极大地改善了生产环境，提高了产品质量。

2. 粉饼的主要生产工艺参数

轻工行业标准 QB/T 1976—2004《化妆粉块》的要求如下：

(1) 粒径　粉饼细度要求粒径为 120 目的粉粒≥95%。

(2) pH 值　粉饼的 pH 要求 6.0～9.0。

(3) 色泽　符合规定色泽。

(4) 香型　符合规定香型。

(5) 杂菌数　细菌总数≤1000CFU/g，眼部、儿童用产品≤500CFU/g；霉菌和酵母菌总数≤100CFU/g；粪大肠菌群、金黄色葡萄球菌、绿脓杆菌不得检出。

(6) 加料顺序　根据工艺要求，按配方称取粉料，加羊毛脂和白油等脂肪物，再加香精混合，最后加入胶黏剂混合。目的是使原料和着色剂、油分分散均匀。

(7) 压制粉饼　压制粉饼前，粉料先要经过 60 目的筛子。按规定质量将粉料加入模具内，压制时要做到平、稳，不要过快，防止漏粉、压碎。压力大小与冲压机的形式、产品外形、配方组成等有关，其大小需视产品硬度、粉料松软性、含水量及成型模形态而定，一般在 $2 \times 10^6 \sim 7 \times 10^8 Pa$ 之间。压力太大，制成的粉饼太硬，使用时不易涂敷，压力太小，粉饼松软、易碎。粉饼压制过程，要适当调整压制压力、压制时间。压制参数不当，包材材质比较薄，都容易导致粉饼涂抹结油块、松散、不耐摔、泡粉等问题的发生。一般在粉饼配方、压制设备相同的情况下，影响粉饼压制质量的因素有：气压泵压力（简称压力）、调节成型机压后的时间（简称延时）、调节成型机自升起到压下时间（简称增压时间）、粉饼规格范围（简称克重）、器皿材质及不同的操作者。

3. 主体设备

粉饼的生产设备与香粉的生产设备大体相同，不同之处在于粉饼需要压制成型，即粉饼压制设备。包括粉饼混合机、粉碎机和成型机。压饼机有手动式与自动式两种，近年来以自动压饼机居多。自动压制粉饼机主要是由油压机、粉饼盘、加粉模具和自动控制等装置组成的。其结构是在旋转圆盘上装设供压块的凹型模，由供粉盒器自动供应金属粉盒，旋转时可自动计量粉料，以一定的油压压块后取出。压饼完成后，模具可自动清扫，以供下次压饼使用。机器开动后，粉饼定盘由转盘自动传送至加粉模具底部，由油压机自动压制成块。其生成

图 5-5　自动压制粉饼机

能力为每分钟自动压制 15～30 块粉饼。自动压制粉饼机如图 5-5 所示。

第三节　粉底霜的配方设计

粉底类化妆品的主要作用是修饰皮肤色调，使皮肤表面光滑，形成进一步美容化妆的基底，修正皮肤表面的质感，遮盖面部瑕疵。按基质体系的性质可分为液状粉底（粉底液）、乳化型粉底（粉底霜）和凝胶型粉底。

粉底霜主要是用于敷粉及在其他美容化妆品前涂抹在皮肤上，预先打下光滑而有润肤作用的基底。有优良外观和稳定性，不仅含润肤剂，还可能含有防晒剂。它有助于粉剂黏着于皮肤，也作为皮肤保护剂，防止因环境因素（如日光或风）所引起的伤害。粉底霜有两种：一种不含粉质，配方结构和雪花膏相似，遮盖力较差；另一种是加入钛白粉及二氧化锌等粉质原料，将粉料均匀分散、悬浮于乳化体（膏霜或乳液）中而得到的粉底制品，有较好的遮盖力，能掩盖面部皮肤表面的某些缺陷，还有一定的抗水和抗汗能力。这里重点介绍含粉质的粉底霜。

一、粉底霜的配方组成

粉底霜是由粉料、油相、水相经乳化剂乳化而成，其稳定性比只有油相和水相制得的乳化膏霜差，因此，乳化型粉底霜的制备技术要求较高。若乳化不良会出现凝胶、分离、析油等现象。乳化方式有 W/O 型和 O/W 型，粉底霜一般都是 O/W 型乳化体系，为了适应干性皮肤的需要，也可制成 W/O 型制品。

粉底霜的配方组成

1. 粉料

根据不同遮盖力的需要，粉料含量占 10%～15%，颜料和粉料大都分散在水相中。所

用的基质粉体和颜料包括二氧化钛、滑石粉、高岭土、氧化铁类颜料。氧化锌因能与乳化体系中硬脂酸及其酯类反应生成疏水性硬脂酸锌，导致粉底的乳化体不稳定，因此较少使用。一些电解质如硫酸盐、氧化物、硝酸盐等也会影响粉底的稳定性。粉底霜的稳定性与粉料含量、粉料的表面处理和颗粒度、乳化体系的性质有关，粉料含量越高，其稳定越差。要求粉料细度一般在 $10\mu m$ 以下。

为使粉体均匀地分散和悬浮在乳化体系中，并使膏体具有较好的触变性，常在配方中添加少量悬浮剂，如纤维素衍生物、角叉菜胶、聚丙烯酸类聚合物、硅酸镁钠和硅酸铝镁等，这些悬浮剂也起着增稠和分散的作用。

2. 乳化剂

以水为连续相的粉底霜，油相的含量约为 $20\%\sim35\%$。油相的熔点与甘油等保湿剂的含量以及粉料的含量有关。含有 20% 甘油的雪花型膏霜，油相的熔点可以高达 $55℃$；在少甘油或无甘油的膏霜内，油相的熔点以接近皮肤的温度为宜。

乳化剂一般采用阴离子型和非离子型乳化剂，非离子型乳化剂特别适宜于含有颜料的配方及粉底乳液。传统粉底霜只含有硬脂酸、硬脂酸皂和保湿剂等，现今为改善产品的稳定性和质量，常添加司盘、吐温系列和单硬脂酸甘油酯、聚乙二醇硬脂酸酯等乳化剂。

3. 着色剂、香精

添加适量着色剂或颜料及香精，使其色泽更接近于皮肤的自然色泽，香气纯正，不会掩盖香水的味道。

4. 其他

油相原料、水相原料、防腐剂、抗氧剂等的选择与乳剂类化妆品相似，详见第二章。

二、粉底霜配方设计主体原则

粉底霜的设计原则：a. 粉底霜应膏霜体细腻均匀，在皮肤上涂展性良好；b. 涂抹后对香粉有强的黏附能力；c. 不能有光泽并对皮脂略有吸附性而不流动；d. 较好的透气性以防止汗液突破覆盖层；e. 不能引起皮肤过分的干燥，有如同在清洁、干燥的皮肤敷上香粉时的感觉；f. 香粉涂敷以后应保持原始的色彩和无光泽，可以再次敷粉；g. 粉底类化妆品应控制其 pH 值在 $4\sim6.5$，即和皮肤的 pH 值接近。以上都是理想的特性要求，实际上，一种产品不可能适应各种皮肤的要求。

三、粉底霜的配方实例

粉底霜的配方如表 5-5～表 5-8 所示。

表 5-5 配方 1（O/W 型粉底霜）

原料成分	质量分数/%	原料成分	质量分数/%
钛白粉	8.5	羊毛脂	3.0
滑石粉	9.0	硬脂酸单甘酯	0.6
着色剂	2.0	吐温-60	1.4
硬脂酸	3.3	甘油	8.0
十六醇	1.2	三乙醇胺	2.0
白矿油	1.5	香精、防腐剂	适量
肉豆蔻酸异丙酯	3.5	去离子水	56.0

配方1制备工艺：将粉料与油相成分（必要时加热熔化）混合、分散后再与水相物料混合乳化得乳剂型；或将油相物料与水相物料混合乳化后再在乳剂型膏霜中掺和粉料。均质后，加入香精，搅拌冷却，包装。

表5-6　配方2（W/O型粉底霜）

原料成分	质量分数/%	原料成分	质量分数/%
钛白粉	9.0	环甲基硅氧烷基二甲基硅氧烷聚醚共聚物	12.0
高岭土	4.0	聚苯基甲基硅氧烷	4.0
膨润土	5.0	甘油	5.0
着色剂	1.5	香精、防腐剂	适量
白油	5.0	去离子水	54.5

表5-7　配方3（粉底霜）

原料成分	质量分数/%	原料成分	质量分数/%
白油	4.0	三乙醇胺	0.2
烷基酚聚氧乙烯(10)醚	3.0	透明质酸(2%)	4.0
脂肪醇聚氧乙烯(10)醚	3.0	卡波树脂	0.1
丝素	2.0	硬脂酸镁	0.7
丝肽	3.0	颜料、防腐剂、香精	适量
聚乙二醇	3.5	去离子水	余量

配方2以硅油作为外相。易于涂展，可均匀而平滑地涂敷在皮肤上，并可使妆容持久。配方3中加入丝素、丝肽，有利于加强化妆品与皮肤的附着力，预防因流汗、皮肤牵动而破坏妆容，减弱彩妆对面部及眼部皮肤的刺激作用。

表5-8　配方4（防晒BB霜）

组相	原料成分	质量分数/%	组相	原料成分	质量分数/%
A相	C_{30}-C_{45}烷基鲸蜡硬脂基聚二甲基硅氧烷交联聚合物	1.00	A相	鲸蜡基PEG/PPG-10/1聚二甲基硅氧烷	2.50
	聚二甲基硅氧烷	5.00		苯基聚三甲基硅氧烷	0.80
	硬脂酸锌	0.90		羟苯甲酯	0.10
	羟苯丙酯	0.05		辛酸/癸酸甘油三酯	3.00
	甲氧基肉桂酸乙基己酯	6.00		水杨酸乙基己酯	1.00
B相	环五聚二甲基硅氧烷	8.00	B相	二氧化钛	8.00
	聚甘油-3二异硬脂酸酯	2.20		辛基聚甲基硅氧烷	1.30
	氧化铁类	0.80			
C相	水	49.35	C相	甘油	4.00
	1,3-丁二醇	4.00		EDTA二钠盐	0.05
D相	硫酸镁	1.00	D相	红没药醇	0.10
	香精	0.20		甲基异噻唑啉酮	0.009
	碘丙炔醇丁基氨甲酸酯	0.005			

配方4制备工艺：

① 将B相混合均匀后用胶体磨研磨，直至细腻无颗粒为止。

② 依次将A相中的各组分加入油相锅，搅拌升温至80～85℃，分散完全后抽入乳化锅。

③ 再将研磨好的B相混合物加入乳化锅，搅拌升温至80～85℃。

④ 同时将C相混合物加入水相锅，搅拌升温至80～85℃，溶解完全。

⑤ 抽真空（0.04MPa），开搅拌（1200r/min），将水相锅中的物料经过滤网缓慢抽入乳化锅内，以乳化锅内液面无积水为准，加完水相锅内物料后，搅拌10～15min，再均质5min左右，开循环水降温，保持真空度。

⑥ 搅拌降温至45℃，依次加入D相各组分，搅拌均匀后适当均质。

⑦ 继续搅拌降温至40℃，检验合格即可出料。

【素质拓展】

蓝天保卫战

研究表明，在密闭环境中，人们使用的香氛类产品，可能会导致人体头疼或哮喘，究其原因是一种存在于各大洗护用品中的被称作D5（环状甲基硅氧烷类）的化学物质产生的危害。实验监测数据表明，其数量与异戊二烯（一种随人类呼吸排出的挥发性有机物）相当甚至更多，因此在办公区含量相对更高，长期累积还会导致环境污染，影响大气质量。环境就是民生，青山就是美丽，蓝天也是幸福。打赢蓝天保卫战，是以习近平总书记为核心的党中央作出的重大决策部署，事关满足人民日益增长的美好生活需要，事关生态环境维护和美丽中国建设，因此，广大化妆品制造企业如何主动承担社会责任，在粉类化妆品生产过程中减少直至拒绝DS排放，责无旁贷。

思 考 题

1. 配制遮盖力强的香粉应在配方中加大哪些物质的用量？配制吸收性强的香粉应加大哪些物质的用量？请设计一种适合干性皮肤使用的香粉配方。

2. 粉饼与香粉在配方上有什么不同？

3. 香粉和粉饼的生产工艺参数有哪些？并对其进行分析。

4. 简述香粉的生产工艺流程。

5. 简述粉饼的生产工艺流程。

6. 粉底霜的配方组成有哪些？

7. 简述粉底霜的配方设计原则。

实训七　粉饼的制备

一、粉饼简介

粉饼是由散粉加入胶黏剂，混合均匀后用压饼机压制而成，基本功能与散粉相同，配方组成也接近。但由于剂型不同，在产品使用性能、配方组成和制备工艺上有差别，相比散粉使用、携带更方便。粉饼可以吸收皮肤多余的油脂和分泌物，在一定程度上抑制汗液和皮脂的分泌，具有遮盖瑕疵、美白作用，能美化肤质和肤色，并具有一定的防晒效果，一般用于定妆。

二、实训目的

① 提高学生对粉饼配方的理解。

② 锻炼学生的动手实践能力。

③ 提高学生对粉饼化妆品实训装置的操作技能。

三、实训仪器

乳化机、电子天平、恒温水浴锅、去离子水装置、粉碎机、筛分机、压饼机、烧杯、喷雾瓶。

四、粉饼的制备

1. 制备原理

在胶黏剂的作用下将混合均匀的粉类物质压制成型，包装即得产品。粉饼的生产工艺流程如图 5-6 所示。

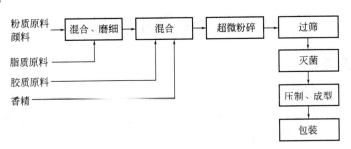

图 5-6　粉饼的生产工艺流程

2. 粉饼的配方

粉饼配方如表 5-9 所示。

表 5-9　粉饼的配方

组分	质量分数/%	组分	质量分数/%
滑石粉	50.00	高岭土	10.00
锌白粉	8.00	十六醇	1.50
硬脂酸锌	5.00	CMC	0.06
碳酸镁	5.00	海藻酸钠	0.03
碳酸钙	10.00	防腐剂	0.1
着色剂	0.1	香精	0.1
白油	4.00	去离子水	余量
羊毛脂	0.50		

3. 制备步骤

① 在烧杯中制备胶质溶液，先加入去离子水、CMC、海藻酸钠，加热搅拌均匀后，再加入防腐剂和香精，为组分 A；

② 在另一烧杯中制备脂质溶液，加入白油、羊毛脂、十六醇，加热熔化后备用，为组分 B。另对油脂乳剂部分（组分 B），按其配方配制成乳液；

③ 将组分 A 与组分 B 混合均匀后，装入带喷头的瓶中，为组分 C；

④ 将粉质原料和颜料按配方量混合均匀，用粉碎机粉碎，过 80 目筛，粗颗粒再粉碎和过筛，然后混合均匀，喷入组分 C，再混合均匀，为组分 D；

⑤ 将组分 D 装入粉饼模具中，用压粉机将粉压成块状，即为粉饼。

五、思考题

1. 简要分析粉饼配方。
2. 简述粉饼的制备过程。
3. 香粉和粉饼在配方和性能方面有何区别？
4. 粉饼中常用的遮盖剂有哪些？
5. 粉饼中常用的滑爽剂有哪些？
6. 粉饼中常用的吸收剂有哪些？
7. 粉饼配方中为什么要加胶黏剂？常用哪些物质？
8. 制备粉饼时，液体与粉料混合为什么需要采用喷洒方式？

实训八　素颜霜的制备

一、素颜霜简介

素颜霜的英文产品名是 toning cream 或 tone-up cream，即调色霜、调亮霜。它是介于面霜与粉底之间的一个新产品，能够美白肌肤、提亮肤色，将"底妆＋护肤"的概念结合起来了，既具有面霜的功效，也有打造底妆的效果。

二、实训目的

① 提高学生对素颜霜配方的理解。
② 锻炼学生的动手实践能力。
③ 提高学生对制备素颜霜的实训装置的操作技能。

三、实训仪器

电动搅拌器、电子天平、恒温水浴锅、均质机、烧杯。

四、素颜霜的制备

1. W/O 型素颜霜的配方

W/O 型素颜霜配方如表 5-10 所示。

表 5-10　W/O 型素颜霜配方

组相	原料名称	INCI 名称	质量分数/%
A 相	去离子水	水	余量
	甘油	甘油	5
	1,3-丁二醇	1,3-丁二醇	6
	尼甲	羟苯甲酯	0.15
	氯化钠	氯化钠	1
	BP-20 甜菜碱	甜菜碱	4

组相	原料名称	INCI 名称	质量分数/%
B 相	ABIL EM 90	鲸蜡基 PEG/PPG-10/1 聚二甲基硅氧烷	1.5
	司盘-83	山梨坦倍半油酸酯	2
	KF-995	环五聚二甲基硅氧烷	8
	KLD INO	异壬酸异壬酯	6
	KLD TOG	甘油三(乙基己酸)酯	2
	聚二甲基硅氧烷	聚二甲基硅氧烷	1
	2-EHP	棕榈酸乙基己酯	4
	SF-108b	二氧化钛、氧化铝、全氟辛基三乙氧基硅烷、三乙氧基辛基硅烷	6
C 相	苯氧乙醇	苯氧乙醇	0.3
	芦荟提取液	芦荟提取物	2

2. W/O 型素颜霜的制备步骤

① 准确称量各组分;

② 将油相（B 相）混合，加热到 80～85℃，均质 5～8min，保温待用;

③ 将水相（A 相）混合，搅拌加热到 80～85℃，溶解各组分均匀，待用;

④ 将 A 相缓慢加入 B 相，加完后，均质 5～8min，保温搅拌 10～15min，降温;

⑤ 降温到 60～65℃，再次均质 5～8min;

⑥ 再降温到 45℃，保温搅拌 20～30min 至料体稠度稳定，即可出料。

3. O/W 型素颜霜的配方

O/W 型素颜霜配方如表 5-11 所示。

表 5-11　O/W 型素颜霜配方

组相	原料	质量分数%
A 相	去离子水	72.17
	甘油	5
	丁二醇	7
	羟苯甲酯	0.15
	甜菜碱 MNF-50	1
	丙烯酰胺类共聚物、C$_{13}$～C$_{14}$ 异链烷烃、月桂醇聚醚-7(塞比克 305)	0.6
	霍霍巴蜡 PEG-120 酯类	0.5
	吐温-60	0.3
	卡波 940	0.1
B 相	异壬酸异壬酯	3
	山梨坦硬脂酸酯	0.1
	角鲨烷	2
	环五聚二甲基硅氧烷	3
	羟苯丙酯	0.08
	二氧化钛、氧化铝、全氟辛基三乙氧基硅烷、三乙氧基辛基硅烷(SF-108b)	2.5

组相	原料	质量分数%
C相	丙烯酰胺类共聚物、C_{13}~C_{14}异链烷烃、月桂醇聚醚-7(塞比克305)	0.6
	聚二甲基硅氧烷	0.5
D相	三乙醇胺	0.1
	水	0.1
E相	苯氧乙醇	0.5
	燕麦(AVENA SATIVA)β-葡聚糖	0.2
	水、库拉索芦荟(ALOE BARBADENSIS)叶提取物	0.5

4. O/W型素颜霜的制备步骤

① 准确称量各组分；

② 先将A相中的卡波和水加热溶解制成溶液，再混合A相其他组分，搅拌加热到80~85℃，溶解均匀，备用；

③ 预混合B相各组分，再用均质机均质到粉体细腻均一，搅拌加热到80~85℃，备用；

④ 将B相倒入A相混合，加入C相物料，均质5~8min，保温搅拌8~10min；

⑤ 降温至60~70℃将D相加入，搅拌均匀（约5min）；

⑥ 再降温至45℃以下，依次加入E相物料，搅拌均匀（约5min），即可出料。

五、思考题

1. 简要分析W/O型和O/W型素颜霜配方。

2. 简述W/O型素颜霜的制备过程。

3. 简述O/W型素颜霜的制备过程。

4. 素颜霜中的制备过程中为什么需进行多次均质？

第六章
面 膜

【学习目的与要求】

使学生会分析与设计面膜的配方，掌握不同剂型面膜的生产工艺。

面膜是指涂或敷于人体皮肤表面，经一段时间后揭离、擦洗或保留，起到集中护理或清洁作用的产品。其作用体现在以下 3 个方面：

（1）清洁　在剥离或洗去面膜时，可使表层角质细胞、残妆等皮肤污物随面膜一起被去除，达到较好的洁肤效果。

（2）护肤　面膜能暂时阻隔皮肤与空气的接触，使皮肤温度上升，毛孔扩张，活性成分或营养物质的渗透性增加，起到滋润、营养皮肤的作用。

（3）美容　随着面膜的形成和干燥，所产生的张力使松弛的皮肤收紧，有助于减少和消除面部的皱纹，达到美容效果。

本章主要介绍面膜的配方设计及生产工艺。

面膜的种类很多，常见的有剥离类面膜、粉状面膜、膏状面膜、贴布型面膜。

一、剥离类面膜的配方设计及生产工艺

微课

剥离类面膜一般为软膏状或凝胶状，使用时均匀涂抹在面部和颈部，经 15～20min 后剥离，皮肤上的污垢、皮屑等黏附在膜上而被去除，达到清洁皮肤、去除黑头和老化的角质细胞、细致毛孔等效果。

剥离类面膜的配
方及生产工艺

此类面膜比较适合于美容院，自己在家操作不易掌握涂的厚度，并且若在剥离的过程中处理不当，容易因撕拉而对皮肤造成伤害。目前市面上产品较少，炎症、红血丝和角质较薄的皮肤者慎用。

1. 剥离类面膜的配方组成体系

剥离类面膜有膏状和凝胶状。膏状剥离面膜的主要原料有溶剂、成膜剂、粉质原料及辅助原料等。凝胶状剥离面膜没有粉质原料，其他组分基本相同。

（1）溶剂　常用的溶剂有去离子水和醇类，如乙醇、1,2-丙二醇、1,3-丁二醇等，其中乙醇、异丙醇等还能调整蒸发速度，使皮肤具有凉爽感。

（2）成膜剂　成膜剂能使面膜成膜，是剥离类面膜的关键成分。水溶性高分子化合物是常用的成膜剂，不仅具有良好的成膜性，而且有增稠、乳化、分散和保湿作用，对含有无机粉末的基质具有稳定作用。常用的有聚乙烯醇、聚乙烯吡咯烷酮、丙烯酸聚合物、聚氧乙烯、羧甲基纤维素、果胶、明胶、黄原胶、海藻酸钠等。其中聚乙烯醇成膜效果较好，成膜

速度快，但附着力过强，实际使用时，用量控制在 10%～15%，并加入一定量的羧甲基纤维素和海藻酸钠。成膜剂的用量会影响成膜速度、厚度，膜的软硬度和剥离性等，配方设计时需注意。

（3）粉质原料　粉质原料作为面膜的粉体、填充剂，对皮肤的污垢和油脂有吸附作用。常用的有高岭土、膨润土、二氧化钛、氧化锌或某些湖泊、河流及海域的淤泥。

（4）辅助原料　包括保湿剂、油脂、增塑剂、防腐剂、表面活性剂等，起辅助作用。

① 保湿剂　起保湿作用，如在聚乙烯醇型面膜中加入丙二醇、甘油、聚乙二醇等保湿剂，以延长产品贮存时间，防止干缩，且能滋养皮肤。

② 油脂　补充皮肤所失油分，如橄榄油、蓖麻油、角鲨烷、霍霍巴油等。

③ 增塑剂　增加膜的塑性，如聚乙二醇、甘油、丙二醇、水溶性羊毛脂等。

④ 防腐剂　抑制微生物生长，常用的是尼泊金酯类。

⑤ 表面活性剂　主要起增溶作用，如聚氧乙烯油醇醚、聚氧乙烯失水山梨醇单月桂酸酯等。

⑥ 其他功能添加剂　抑菌剂，如二氯苯氧氯酚、十一烯酸及其衍生物、季铵盐等；愈合剂，如尿囊素等；抗炎剂，如甘草次酸、硫黄、鱼石脂等；营养剂，如氨基酸、动植物提取液、透明质酸钠等。

2. 剥离类面膜配方设计主体原则

设计剥离类面膜配方应注意以下要求，以使面膜具有良好性能。

① 对正常皮肤无害、无刺激性；

② 酸碱性适当，常温下 pH 值在 3.5～8.5（25℃）；

③ 符合规定的香气，色泽、香气和质地等在一定的条件下（−5～40℃）保持稳定；

④ 面膜应是不含砂粒质、质地柔细平滑的浆状物或粉末，硬度适当；

⑤ 具有适当的成膜时间，且成膜后的膜状物剥离方便；

⑥ 具有一定的吸附能力，能达到洁肤、护肤和美容的功效。

3. 剥离类面膜的配方实例

剥离类面膜实例如表 6-1～表 6-4 所示。

表 6-1　凝胶状剥离面膜（一）

组分	质量分数/%	组分	质量分数/%
聚乙烯醇	15.0	硅乳	1.0
海藻酸钠	1.0	乙醇	10.0
羧甲基纤维素	4.0	苯甲酸钠	适量
丙二醇	1.0	香精	适量
甘油	3.0	去离子水	余量

表 6-2　凝胶状剥离面膜（二）

组分	质量分数/%	组分	质量分数/%
羧乙烯基聚合物	1.0	乳酸	3.5
1,3-丁二醇	5.0	三乙醇胺	6.3
聚乙烯醇	10.0	乙醇	5.0
对羟基苯甲酸酯	0.2	去离子水	余量
吐温-20	0.2		

表 6-3　软膏状剥离面膜（一）

组分	质量分数/%	组分	质量分数/%
聚乙烯醇	13.0	氧化锌	2.0
聚乙烯吡咯烷酮	5.0	1,3-丁二醇	4.0
吐温-20	1.0	丙二醇	5.0
钛白粉	2.0	防腐剂	适量
香精	适量	去离子水	余量

表 6-4　软膏状剥离面膜（二）

组分	质量分数/%	组分	质量分数/%
聚乙烯醇（15%水溶液）	10.0	氢氧化铝	5.0
聚醋酸乙烯溶液	13.0	维生素 E	1.0
白油	3.0	苯甲酸钠	0.1
甘油	5.0	香精	适量
氧化锌	8.0	去离子水	余量
乙醇	7.0		

4. 剥离类面膜的生产工艺

凝胶状剥离面膜的生产工艺：将聚乙烯醇等水溶性高分子化合物用乙醇润湿，然后加入去离子水，加热至 70℃ 左右，搅拌溶解均匀，制成水相；香精、防腐剂、表面活性剂、油脂等与余下的乙醇或保湿剂混合溶解，制成油相；待温度降至 50℃ 时将油相加入水相中，搅拌均匀，脱气，过滤，冷却后即可包装。

软膏状剥离面膜的生产工艺与凝胶状剥离面膜的基本相同，只是在加入成膜剂之前，应先将粉剂在去离子水中混合均匀。混合搅拌环节很重要，若搅拌不均匀，容易导致粉质原料结块，膏体不细腻。具体流程如图 6-1 所示。

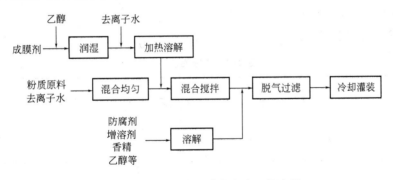

图 6-1　软膏状剥离面膜的生产工艺流程

二、粉状面膜的配方设计及生产工艺

粉状面膜是以粉质原料为基质，添加其他辅助成分配制而成的粉状面膜产品，可做成可剥离型和洗去型。粉状面膜不能直接使用，需将适量面膜粉末与水调和，搅拌均匀成糊状至浆状后，均匀涂于面部和颈部，经过 10~20min，随着水分的蒸发糊状物逐渐干燥，形成一层胶性软膜或干粉状膜，将其剥离（胶性软膜）或用水洗净（干粉状膜）即可。其优点是使用者可根据情况灵活地改变用量，并掌握适当的黏度。

1. 粉状面膜的配方组成体系

粉状面膜的主要原料有粉质原料、胶质原料、防腐剂、香精及功能添加剂。

粉质原料是粉状面膜的基质原料,一般是具有吸附和润滑作用的粉末,如高岭土、钛白粉、氧化锌、滑石粉等。

胶质原料有利于形成胶性软膜,如淀粉、硅胶粉、海藻酸钠等。海藻酸钠除了可以给产品带来很好的稠度外,也具有很好的保湿护肤特性,给皮肤光滑细致感。水溶性聚合物(如纤维素)的添加可以更好地悬浮、分散粉类物质,增加膜的强度。添加功效性粉末状物质(如中草药粉及天然动植物提取物粉等),可以改善皮肤晦暗、美白、祛斑、祛皱、祛痘、消除皮肤炎症等。

粉状面膜防腐剂的选择比较关键。因为粉末物质对防腐剂有吸附,会影响其分散效果;同时,粉类物质本身也比较适合微生物的生长。所以,应选择具有广谱抑菌效能的防腐剂。

另外,根据使用者皮肤的状态和个人喜好,在使用时加入一些天然营养物(如新鲜黄瓜汁、果汁、蜂蜜和蛋清等),调制成天然浆泥面膜,以增强其护肤养肤效果。注意天然营养面膜需要现制现用,不能久存,以免受到微生物等污染。

2. 粉状面膜配方设计主体原则

粉状面膜是一种细腻、均匀、无杂质的粉末状物质,性能良好的粉状面膜应能满足以下要求:

① 对正常皮肤安全无刺激性;
② 符合规定的香气,常温下 pH 值在 5.0～10.0(25℃);
③ 面膜的粉质细腻、均匀、无结块和杂质,滑石粉的体系不能含有石棉;
④ 具有适当的干燥时间,用后容易清洗;
⑤ 贴合皮肤,能达到洁肤、护肤和美容的功效。

3. 粉状面膜的配方实例

粉状面膜的配方举例见表 6-5、表 6-6。

表 6-5 粉末面膜(一)

组分	质量分数/%	组分	质量分数/%
甘油	7.8	橄榄油	1.9
滑石粉	19.7	对羟基苯甲酸甲酯	0.5
氧化锌	19.7	香精	适量
聚氧乙烯山梨醇月桂酸酯	1.0	高岭土	余量

表 6-6 粉末面膜(二)

组分	质量分数/%	组分	质量分数/%
滑石粉	20.0	米淀粉	10.0
氧化锌	10.0	香精	适量
防腐剂	适量	乙醇	适量
硅酸盐	5.0	高岭土	余量

4. 粉状面膜的生产工艺

粉状面膜的生产工艺比较简单,先将粉质原料研细、混合,然后将液体物质喷洒于其中,搅拌均匀后过筛即可。具体流程如图 6-2 所示。

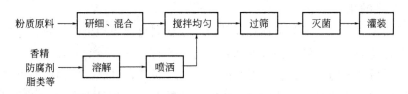

图 6-2　粉状面膜的生产工艺流程

生产过程应注意：a. 粉质原料需研细，否则可能导致面膜不细腻，影响使用感。b. 灭菌要到位，否则可能使面膜微生物超标，导致产品不合格。

三、膏状面膜的配方设计及生产工艺

与剥离类面膜相比，膏状面膜不能成膜，使用后须清洗。使用时涂于面部和颈部达一定厚度，保持 20～30min 洗去，即可达到护肤、美容的效果。与剥离类面膜相比，使用时用量相对较多，以确保面膜的营养成分尽可能被皮肤充分吸收。

1. 膏状面膜的配方组成

膏状面膜除不加成膜剂外，配方主要原料与剥离类面膜相同，有粉质原料、溶剂及辅助原料等。若在配方中加入适当的凝胶剂，则可在洗去面膜前喷洒或涂上固化液，过数分钟后即可将固化膜揭下，省去清洗的繁琐。

2. 膏状面膜配方设计主体原则

膏状面膜配方设计的主体原则与剥离类面膜类似，主要有以下几方面：

① 对正常皮肤无害、无刺激性；

② 常温下 pH 值在 3.5～8.5（25℃）；

③ 符合规定的香气，色泽、香气和质地等在一定的条件下（−5～40℃）保持稳定；

④ 面膜膏体细腻，无杂质，具有适当的干燥时间；

⑤ 清洗相对方便，能达到洁肤、护肤和美容的功效。

3. 膏状面膜的配方实例

膏状面膜实例见表 6-7、表 6-8。

表 6-7　膏状面膜（一）

组分	质量分数/%	组分	质量分数/%
钛白粉	5.0	橄榄油	6.0
高岭土	10.0	淀粉	5.0
滑石粉	5.0	甲壳素	4.0
甘油	10.0	香精、防腐剂	适量
棕榈酸异丙酯	8.0	去离子水	余量

表 6-8　膏状面膜（二）

组分	质量分数/%	组分	质量分数/%
白油	8.0	橄榄油	2.0
乳化硅油	5.0	山梨醇	5.0
高岭土	35.0	三乙醇胺	适量（调 pH 至 6～7）
氧化锌	5.0	香精、防腐剂	适量
甲壳素	5.0	去离子水	余量
Aculyn 22（增稠剂）	5.0		

4. 膏状面膜的生产工艺

膏状面膜的生产除没有加成膜剂外，其他与膏状剥离面膜的生产相同。先将粉质原料在去离子水中混合均匀，将油脂、保湿剂和营养物质等与余下的溶剂混合溶解后，加入粉质原料的水相中，最后加入防腐剂、香精混合搅拌均匀，脱气，过滤，冷却后即可包装。因产品为糊状，黏度较大，生产时最好选用出料时能自动提升锅盖并能倾斜倒出的真空乳化设备。生产工艺流程如图 6-3 所示。

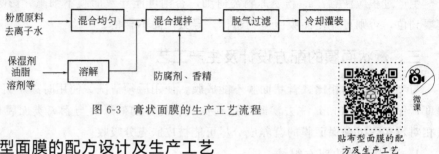

图 6-3 膏状面膜的生产工艺流程

贴布型面膜的配方及生产工艺

四、贴布型面膜的配方设计及生产工艺

贴布型面膜使用简单方便，使用时皮肤感觉清爽舒适，便于携带和长时间保存，无需清洗，受到消费者的喜爱。使用时，打开密封包装袋，取出一张成型面膜紧密贴合在面部，经 15～20min，面膜液逐渐被吸收，然后将近乎干燥的面膜布揭下，达到清洁、滋养和美容的目的。

1. 贴布型面膜的配方组成体系

贴布型面膜由面膜液和面膜布组成，其中面膜液配方对效果至关重要。面膜液有透明和不透明体系，前者的配方体系类似于化妆水（第四章），后者类似于乳液（第二章）。

一片面膜的面膜液质量为 20～30g，一次用量是普通化妆水或乳液的 30 倍以上，并且面膜的使用方式使得其成分较一般化妆品易吸收，因此防腐剂应高效广谱，具有较好扩散性、持久性和配伍性，以及低刺激性，如由甘油辛酸酯、乙基己基甘油和 1,2-戊二醇、1,2-己二醇、1,2-辛二醇等二元醇复配的第三代防腐体系。

面膜布最常见的是无纺布类纤维织物，其性价比高，但亲肤性差，厚重不敷贴，也不环保。后期又出现了果纤面膜布、蚕丝面膜布、天蚕丝面膜布、备长炭面膜布、壳聚糖面膜布等新型面膜布，亲肤性明显改善，但成本相对也较高。

2. 贴布型面膜配方设计主体原则

设计贴布型面膜时需注意以下原则：

① 对正常皮肤安全、无刺激性；

② 符合规定的香气，常温下面膜液的 pH 值在 3.5～8.5（25℃）；

③ 面膜液呈均匀液态，无浑浊和沉淀；

④ 选择的面膜布对面部皮肤无刺激性且有一定的贴合度；

⑤ 能达到洁肤、护肤和美容的功效。

3. 贴布型面膜的配方实例

贴布型面膜液的配方实例如表 6-9、表 6-10 所示。

表 6-9　贴布型面膜液

组分	质量分数/%	组分	质量分数/%
甘油	10.0	丁二醇	5.0
透明质酸钠	0.1	红没药醇	0.2
天然抗过敏物	1.0	吐温-80	0.5
EDTA 二钠盐	0.05	防腐剂	适量
香精	适量	去离子水	余量

表 6-10　贴布型抗皱面膜液

组分	质量分数/%	组分	质量分数/%
甘油	10.0	燕麦-β-葡聚糖	2.00
尿囊素	0.20	氨基丁酸	0.50
卡波姆	0.20	乙酰羟脯氨酸	1.00
EDTA 二钠盐	0.10	防腐剂	适量
丁二醇	3.0	香精	0.05
透明质酸钠	0.05	PEG-40 氢化蓖麻油	0.50
三乙醇胺	0.20	去离子水	余量
甜菜碱	2.00		

4. 贴布型面膜的生产工艺

贴布型面膜的生产工艺包括面膜液的生产及其特殊的包装工艺。其中，面膜液生产同水/乳剂类化妆品。包装时将预先剪裁成面部形状的面膜布放入铝箔袋中，灌入面膜液，然后将包装袋密封，压袋，待袋内的面膜布浸透了面膜液即得贴布型面膜。其生产工艺流程如图 6-4 所示。

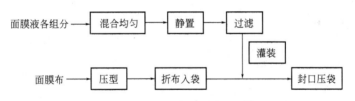

图 6-4　贴布型面膜的生产工艺流程

【素质拓展】

创新：第一驱动力

创新是引领发展的第一驱动力。只有坚持创新发展，不断创造差异化，才能在激烈的竞争中博得消费者的眼球，赢取未来。面膜，作为护肤品中的重量级保养品品类，因其快速补充面部营养而受到消费者的持续热捧。随着消费升级，科技创新赋予面膜领域新的发展动能，依靠创新赢得市场与客户的拉锯战风生水起、方兴未艾。莱赛尔膜布、植物纤维膜布、海藻纤维膜布、玻尿酸膜布等膜布创新带来面膜的持续升级，采用 VFD真空冻干科技的冻干面膜以其高技术含量夺得消费者的青睐和市场份额的增长……这些都成为全球性消费者主权运动旗帜下一道靓丽的风景线，引领着美丽经济的时尚风向标，抒写着新的时代风流。

思 考 题

1. 简述面膜的作用。
2. 剥离类面膜、粉状面膜、贴布型面膜在原料组成和使用方法上各有什么区别？
3. 简述剥离类面膜的生产工艺。
4. 贴布型面膜液在原料选择时应注意什么？
5. 请分析表 6-10 所示配方。

芦荟面膜的制备

实训九　面膜的制备

一、面膜简介

面膜是护肤品中的一个类别。其最基本也是最重要的目的是弥补卸妆与洗脸仍然不足的清洁工作，在此基础上配合其他精华成分实现其他的保养功能，例如补水保湿、美白、抗衰老等。面膜的工作原理就是利用覆盖在脸部的短暂时间，暂时隔离外界的空气与污染，提高肌肤温度，扩张皮肤毛孔，促进汗腺分泌与新陈代谢，使肌肤的含氧量上升，有利于肌肤排除表皮细胞新陈代谢的产物和累积的油脂类物质，面膜中的水分和营养物质渗入皮肤，使皮肤变得柔软，肌肤自然光亮有弹性。

面膜有多种类型，按照质地可分为撕拉型面膜、调和膏状面膜、乳霜型面膜、鲜果自制面膜、贴布型面膜（无纺布型）。

二、实训目的

① 提高学生对面膜配方的理解。
② 锻炼学生的动手实践能力。
③ 提高学生对化妆品实训装置的操作技能。

三、实训仪器

乳化机、均质机、电子天平、恒温水浴锅、去离子水装置、恒温水箱、烧杯、数显温度计。

四、面膜的制备

1. 制备原理

当面膜液为乳液时，其制备原理和乳剂类化妆品的制备原理相同，即将油相原料加热熔融，水相原料加热溶解，再加入乳化剂、防腐剂等制成乳液，如果是制备贴布型面膜，则在后面加上包装步骤。

2. 贴布型面膜精华液配方（无纺布型）

贴布型面膜精华液配方实例见表 6-11。

表 6-11　贴布型面膜精华液

组相	原料名称	质量分数/%
A 相	去离子水	余量
A₁ 相	甘油	5.0
	黄原胶	0.2
	卡波 980	0.1
	羟乙基纤维素	0.1
	透明质酸钠	0.1
A₂ 相	EDTA 二钠盐	0.05
	芦芭胶油 CG	2.0
	PPG-10 甲基葡糖醚	1.0
A₃ 相	尼泊金甲酯	0.2
B 相	10%氢氧化钾	0.6
C 相	烟酰胺	0.05
	葡聚糖	1.0
	芦荟提取物	0.5
	苯氧乙醇	0.1
D 相	二丙二醇	10.0
	芦荟香精	3～5 滴

3. 制备步骤

① 准确称量 A₁ 相原料加入 200mL 烧杯中搅拌均匀，再加入 A、A₂ 相，加热搅拌混合均匀，待温度上升到 50℃时加 A₃ 相，用均质机均质 3min，加热到 80～85℃，保温搅拌 10min；

② 降温到 70℃，加入 B 相，继续搅拌 5min，然后边搅拌边冷却；

③ 冷却至 45～50℃，加入 C、D 相，继续搅拌至溶解完全；

④ 冷却至 35～40℃，调 pH 值为 5.0～7.5，即得产品。

4. 无纺布面膜包装步骤

无纺布面膜包装步骤如图 6-5 所示。

图 6-5　无纺布面膜包装步骤

5. 睡眠面膜配方

睡眠面膜配方实例见表 6-12。

表 6-12 睡眠面膜

组相	原料名称	质量分数%
A₁ 相	去离子水	余量
	卡波 U20	0.6
A₂ 相	1,3-丁二醇	5.0
	甘油	4.0
	丙二醇	2.0
	海藻糖	0.6
	透明质酸	0.25
B 相	环五聚二甲基硅氧烷	4.0
	吐温-20	0.5
	聚二甲基硅氧烷	2.0
	角鲨烷	1.5
	单甘酯	0.8
C 相	TEA	0.6
D 相	果绿 1%	0.05
	香精	3-5 滴
E 相	1,2-己二醇	0.5
	馨香酮	0.5

6. 操作步骤

① 依次加 A₁ 相中原料于 500mL 烧杯中，搅拌均匀，然后加热到 50℃时加入 A₂ 相原料，搅拌混合均匀，继续加热到 85℃，得 A 相，保温待用；

② 另取一个 500mL 烧杯加入 B 相原料，加热搅拌混合溶解，继续加热到 85℃，得 B 相，保温待用；

③ 将 B 相倒入 A 相中，启动乳化机乳化 10min，再均质 3min，冷却降温；

④ 待温度降到 45℃后，依次加入 C 相、D 相和 E 相原料，继续降温到 38℃后，停止搅拌即得产品。

五、思考题

1. 简要分析上述两个面膜液的配方。
2. 简述贴布型面膜的制备过程。
3. 面膜包括哪几种类型？其配方和性能有何区别？
4. 简要描述贴布型面膜的包装步骤。

第七章
护发和美发用化妆品

【学习目的与要求】

使学生掌握护发素、发乳、发油、发蜡的配方组成、配方设计及制备工艺；使学生掌握烫发用品、染发用品、定发用品的配方组成、配方设计及制备工艺。

头发由蛋白纤维构成，蛋白质在酸、碱、干燥、紫外光照射等环境下，会发生变性和断裂。经常使用碱性香波洗发，会使发质中的油脂过多溶解，蛋白质周围保护液减少，暴露在空气中的蛋白质增多，致使发生变性和断裂的可能性增加。因此，洗发后应该经常对头发进行养护。

第一节　护发用品的配方及生产工艺

护发用品的作用是使头发保持天然、健康和美丽的外观，使其光亮而不油腻，赋予头发光泽、柔软和生机。头发洗涤后，头发上的油脂几乎消失殆尽。现今，虽然使用较温和的调理香波，但难免会造成头发过度脱脂和某些调理剂的积聚。此外，随着染色、烫发和定型发胶、摩丝的使用，洗发频率的增加以及日晒和环境的污染，也使头发受到不同程度的损伤。目前市场上主要的护发产品有护发素、发乳、发油、发蜡等。为了达到良好的修饰效果，护发用品的具体要求包括：a. 能改善头发的梳理性能；b. 具有抗静电作用；c. 能赋予头发光泽；d. 能保护头发表面。此外，还可根据不同的使用需求，赋予产品特定的功能，如改善卷曲头发保持能力的定型作用；修复受损头发，润湿头发和抑制头屑或皮脂分泌等的养发作用。

一、护发素

护发素亦称润丝，一般与香波配套使用，洗发后将适量护发素均匀涂抹在头发上，轻揉 1min 左右，再用清水漂洗干净。洗发香波是以阴离子、非离子表面活性剂为主要原料，而护发素的主要原料是阳离子表面活性剂，可以中和残留在头发表面带阴离子的分子，形成单分子膜，而使缠结的头发顺服，柔软有光泽，易于梳理，并具有抗静电作用。有的护发素还具有定型及养发作用。由于阴离子表面活性剂与阳离子表面活性剂复配通常会降低效用，且阳离子聚合物及调理香波大多存在易聚积的弊端，因此，目前仍以洗发、护发分开效果更佳。

护发素的品种繁多，按剂型分类有透明液体、乳液、膏体、凝胶、气雾剂护发素等。按

微课

护发素的配方
组成及生产工艺

功能分类：有通常护发用、干性发质用、受损发质用、头屑用、防晒用护发素等。按使用方法分类：有水洗、免洗、焗油护发素等。

1. 护发素的配方组成

护发素主要由表面活性剂、阳离子聚合物、增脂剂、增稠剂、其他成分（包括防腐剂、着色剂、香精等）组成。其中，表面活性剂主要起乳化、抗静电、抑菌作用；辅助表面活性剂可以辅助乳化；阳离子聚合物可对头发起到柔软、抗静电、保湿和调理作用；增脂剂（如羊毛脂、橄榄油、硅油等）在护发素中可改善头发营养状况，使头发光亮，易梳理；增稠剂调节黏度，改变流变性能其他成分（如去头屑剂、润湿剂、防晒剂、维生素、水解蛋白、植物提取液等）赋予护发素各种特殊功效。护发素配方组成、功能及代表性物质如表7-1所示。

表7-1　护发素配方组成、功能及代表性物质

组成		功能	代表性物质
表面活性剂		乳化、抗静电、抑菌	季铵盐类阳离子表面活性剂、非离子表面活性剂
阳离子聚合物		调理、抗静电、黏度调节、头发定型	季铵化羟乙基纤维素、季铵化水解角蛋白、季铵化二甲基硅氧烷、季铵化壳聚糖等
增脂剂	基质制剂	形成稠厚基质、赋脂剂	脂肪醇、蜡类、硬脂酸酯类
	油分	调理剂、赋脂剂	动植物油脂
增稠剂		调节黏度、改变流变性能	盐类、羟乙基纤维素、聚丙烯酸树脂
其他成分		视具体成分而异	螯合剂、抗氧剂、香精、防腐剂、着色剂、珠光剂、酸度调节剂、稀释剂、去头屑剂、定型剂、保湿剂等

2. 护发素的配方实例

护发素配方实例见表7-2~表7-4。

表7-2　配方1（调理型护发素）

原料成分	质量分数/%	原料成分	质量分数/%
双硬脂基二甲基氯化铵(75%)	1.5	季铵化水解角蛋白	1.0
二羟甲基二甲基乙内酰脲	0.1	硅油	1.5
十六醇醚	0.5	对羟基苯甲酸甲酯	0.15
十六醇~十八醇(混合醇)	5.0	硬脂酸	1.0
维生素E乙酸酯	0.5	香精、着色剂	适量
维生素A棕榈酸酯	0.1	去离子水	余量
柠檬酸(调节pH值至4.5)	适量		

表7-3　配方2（透明型护发素）

原料成分	质量分数/%	原料成分	质量分数/%
十二烷基二甲基苄基氯化铵	3.0	防腐剂	适量
丙二醇	10.0	着色剂	适量
吐温-20	2.0	去离子水	75.0
乙醇	10.0	香精	适量

表7-4　配方3（滋润护发素）

原料成分	质量分数/%	原料成分	质量分数/%
角鲨烷	1.0	单硬脂酸甘油酯	2.0
聚氧乙烯(20)油醇醚	4.0	单硬脂酸乙二醇酯	3.0

原料成分	质量分数/%	原料成分	质量分数/%
聚氧乙烯(20)失水山梨醇单油酸酯	2.0	尼泊金甲酯	0.1
十六烷基三甲基氯化铵	1.0	着色剂	适量
聚乙烯吡咯烷酮	0.5	香精	适量
透明质酸	0.4	去离子水	余量

3. 护发素的生产工艺

护发素主要分乳化型和透明型，市场上多为乳化型护发素。其生产工艺流程如图 7-1 所示。

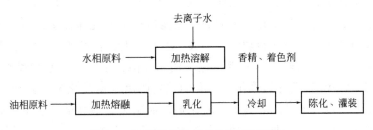

图 7-1　乳化型护发素的生产工艺流程

各种原料经检验合格后才可使用。配制容器应是不锈钢蒸汽加热锅或搪瓷锅，避免使用铁制容器和工具。

（1）水相原料溶解　先将去离子水加入夹套溶解锅中，再加入阳离子表面活性剂、水溶性成分（如甘油、丙二醇、山梨醇等保湿剂，水溶性乳化剂等）。搅拌下加热至约 90℃，维持 20min 灭菌，然后冷却至 75～85℃待用。如配方中含有水溶性聚合物，应单独配制，将其溶解在水中，在室温下充分搅拌使其均匀溶胀，防止结团，如有必要可进行均质，在乳化前加入水相。要避免长时间加热，以免引起黏度变化。

（2）油相原料熔融　将增脂剂、乳化剂和其他油溶性成分加入夹套溶解锅内，开启蒸汽加热锅，不断搅拌下加热至 75～85℃，使其充分熔化或溶解待用。避免过度加热和长时间加热，防止氧化变质。容易氧化的油分、防腐剂和乳化剂等可在乳化之前加入油相，溶解均匀后即可进行乳化。

（3）乳化和冷却　上述油相和水相原料通过过滤器后按照一定的顺序加入乳化锅内，在一定的温度（如 75～85℃）条件下，进行搅拌和乳化。冷却至约 45℃，搅拌加入香精、着色剂、维生素或热敏的添加剂等，搅拌混合均匀。冷却至室温，卸料。

（4）陈化和灌装　一般贮存陈化 1 天或几天后再用灌装机进行灌装。灌装前需要对产品进行质量评定，质量合格后方可进行灌装。

上述生产工艺属乳化型护发素的一般生产工艺。若为透明型护发素，即可将阳离子表面活性剂溶于水中后，再将已溶解的香精、着色剂的乙醇溶液加入其中，并在搅拌下加入其他原料，混合均匀，静置，过滤即可进行包装。

二、发乳

发乳是一种乳化型膏乳状轻油型护发用品。由于发乳携带、使用方便，已替代了发油、发蜡，成为消费者所喜爱的护发、定型化妆品。发乳具有赋予头发光泽、柔软滋润、防止断裂的作用。发乳还有定发作用，在发乳中添加不同的药物或营养成分使其具有养发作用。发乳有 O/W 型和 W/O 型两种类型，以 O/W 型为主，W/O 型发乳定型效果不如 O/W 型。O/W 型发乳能使头发柔软、有可塑性，能帮助梳理成型。油脂覆盖于头发上减缓头发水分的挥发，防止头发枯燥和断裂。油脂残留于头发上，延长了头发的定型时间并保持自然光泽，而且易于清洗。发乳配方中约 30%～70% 的水分代替了油分，使得成本较低。

1. 发乳的配方组成

发乳的性能与选用的原料和配方有密切关系。O/W 型发乳采用的原料主要包括油相原料、水相原料、乳化剂和添加剂。油相原料有蜂蜡、凡士林、白油、橄榄油、蓖麻油、羊毛脂及其衍生物、角鲨烷、硅油、高级脂肪酸及其酯、高级醇等，以白油、白凡士林、鲸蜡、蜂蜡、十六～十八混合醇等为主；选用的油脂应能保持头发光泽而不油腻，用量也应适当，如蜂蜡和十六醇用量多，会造成梳理时"白头"不易消失。在考虑产品配方时，要求原料质量稳定，并要求发乳具有耐热、耐寒性，色泽洁白，pH 为 5～7。水相原料除了去离子水外，还有保湿剂。O/W 型发乳的乳化剂，有的采用阴离子型乳化剂，如硬脂酸-三乙醇胺、硬脂酸、氢氧化钾；也有的采用非离子型乳化剂，如单硬脂酸甘油酯、单硬脂酸乙二醇酯、司盘及吐温系列等；也可阴、非离子型乳化剂混合使用。添加剂主要指赋形剂、防腐剂、螯合剂及香精等。发乳的配方原料及功能见表 7-5。

表 7-5 发乳的配方原料及功能

种类	品种	功能
油性成分	白油（低黏和中黏）	滋润头发，使头发具有光泽和定型效果
	凡士林、高碳醇及各种固态蜡类	提高稠度，增加乳化稳定性
	羊毛脂及其衍生物、动植物油类	改善油腻的感觉，增进头发的吸收
乳化剂	脂肪酸的三乙醇胺皂类、甘油单硬脂酸酯、脂肪醇硫酸盐、聚氧乙烯衍生物等	乳化作用
水溶性高分子物质	黄蓍胶、聚乙烯吡咯烷酮等	增加头发黏度，有利于乳化体稳定，改进发乳固定发型的效果
营养添加剂	水解蛋白、人参、当归等	补充头发营养、修复受损头发
活性物质	金丝桃等中草药提取液等	消炎、杀菌、去屑、止痒等
防腐剂	油溶性防腐剂和水溶性防腐剂	抑制微生物生长、使产品稳定
抗氧剂	按配方规定加入	防止产品中成分氧化变质
香精、着色剂	按配方规定加入	赋予产品香气、颜色

2. 发乳的配方实例

发乳的配方实例见表 7-6、表 7-7。

表 7-6 配方 1（O/W 型发乳）

原料成分	质量分数/%	原料成分	质量分数/%
蜂蜡	5.0	硼砂	0.3
凡士林	15.0	甘油	3.0
羊毛脂	5.0	防腐剂	适量
白油	15.0	香精	适量
吐温-60	3.8	去离子水	余量
司盘-60	4.2		

表 7-7　配方 2（O/W 型发乳）

原料成分	质量分数/%	原料成分	质量分数/%
液体石蜡	13.0	甘油	4.0
硬脂酸	5.0	抗氧剂	0.2
无水羊毛脂	4.0	去离子水	70.4
三乙醇胺	1.8	防腐剂	0.5
黄蓍胶	0.7	香精	0.4

3. 发乳的生产工艺

发乳的生产工艺流程与乳化体的生产流程相似。先检验原料是否合格，然后按配方记录顺序进行配料，为保证发乳质量，一人配料，一人复查，其配制过程常采用连续锅组法。O/W 型发乳的生产工艺如下：

① 先将所有的油溶性原料加热，略高于蜡的熔点，使其充分熔化，并维持在 85~90℃，制得油相；

② 在另一不锈钢夹套加热锅中加入去离子水、防腐剂和其他水溶性原料，搅拌溶解均匀，升温至 90~95℃，维持灭菌 20min，制得水相；

③ 油相经密闭过滤器流入保温乳化锅内，温度 85~90℃，加入水相进行乳化，同时开动均质搅拌机 5~10min，启动刮壁搅拌器 5~10min 后，停均质搅拌，继续刮壁搅拌，冷却水回流至温度为 40~42℃时加入香精；

④ 在规定温度 38℃下取出发乳样品 10g，离心分离 10min，3000r/min，检验乳化稳定度。测定结果：试管底部析出水分小于 0.3mL 时认为乳化稳定。在乳化锅内加压缩空气，由管道将发乳输送至包装工段进行灌装。

制备 W/O 型发乳时，可采用阴离子型乳化剂或非离子型乳化剂，制备工艺与 O/W 型发乳类似。

三、发油

发油又称头油，含油量高，不含乙醇和水，是重油型的护发品。作用是弥补头发油性不足，增加光泽度，防止头发及头皮过分干燥，以及头发断裂、脱落，起到滋润和保养头发的作用。但由于发油有厚重的油腻感，使用者日益减少。

1. 发油的配方组成

发油的护发功能体现在油溶性原料，主要是植物油和矿物油，一般多采用凝固点较低的纯净植物油或精制矿物油。植物油能被头发吸收，但润滑性不如矿物油，且易酸败。常用的植物油有：蓖麻油、橄榄油、花生油、杏仁油等。实际配方中往往由两种或更多的油脂复合使用，以增加产品的润滑性和黏附性。矿物油有良好的润滑性，不易酸败和变味，但不能被头发吸收。常用的矿物油、脂有白油、凡士林等。还可加入羊毛脂衍生物以及一些脂肪酸酯类等与植物油和矿物油完全相溶的原料，以改善油品性质、抗酸败和增加吸收性。为防止酸败可加入抗氧剂（如维生素 E、对羟基苯甲酸丙酯、丁基羟基茴香醚 BHA、2,6-二叔丁基对甲酚 BHT），一般用量为 0.01%~0.1%。为减轻日光中紫外线对头发的损害，还可加入防晒剂。由于发油中油性原料较多，尽量选择少量油溶性香精和着色剂。发油的配方原料及功能见表 7-8。

表 7-8　发油的配方原料及功能

种类		品种	功能
油脂类	动植物油类	橄榄油、蓖麻油、花生油、豆油、杏仁油等	良好的渗透性；不稳定，多用矿物油代替
	矿物油	白油（异构烷烃含量较高）	较稳定，头发润滑性好，对头发有光泽和修饰作用，价格便宜，产品中较常见
	其他油脂	脂肪醇、脂肪酸酯、非离子型表面活性剂等	调节黏度、提高香料溶解性
	羊毛脂类	乙酸羊毛脂、羊毛脂异丙醇等羊毛脂衍生物	保护头发，增加头发的光泽，防止油脂的酸败
	脂肪酸酯类	肉豆蔻酸异丙酯、棕榈酸异丙酯等	改善油脂类基质性质，阻滞酸败；使头发滋润有光泽
添加剂	防晒剂	按产品要求	减轻日光中紫外线损害
	抗氧剂	按产品要求	防止产品变质，使产品稳定
	着色剂、香精	按产品要求	赋予产品艳丽外观及香气

2. 发油的配方实例

发油的配方实例见表 7-9、表 7-10。

表 7-9　配方 1（发油）

原料成分	质量分数/%	原料成分	质量分数/%
白油	70.0	香精	适量
橄榄油	15.0	着色剂	适量
乙酰化羊毛脂	15.0	抗氧剂	适量

表 7-10　配方 2（发油）

原料成分	质量分数/%	原料成分	质量分数/%
白油	20.0	香精	适量
蓖麻油	50.0	着色剂	适量
杏仁油	30.0	抗氧剂	适量

3. 发油的生产工艺

发油的生产工艺流程如图 7-2 所示。

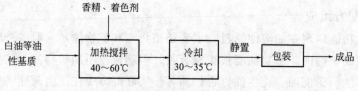

图 7-2　发油的生产工艺流程

配制发油的容器应是不锈钢蒸汽加热锅或耐酸搪瓷锅，避免采用铁制容器和工具，因香精中的有机酸可造成容器腐蚀；同时还要注意白油中的微量水分会使发油透明度差。

（1）准备工作　为了增加香精在白油中的溶解度，需将白油进行加热，温度 40～60℃，温度偏高会造成香气变差。加热白油的温度在 40℃较为理想。搅拌 10min 后，白油能使香精完全溶解，发油变得清晰透明。如果发油略有浑浊，说明香精不能完全溶解于白油，可适当提高白油的温度。在调试香精配方时，应注意各种香精在白油中的溶解度。

（2）按配方称量，加入香精搅拌均匀　在装有搅拌器的夹套加热锅中，按配方加入白油及其他油类，加热搅拌，加热温度视香精的溶解情况而定。加热到所需温度后，加入香精、抗氧剂、着色剂，搅拌溶解均匀，直至发油透明，约 10min。开夹套冷却水，使物料冷却至 30～35℃，取样化验，10℃时应保持透明，同时将产品留样保存数月后观察，没有不溶解的香精沉于瓶底。

（3）静置　制备完成的发油，送至贮存锅静置，使发油中可能存在的固体杂质沉积于贮存锅底部。隔夜从放料管放出的发油即可送至装瓶。

（4）包装　要求包装材料干净无水分。装瓶后的发油应清晰透明无杂质。

四、发蜡

发蜡的配方组成及生产工艺

发蜡用于修整硬而不顺的头发，使头发保持一定的形状，并使头发油亮。发蜡是一种半固体的油、脂、蜡混合物，含油量高，外观呈透明的胶冻状或半凝固油状，以大口瓶或软管包装，属重油型护发化妆品。发蜡是一个既老又新的发用定型产品。说它老，是因为发蜡很早就上市了，但由于油腻感导致了发蜡市场停滞不前；说它新，是由于在新技术的投入下，更适合使用的全新的产品问世，在护发用品中的地位朝着一个趋好的方向发展。

1. 发蜡的配方组成

发蜡的主要原料有蓖麻油、白凡士林、松香等动植物油脂及矿脂，还有香精、着色剂、抗氧剂等。为改善其性能，常加入合成蜡及聚氧乙烯类非离子表面活性剂。

发蜡主要是用油和蜡成分来滋润头发，使头发具有光泽并保持一定的发型。发蜡主要有两种类型：一种是由植物油和蜡制成；另一种是由矿脂制成。矿脂发蜡无油臭味，光泽性、整发性及赋香性均比植物油制成的发蜡强，但植物油制成的发蜡易于清洗去除，被东方人所喜爱。发蜡的缺点是黏稠、不易洗净去除。因此可在配方中加入适量植物油和白油，降低制品的黏度，增加滑爽的感觉。

2. 发蜡的配方实例

发蜡的配方实例见表 7-11、表 7-12。

表 7-11　配方 1（植物性发蜡）

原料成分	质量分数/%	原料成分	质量分数/%
蓖麻油	70.0	香精	2.0
橄榄油	16.0	着色剂	适量
精制木蜡	12.0	抗氧剂、防腐剂	适量

表 7-12　配方 2（矿物性发蜡）

原料成分	质量分数/%	原料成分	质量分数/%
固体石蜡	8.0	橄榄油	32.0
液体石蜡	10.0	香精、着色剂	适量
凡士林	50.0	防腐剂、抗氧剂	适量

3. 发蜡的生产工艺

植物油和蜡制成的发蜡和矿脂制成的发蜡的制备过程基本相同，但两种类型的具体操作条件略有区别。配制发蜡的容器一般采用装有搅拌器的不锈钢夹套加热锅。整个系统都应采取保温措施，以免发蜡凝固堵塞管道。具体步骤如下：

（1）原料熔化　在装有搅拌器的夹套加热锅中，按配方加入油、脂、蜡成分，加热熔化，温度为使蜡熔化的最低温度，避免高温氧化酸败。植物性发蜡的配制：一般把蓖麻油等植物油加热至 40～50℃，蜡类原料加热至 60～70℃备用。矿物性发蜡：原料熔化温度较高，如凡士林需加热至 80～100℃，并抽真空，通入干燥氮气，吹去水分和矿物油气味后备用。

（2）混合、加香　植物性发蜡配制：把已熔化备用的油脂混合，维持温度在 60～65℃，同时加入着色剂、香精、抗氧剂，开动搅拌器搅拌均匀，通过过滤器后即可浇瓶。矿物性发蜡的配制：把熔化备用的凡士林等加入混合锅，再加入其他配料，冷却至 60～70℃，加入香精，搅拌均匀，过滤浇瓶。包装用的瓶子应保持在一定温度，以免发蜡局部过快冷却影响外观。

（3）浇瓶冷却　植物性发蜡浇瓶后，为了使结晶较细，增加透明度，需要快速冷却，因此将其放在 -10℃ 的专用工作台面上。矿物性发蜡浇瓶后，为防止发蜡与包装容器之间产生孔隙，通常把整盘浇瓶的发蜡放入 30℃ 的恒温室内慢慢冷却。

第二节　烫发、染发、定发用品的配方及生产

一、烫发用品

微课

烫发用品的配方
及生产工艺

烫发用品是指能改变头发弯曲程度，美化发型，并维持相对稳定的化妆品。烫发包括卷发和直发。头发的化学成分几乎都是由角蛋构成，角蛋的主要成分是胱氨酸。胱氨酸是氨基酸的一种，分子中含二硫键、离子键、氢键以及范德华力等多种作用力。烫发主要是将直发处理成卷曲状，实质就是将 α-角蛋的直发自然状态改变为 β-角蛋的卷发状态。要实现这种转变，必须施加外力。烫发的方法有水烫、火烫、电烫和冷烫等。目前流行的是电烫和冷烫，其中尤以冷烫较为科学和安全，其他方法已逐渐被淘汰。

1. 烫发用品的配方设计

烫发最常用的方法是冷烫。冷烫法的原理是由冷烫液（也称化学卷发液）中的成分将角蛋中的二硫键还原，再用氧化剂使头发在卷曲状态下重新生成新的二硫键，而实现头发的长时间形变。市售冷烫液一般由二剂型组合构成，配套使用。

第一剂是碱性卷发剂，具有切断二硫键的作用，包括：a. 还原剂，冷烫液的主要原料，主要有巯基乙酸，因毒性和刺激性问题，常使用毒性较巯基乙酸稍低的铵盐（或钠盐）。当介质 pH 为 9 时，限定巯基乙酸铵的浓度不超过 8.0%。其他类还原剂有硫代羧酸酯类、硫代乙酰胺类等。b. 碱性物质，主要提供介质的 pH 值，利于头发的处理。需要指出的是制品中游离氨的含量和 pH 值对冷烫效果影响较大，pH 值一般维持在 8.5～9.5。碱性物质包括氨水、三（单）乙醇胺、碳酸氢铵、氢氧化钾（钠）、碳酸钾（钠）、硼砂等。主要使用氨水和三乙醇胺，氨水具有挥发性，可在烫发过程中不断挥发，减少对头发的损伤，本身作用温和且容易渗透，故烫发效果较好，但稳定性较差。

第二剂是酸性中和剂，通过氧化反应将断开的二硫键重新连接。常用的氧化剂有过氧化

氢、溴化钠、溴酸钾和过硼酸钠等。氧化剂对卷曲的头发起固定、定型作用，还可除去头发上残余的冷烫液。为使氧化剂保持稳定，需要添加一定量的稳定剂，如六偏磷酸钠、锡酸钠。

为使烫发剂具有良好的使用效果和保护头发的作用。经常加入体系的添加剂有：滋润剂，使头发柔韧、有光泽；软化剂，促进头发软化膨胀，利于处理液的渗透，加速卷发过程；乳化剂，主要加入乳液或膏霜类冷烫液中；增稠剂，增加制品稠度，避免卷发液有效成分的流失；调理剂，改善头发的梳理性，增加光泽；螯合剂以及香精、着色剂等。螯合剂的作用主要是避免铁离子对还原剂的影响。

还原剂功效体系设计见表 7-13。

表 7-13　还原剂功效体系设计

结构成分	主要功能	代表性原料	质量分数/%
还原剂	破坏头发中胱氨酸的二硫键	羟基乙酸盐 亚硫酸盐 半胱氨酸等	2～11 1.5～7.0 1.5～7.5
碱化剂	保持 pH 值	氢氧化铵、三乙醇胺、单乙醇胺、碳酸铵、氢氧化钾等	使 pH 值约为 9.0
螯合剂	螯合重金属离子,防止还原剂发生氧化反应,增加稳定性	EDTA 四钠盐、焦磷酸四钠等	0.1～0.5
润湿剂	改善头发的湿润作用,使烫发液更均匀地与头发接触	脂肪醇醚、脂肪醇硫酸酯盐类等	2
调理剂	调理作用,减少烫发过程中头发的损伤	蛋白质水解产物、季铵盐及其衍生物、赋脂剂、脂肪醇、羊毛脂、天然油脂、PEG 脂肪胺等	适量
珠光剂	赋予烫发液珠光外观	聚丙烯酸酯、乙二醇硬脂酸酯等	适量
溶剂	溶剂、介质	去离子水	余量
香精	赋香,掩盖羟基化合物和氨的气味	耐碱性的香精	0.2～0.5

氧化剂功效体系设计见表 7-14。

表 7-14　氧化剂功效体系设计

结构成分	主要功能	代表性原料	用量(质量分数)/%
氧化剂	使被破坏的二硫键重新形成	过氧化氢(按 100％计) 溴酸钠等	<2.5 >3.5
酸缓冲剂	保持 pH 值	柠檬酸、酒石酸、乙酸、乳酸、磷酸等	pH=2.5～4.5
螯合剂	螯合重金属离子增加稳定性	EDTA 四钠盐等	0.1～0.5
稳定剂	防止过氧化氢分解	六偏磷酸钠、锡酸钠等	适量
润湿剂	使中和剂充分湿润头发	脂肪醇醚、吐温系列、月桂醇硫酸酯铵盐等	1～4
调理剂	调理作用,提供湿润配位性	水解蛋白、脂肪醇、季铵化合物、保湿剂等	适量
珠光剂	赋予中和剂珠光外观	聚丙烯酸酯、聚苯乙烯乳液、乙二醇硬脂酸酯等	适量
溶剂	溶剂作用、介质	去离子水	余量

2. 烫发用品的配方实例及生产工艺

（1）烫发用品的配方实例如表 7-15、表 7-16 所示。

表 7-15　配方 1（普通冷烫液）

卷发剂组分	质量分数/%	中和剂组分	质量分数/%
巯基乙酸铵水溶液（50%）	11.0	溴酸钠	8.0
氨水（28%）	1.5	柠檬酸	0.05
液体石蜡	1.0	乳酸钠	0.01
油醇聚氧乙烯（30）醚	2.0	去离子水	余量
丙二醇	4.0		
EDTA 二钠盐	适量		
去离子水	80.5		

表 7-16　配方 2（单剂型冷烫液）

原料成分	质量分数/%	原料成分	质量分数/%
N-乙酰基-L-半胱氨酸	10.0	乳酸钠	适量
单乙醇胺	3.8	EDTA 二钠盐	适量
十八烷基三甲基氯化铵	0.1	香精、着色剂	适量
黄原胶	0.5	去离子水	余量
丙二醇	5.0		

配方 1 中卷发剂的配制：将液体石蜡、油醇聚氧乙烯（30）醚溶于去离子水中调匀，加入丙二醇及螯合剂溶解后，再加入氨水及巯基乙酸铵水溶液，充分混合后即得成品，装瓶密封。中和剂的配制：将乳酸钠加入去离子水中完全溶解，再加入溴酸钠溶解，最后加入柠檬酸调 pH 值，充分混合溶解后即得成品，装瓶密封。

配方 2 为单剂型冷烫液，使用的半胱氨酸衍生物是一种天然氨基酸成分，安全性高。半胱氨酸及其衍生物作还原剂，通过空气氧化。

（2）烫发用品的生产工艺　还原剂组分的配制：先将少量的添加剂组分溶于水中调匀，再加入其他水溶性组分及螯合剂等，溶解后，加入还原剂组分氨水及巯基乙酸铵等，充分混合后即得成品，装瓶密封。氧化剂组分的配制方法与其相似，如果为单剂型冷烫液，则无需配制氧化剂组分，采用空气氧化。烫发用品生产时，要特别注意金属离子对产品质量的影响，因此，在生产时一定不能使用铁制工具和容器，一般使用的工具和容器为不锈钢或塑料材质。

二、染发用品

染发是各种染料的作用结果，染发化妆品指改变头发颜色的发用化妆品，俗称染发剂。染发剂可制成各种剂型，如乳膏型、凝胶型、摩丝、粉剂、喷雾剂、染发香波等。按使用的染料分为植物性、矿物性和合成染发剂。按染发后色泽停滞在头发上的时间分为永久性染发剂、半永久性染发剂、暂时性染发剂、漂白剂。染发化妆品剂型分类如表 7-17 所示。

表 7-17　染发化妆品剂型分类

分类			主要成分
染发剂（国家特殊用途化妆品行政许可批件）	永久性染发剂	氧化型染发剂	中间体、偶合剂 过氧化物 碱剂
		非氧化型染发剂	多元酚 金属离子（主要为铁离子） 天然植物
	脱色剂、脱染剂（浅色染发剂等）	漂白剂	过氧化物 碱剂

分类		主要成分
染发化妆品（普通非特殊化妆品备案）	半永久性染发剂	分子量较大的可渗透的染料 促渗透剂 pH 调节剂
	暂时性染发剂	有机颜料 无机颜料

《化妆品安全技术规范》（2015 年版）中规定准用 75 种染发剂和 157 种化妆品用着色剂，其中部分原料为常用原料。

1. 染发用品的配方设计

染发剂一般有两剂，染发过程中，将Ⅰ剂与Ⅱ剂混合，Ⅱ剂中的过氧化氢使Ⅰ剂的中间体产生活性，发挥染色功能，同时过氧化氢对头发所含的黑色素进行氧化分解褪色，并使中间体渗透毛髓形成大分子色素"卡"在头发内部显色。根据染色机理的不同可分为：a. 单体的氧化染料渗透进头发，同时在氧化剂的作用下发生聚合，形成的聚合物着色剂永久固定在头发内，即永久性染发剂的着色机理。b. 酸性染料渗透至部分表皮和皮质内，通过离子键结合，使头发吸收着色剂，即半永久性染发剂着色机理。c. 颜料或染料定位在毛皮表面，即暂时性染发剂着色机理。d. 过氧化氢与氢氧化铵混合活化，将毛发内部的黑色素氧化分解，黑色素减少使头发呈白色或灰色，即脱色机理。

（1）永久性染发剂　着色鲜明、色泽自然、固着性较强、不易褪色的发用化妆品。永久性染发剂所使用的染料分为天然植物染料、金属盐类染料和合成氧化型染料三类。其中合成氧化型染料最为重要。永久性染发剂通常不直接使用染料，而是由一些低分子量的显色剂和偶合剂组成，经过氧化还原反应生成染料中间体，再进一步通过偶合反应或缩合反应生成较大的有色分子，封闭在头发纤维内，又称氧化型染发剂。

常见的显色剂有对苯二胺及其衍生物；偶合剂（成色剂）多为对苯二酚、间苯二酚等；氧化剂为过氧化物，如过氧化氢、过硼酸钠。氧化型染发剂染发必须发生氧化反应生成大分子显色，或加入多元醇、对氨基苯酚等中间体染成其他颜色。加入表面活性剂提高渗透、匀染、湿润等作用，加入其他添加剂减小对苯二胺对人体的危害。染发制品的 pH 值一般为9～11，因碱性条件下，头发处于膨胀状态，有利于染料中间体渗透，更易使染料氧化发色。但过强的碱性条件会刺激皮肤和毛发，引起损伤，并加速染料的自身氧化。由于生成的染料不易扩散出头发，染色作用相对具有永久性，一般可保持 1～3 个月，是发制品中最重要的一类，也是产量最大的一类。

永久性染发剂的剂型有乳液、膏体、凝胶、香波、粉末和气雾剂型等。永久性染发剂一般为双剂型，一剂型为以显色剂和偶合剂为主组成的氧化性染料剂，另一剂型为氧化剂，氧化剂基质的主要成分为过氧化氢，它可配制成水溶液，也可配制成膏状基质。单剂型永久性染发剂则采用双氧水和过硼酸钠作为氧化剂。主要配方组成见表 7-18。

（2）半永久性染发剂　染色牢度介于暂时性染发剂和永久性染发剂之间，主要是指能耐6～12 次香波洗涤的染发剂。半永久性染发剂不需要经过氧化作用便可使头发染成各种不同的色泽，其染料分子量较小，能透过头发的角质层并沉积在毛发的皮质上，比暂时性染发剂耐清洗，能保持色泽 1 个月左右，但较小分子量的染料透入层较浅，也可能再扩散出来导致

表 7-18　永久性染发剂的主要配方组成

剂型	组成	主要功能	代表性物质	质量分数/%
I 剂	还原剂	包括中间体和偶合剂,两者合为染料前体,在氧化剂的作用下进行一系列氧化、偶合、缩合反应	中间体:对苯二胺、氨基苯酚等 偶合剂:间氨基苯酚、间苯二酚等	0.14～4.0
	胶凝剂和增稠剂	形成凝胶或形成有一定黏度的膏体,起着增稠、溶解和稳泡的作用	油醇、乙氧基化脂肪醇、镁蒙脱土和羟乙基纤维素	0.5～5.0
	表面活性剂	起到分散、渗透、偶合、发泡及调理的作用,若是染发香波剂型则表面活性剂还将作为清洁剂	月桂醇硫酸酯钠盐、烷基醇酰胺、乙氧基化脂肪胺、乙氧基化脂肪胺油酸盐等阴离子、阳离子或非离子表面活性剂,以及它们的复配组合物	2.0～10.0
	脂肪酸及其盐	用作染料中间体、偶合剂和基质组分中其他原料的溶剂和分散剂,以及基质的缓冲剂	油酸、油酸铵	2.0～5.0
	碱化剂	pH 值调节剂	氨水、氨甲基丙醇、三乙醇胺	1.0～5.0
	溶剂	使染料中间体和染料基质中与水不混溶的其他组分增溶,匀染剂	乙醇、异丙醇、乙二醇、乙二醇醚、甘油、丙二醇、山梨醇和二甘醇一乙醚等	2.0～10.0
	调理剂	减少头发的损伤,加强对头发的保护作用	羊毛脂及其衍生物、硅油及其衍生物、水解角蛋白和聚乙烯吡咯烷酮等;成膜剂,如 PVP,PVP-VA、丙烯酸树脂等	4.0～10.0
	抗氧剂/抑制剂	抗氧剂的作用是阻止染料的自身氧化;抑制剂的作用是防止氧化作用太快	亚硫酸钠、BHA、BHT、维生素 C 衍生物等	0.1～0.5
	匀染剂	使染料均匀分散在毛发上,并被均匀吸收	丙二醇	1.0～5.0
	助渗剂	帮助和促进染料等成分渗透进入毛发	氮酮	0.5～2.0
	氧化延迟剂	控制氧化反应过程,抗氧剂、氧化延迟剂和颜色改进剂的作用	多羟基酚	微量
	金属螯合剂	增加基质稳定性	EDTA 二钠盐、羟乙二磷酸	0.1～0.5
	防腐剂	防止体系细菌污染	凯松	0.05～0.1
	香精	赋香	耐碱香精	适量
	溶剂	溶剂	去离子水	余量
II 剂	氧化剂	氧化作用	H_2O_2(质量分数 30%)或一水合过硼酸钠	13～20 9～12
	赋形剂	基质	十六十八醇、十六醇	2～8
	乳化剂	乳化作用	十六十八醇醚-6、十六十八醇醚-25	3～6
	稳定剂	稳定作用	8-羟基喹啉硫酸盐	0.1～0.3
	酸度调节剂	调剂 pH 值	磷酸	pH＝3.6±0.1
	螯合剂	螯合金属离子	EDTA 盐	0.1～0.3
	去离子水	溶剂	去离子水	适量

此类制品较容易被除去。

半永久性染发剂有液状、乳液状、凝胶状和膏霜状。原料组成主要包括染料(酸性、碱性、金属盐)、碱化剂(烷基醇胺等)、表面活性剂、增稠剂(羟乙基纤维素、聚丙烯酸酯共聚物)以及香精、水等。使用的酸性染料主要是偶氮类酸性染料,在酸性条件下染发较容易、效果好;配合的溶剂有苄醇、N-甲基吡咯烷酮等,用柠檬酸调整 pH 值。使用的金属盐染料在单独处理过程中，只有少量颜色沉积，在光与空气的作用下，与头发角质层中含硫化合物缓缓反应生成不溶性的金属硫化物或氧化物，颜色逐渐沉积，这种染发剂又称为渐进染发剂。碱化剂主要是使体系处于碱性环境，使头发在膨胀状态下易于处理。半永久性染发剂的剂型包括染发香波、染发液、染发摩丝、染发凝胶、染发润丝和护发素、染发膏和焗油膏等。半永久性染发剂的原料组成见表 7-19。

表 7-19 半永久性染发剂的原料组成

组成	组分	作用及性质	用量（质量分数）/%
着色剂	分散染料、硝基苯二胺类	功能着色	0.1～3.0
表面活性剂	椰油酰胺 DEA，月桂酰胺 DEA	增加渗透性或渗透作用	0.5～5.0
溶剂	乙醇、二甘醇-乙醚、丁氧基乙醇	作载体溶剂	1.0～6.0
增稠剂	羟乙基纤维素	增加体系黏度	0.1～2.0
缓冲剂	油酸、柠檬酸	建立缓冲体系	适量
碱化剂	二乙醇胺、甲基氨基丙醇、甲基氨基乙醇	控制体系至碱性	控制 pH 为 8.5～10.0
匀染剂	非离子表面活性剂（如油醇醚-20）	保证色泽均匀	适量

（3）暂时性染发剂 染发牢固度很差，不耐洗涤，通常只是暂时黏附在头发表面作为临时性修饰，经一次洗涤就可全部除去。暂时性染发剂一般使用水溶性酸性染料与阳离子表面活性剂络合生成细小的分散颗粒覆盖在头发表面成色。这种染发剂不改变头发的组织和结构，使用较为安全。

常用着色剂有炭黑和有机合成颜料（碱性染料如偶氮类，酸性染料如蒽醌类，分散染料如三苯甲烷类等）；天然植物染发化妆品的原料有指甲花、散沫花、焦蓓酚、苏木精、春黄菊、红花等。配方各不相同，一般包括着色剂（天然染料或合成颜料）、溶剂（异丙醇、乙醇、水、苯甲醇、油脂、蜡等）、增稠剂（维生素类、阿拉伯树胶、树脂等），以及保湿剂、乳化剂、螯合剂、香精、防腐剂等。

暂时性染发剂有各种不同剂型，包括染发润丝、染发凝胶、染发喷剂、染发摩丝、染发膏和染发条等。

① 染发润丝 一种较普遍的暂时性染发剂。利用水溶性酸性染料，使头发染上不同颜色，如紫、蓝、紫红等颜色，在黑发或深色头发上是染不上较浅的颜色的。一般将染料配入润丝的基质（染料质量分数为 0.05％～0.1％），柠檬酸调节 pH 值至 3.0～4.0 时，效果最好。也可将染料配入定型摩丝的基质，同时起定型和染发作用。染发摩丝有两类，一类不需冲洗，另一类需要冲洗。

② 染发凝胶 将水溶性染料或不溶于水的分散颜料配入凝胶基质中，利用凝胶基质中水溶性或水分散的聚合物，使颜色染在头发上。通常，将一些很微细的颜料（如铜粉、电化铝粉、云母、珠光粉、炭黑和氧化铁等）混入凝胶基质，梳在头发上，起到定型和染发的作用。

③ 染发喷剂 将颜料（如乳化石墨、炭黑或氧化铁等）配入喷雾发胶基质中，在其容器内置小球，使用时摇动均匀，利用特制阀门，可得细小的喷雾。这类染发喷剂主要用于整发定型后的局部白发或灰发染色。

（4）漂白剂　可减少着色剂类的染发剂即头发漂白剂。利用对头发的色调起决定作用的黑素颗粒被氧化分解达到漂染效果。常见的是过氧化氢，利用碱性过氧化氢使黑素颗粒氧化分解，根据不同浓度和漂白时间等可生成各种深浅不同的头发。

对染发剂的性能要求主要体现在：制品的安全性，主要指不损伤头发和皮肤；较好的稳定性，主要指在头发上不发生明显的变色或褪色现象，不受其他发用化妆品的影响；较长的贮存稳定性；易于涂抹、使用方便等。

2. 染发用品的配方实例及生产工艺

（1）永久性染发剂配方实例及生产工艺　配方实例如表 7-20、表 7-21 所示。

表 7-20　配方 1（黑色染发膏，二剂型）

还原组分	质量分数/%	氧化组分	质量分数/%
对苯二胺	3.0	过氧化氢(30%)	20.0
2,4-二氨基甲氧基苯	1.0	稳定剂	适量
间苯二酚	0.2	增稠剂	适量
油醇聚氧乙烯(10)醚	15.0	pH 调节剂(pH 调至 3.0~4.0)	适量
油酸	20.0	去离子水	80.0
异丙醇	12.0		
氨水(28%)	10.0		
抗氧剂	适量		
螯合剂	适量		
去离子水	38.8		

表 7-21　配方 2（永久性染发膏，一剂型）

原料成分	质量分数/%	原料成分	质量分数/%
对苯二胺	3.5	K12-NH$_4$(30%)	18.0
对甲苯二胺	2.0	BS-12	5.0
水溶性羊毛脂	2.0	氧化胺	3.0
十六醇	2.0	EDTA 二钠盐	适量
单硬脂酸甘油酯	2.0	香精	适量
AES(70%)	20.0	去离子水	42.5

永久性染发剂的生产工艺：还原组分制备中，先将染料中间体溶解于溶剂（如异丙醇）中，另将螯合剂及其他水溶性原料溶于去离子水和氨水中形成水相，油酸等油溶性原料加热熔化成油相。将水相和油相混合后，再加入染料液，混合均匀。用氨水调节 pH 值至 9~11 即得。染料中间体的添加温度一般控制在 50~55℃，防止温度偏高而发生中间体的自动氧化。染发剂非常不稳定，生产和贮存条件的变化，都会导致产品发生变化，故在配制时，尽量避免与空气接触。氧化剂本身不稳定，温度偏高极易分解，因此氧化剂的添加温度一般为室温。配方 2 中为还原剂一剂型，遇空气自然氧化，不需要氧化剂。

（2）半永久性染发剂配方实例及生产工艺　配方实例见表 7-22、表 7-23。

表 7-22　配方 1（矿物金属盐染发膏）

原料成分	质量分数/%	原料成分	质量分数/%
单硬脂酸甘油酯	4.5	聚氧乙烯失水山梨糖醇多硬脂酸酯	1.0
单硬脂酸乙二醇酯	3.5	石蜡	5.0

原料成分	质量分数/%	原料成分	质量分数/%
液体石蜡	23.0	没食子酸	1.0
凡士林	5.0	硫酸亚铁	1.0
纯地蜡	2.0	香精	0.5
十四酸异丙酯	4.5	还原剂	适量
十六烷基硫酸钠	1.5	去离子水	47.5

配方1是以铁盐为染色剂，其中油脂成分较多，属 W/O 型产品。

表 7-23　配方 2（半永久性染发凝胶）

原料成分	质量分数/%	原料成分	质量分数/%
酸性染料	1.0	黄原胶	1.0
苯酸	8.0	柠檬酸	0.3
异丙酸	18.0	去离子水	71.7

其配制过程与肤用膏霜类化妆品的配制类似，把油相和水相分别加热至80℃，染料溶于水相中，在搅拌下缓慢加入油相中，均质化后，冷却即得。

（3）暂时性染发剂配方实例及生产工艺　配方实例见表 7-24、表 7-25。

表 7-24　配方 1（暂时性染发喷剂）

原料成分	质量分数/%	原料成分	质量分数/%
PVP-VA	7.0	珠光颜料	11.5
聚二甲基硅氧烷	1.0	辛基十二醇	0.5
乙醇（95%）	80.0		

表 7-25　配方 2（暂时性染发凝胶）

原料成分	质量分数/%	原料成分	质量分数/%
乙醚（95%）	35.0	水解角蛋白乙酯	1.2
卡波 940	1.5	透明质酸	0.5
三乙醇胺（99%）	1.9	季铵化水解动物蛋白	0.5
PPG-12-PEG-50 羊毛脂	1.5	云母、二氧化铁、氧化铁	10.0
月桂醇醚-23	0.70	二氧化钛、云母	0.2
乙烯吡咯烷酮-醋酸乙烯酯共聚物	4.0	去离子水	43.35
二甲基硅氧烷/聚醚	0.1		

暂时性染发剂的生产工艺依据各种基质类型的不同而不同，如染发喷剂与喷雾发胶的生产相近，染发凝胶与其他发用凝胶的生产类似。

三、定发用品

定发用品是固定头发的化妆品，也称整发剂、固发剂，除定发外，还包括能够赋予头发光泽和湿度的产品。它们的功能各不相同，物理形态也不相同。常用的有喷雾发胶、摩丝以及发用凝胶等。

（一）喷雾发胶

1. 喷雾发胶的配方组成

喷雾发胶可以定型和修饰头发，属气溶胶类化妆品。因携带方便、分布均匀、形式新颖等特点而受到欢迎。制备原理是将发胶原液和喷射剂一同注入耐压的密闭容器中，利用喷射剂的压力将发胶原液均一地呈雾滴状喷射出来。喷出的发胶在头发表面形成透明的薄膜，具有耐水、增加头发光泽、保持和固定发型的作用。对喷雾发胶的要求包括：喷雾细小，喷射力较温和，干燥快，短时间内能分散于较大面积，成膜有黏附力，有韧性和光泽，不积聚，易清洗去除。喷雾发胶主要由喷射溶液和包装容器组成，喷射溶液包括：发胶原液与喷射剂。

（1）发胶原液　喷雾发胶的主要成分，也是基质成分。含有成膜剂、中和剂、添加剂、溶剂及溶入的喷射剂、少量的油脂等。

①成膜剂　既能固定发型，又能使头发柔软，是固定头发的重要组分。早期选用的成膜剂为天然胶质（如虫胶、松香、树胶等），现多选用合成高分子化合物，常用的有水溶性树脂，如聚乙烯醇、聚乙烯吡咯烷酮及其衍生物、丙烯酸树脂及其共聚物等，但由于树脂柔软性稍差，往往需添加增塑剂，如油脂，以增强聚合物膜的柔软性和自然性。

②中和剂　目的是中和酸性聚合物的含羧基物质，以提高树脂在水中的溶解度。中和度越大，越易从头发上洗脱，相应的抗湿性就越差，与烃类喷射剂的相容性就越低，因此中和度要适当。常用的中和剂：氨甲基丙醇、三乙醇胺、三异丙醇胺、二甲基硬脂酸胺等。

③添加剂　主要指香精和增塑剂。常用的增塑剂：月桂基吡咯烷酮、$C_{12} \sim C_{15}$醇乳酸酯、己二酸二异丙酯、乳酸鲸蜡酯等。如新型增塑剂二甲基硅氧烷，与其他组分调配后，可使头发具有光泽和弹性，不粘接，易漂洗。

④溶剂　目的是溶解成膜剂，包括：水、醇（乙醇、异丙醇）、丙酮、戊烷等。溶剂中大量的乙醇，会引起头发和皮肤的脱水和脱脂，使头发干枯，成本也较高。此外，乙醇易燃，贮存具有危险性，不含乙醇的喷雾发胶则存在快干性较差，干燥成膜慢，膜的硬度较差及水对容器的腐蚀性等问题。解决办法是降低乙醇含量，增加水分含量，但要求所选择的成膜剂的水溶性要好。

（2）喷射剂　包括液化气体和压缩气体。液化气体指加压时容易液化的气体。除提供动力外，还能溶解原液中的有效成分，成为原液组分之一。常用的有低级烷烃、醚类、氯氟烃等。如低级烷烃丙烷、正丁烷、异丁烷等，是廉价的可燃性气体；再如醚类中的二甲醚，在水中的溶解性好；压缩气体包括氮气、二氧化碳、氧气、氧化亚氮等，这类气体不易燃，压入容器后，不溶于原液，与原液不反应，在原液上部气相中产生压力，起推动作用。

2. 喷雾发胶的配方实例

喷雾发胶配方实例见表 7-26、表 7-27。

表 7-26　配方 1（无水喷雾发胶）

原料成分	质量分数/%	原料成分	质量分数/%
聚二甲基硅氧烷	2.5	乙烯吡咯烷酮-醋酸乙烯酯共聚物（PVP-VA）	2.0
二氧化硅	0.5	无水乙醇	24.0
环状聚二甲基硅氧烷	1.5	异丁烷（喷射剂）	69.3
十八烷基苄基二甲基季铵盐	0.1	香精	0.1

表 7-27　配方 2（含水喷雾发胶）

原料成分	质量分数/%	原料成分	质量分数/%
甲基丙烯酸酯共聚物	7.0	去离子水	59.85
氨甲基丙醇	0.85	二甲醚（喷射剂）	32.0
二辛基磺基琥珀酸钠	0.3		

3. 喷雾发胶的生产工艺

将中和剂溶解于溶剂（如乙醇）中，搅拌条件下缓慢加入成膜剂，使聚合物溶解，直至完全溶解均匀。然后加入其余组分，搅拌均匀，经过滤，灌装，加压即可。对于不含中和剂的配方，首先将成膜剂、油脂、表面活性剂、香精等溶于乙醇或水中，然后把溶解液与喷射剂按一定比例混合加入密闭容器，加压即可。

（二）摩丝

摩丝是气溶胶泡沫状润发、定发产品，于 20 世纪 80 年代在欧美出现后迅速占据市场。近年来，在摩丝配方中添加各种功能剂使其性能不断完善，出现了保温摩丝、防晒摩丝等新品种，产品使用范围上出现了发用摩丝、洁面摩丝、剃须泡沫及体用摩丝等。发用摩丝的特点是：用量少，体积大，易涂抹，具有丰富细腻的泡沫，便于头发造型、定型，使头发光滑、润湿、易梳理。对摩丝产品的性能要求有：泡沫致密、丰满、柔软以及初始稳定。

1. 摩丝的配方组成

发用摩丝的配方由原液和喷射剂组成。原液中含有水和表面活性剂（含醇或不含醇）、聚合物（如调理剂和成膜剂）和喷射剂。各成分之间的比例变化会导致产品性质的改变，如分层，泡沫外观和持久性出现变化等。一般静置后会分层，喷射剂浮于原液上面，使用前须摇动，使液化的喷射剂液滴短时间内均匀地分散于由水、表面活性剂和聚合物组成的基质中。当从阀门压出时，气化的喷射剂膨胀产生泡沫。

（1）成膜剂和调理剂　主要是水溶性聚合物。摩丝成膜剂原则上可以选用喷雾发胶的成膜剂，但摩丝与喷雾发胶所用的聚合物略有区别。喷雾发胶所用聚合物侧重于定型，分子量低，黏度较低，易形成较细的喷雾；摩丝所用聚合物要求有一定黏度兼调理作用，泡沫稳定，能赋予头发自然光泽和外观，减少静电引起的飘拂。常用的有：a. 含有叔氨基的聚合物，可在头发上形成树脂状光滑的覆盖层；b. 季铵化聚合物，调理性和抗静电性作用较好，但用量不当易引起积聚，不易清洗；c. 聚季铵盐，阳离子调理性聚合物，可溶于水，与其他表面活性剂配伍性好，可形成柔韧而不黏滞的透明、光亮薄膜，对头发有良好的固定作用和较少的积聚性，且易于清洗；d. 聚乙烯甲酰胺，可溶于水、甘油和乙醇/水（70∶30）的溶液，具有较高的抗潮湿能力，较低的黏结性，成膜性和定型力良好，因具有非离子特质及与表面活性剂配伍性好的特点，还可与聚丙烯酸酯相容。

（2）表面活性剂　既要保证泡沫的稳定性，也要体现柔软性，作用是调节适宜的表面张力使喷射剂易较短时间内均匀分散于基质中，生成均匀、致密、美观的泡沫，使梳理时易于分散，涂抹于头发后，较易破灭分散，使液体均匀分散于头发表面。常用的表面活性剂是高HLB 值的非离子表面活性剂，与树脂具有良好的相容性，对香精有增溶作用。但用量必须适当，否则会影响泡沫性能。常用的有：月桂醇聚醚-23、PEG-40 氢化蓖麻油、壬基酚聚氧乙烯醚、乙氧基化的植物油等。

（3）溶剂　主要是水或水-醇混合体系，醇的加入可降低黏性并加快膜的干燥速度。

（4）喷射剂　为了获得性能好的泡沫，喷射剂应挥发膨胀较快，通常为挥发性较高的物质。如液化石油气，包括丙烷、丁烷等，最常用的是异丁烷，近年来，二甲醚也常被采用。

（5）添加剂　摩丝比喷雾发胶更强调对头发的护理作用，因此，常添加有亮发、润发、调理作用的添加剂，使头发更柔软、有光泽，还可护理头发。常用的添加剂有硅油及其衍生物、羊毛脂衍生物、骨胶水解蛋白、甲基葡萄糖聚氧乙烯（聚氧丙烯）醚等，功效成分防晒剂、保湿剂等。各种添加剂量虽不多，但对摩丝的功能和稳定性有一定影响。此外，还添加少量香精。

2. 摩丝的配方实例

摩丝的配方实例见表 7-28、表 7-29。

表 7-28　配方 1（定型-调理摩丝）

原料成分	质量分数/%	原料成分	质量分数/%
丙二醇	2.5	乙醇	适量
聚乙烯吡咯烷酮	2.5	香精、防腐剂	适量
季铵化羊毛脂	0.5	喷射剂	10.0
十八醇聚氧乙烯醚	0.5	去离子水	余量

表 7-29　配方 2（定型摩丝）

原料成分	质量分数/%	原料成分	质量分数/%
N-乙烯吡咯烷酮-醋酸乙烯酯共聚物（PVP-VA）	4.0	乙醇	5.0
		香精	适量
聚季铵盐-28	5.0	去离子水	74.5
月桂醇聚醚-23	0.5	异丙醇	11.0

（三）定型啫喱

定型啫喱是发用凝胶的一种，呈黏稠液状或为无黏度透明液体，不含凝胶剂。具有携带方便、包装简单、造型美观、安全性高等特点，追求对头发自然定型的护理效果。很多品牌都主推一种功效，比如清爽型、保湿型、去屑型、焗油型等。市场上常见的有啫喱膏和啫喱水。

1. 啫喱膏的配方组成

啫喱膏也叫定型凝胶，外观为透明非流动性或半流动性凝胶体，在湿发或干发上涂抹后，形成一层透明胶膜，直接梳理成型或用电吹风辅助梳理成型，具有定型、固发作用，可使头发湿润，有光泽。主要成分有：成膜剂、中和剂、稀释剂、调理剂、光稳定剂、防腐剂、香精及其他添加剂等。成膜剂和中和剂在稀释剂（去离子水）作用下，形成透明水合凝胶基质，具有定型作用；调理剂可使头发有梳理性、抗静电作用；光稳定剂指紫外线吸收剂（浓度在 0.5% 以下），具有光保护作用，防止产品变色；其他添加剂可赋予产品特定的功能，如光亮剂、保湿剂、维生素、植物提取液、防晒剂等。还可以加入适量香精、着色剂。

2. 啫喱水的配方组成

啫喱水是透明流动的液体，使用气压泵将瓶中液体喷压到头发上，或挤压于手上，涂在头发所需部位成膜，具有定型、保湿、调理并赋予头发光泽的作用，使用电吹风还可加快成型。主要成分有：成膜剂、调理剂、稀释剂及其他添加剂等。根据产品黏度的需要，用量上有所不同。啫喱水的稀释剂中可加入适量乙醇，来降低产品的黏稠感。但长期使用乙醇会伤害发质，因此可在配方中添加水溶性聚合物来降低乙醇含量或使其不含乙醇，缺点是干燥时间较长，可使用热吹风加速干燥和定型。啫喱水定型效果不如发胶和摩丝，主要起到保湿、打理的作用，定型效果不是很明显。

3. 定型啫喱的配方实例

定型啫喱的配方实例见表 7-30、表 7-31。

表 7-30   配方 1 (啫喱膏)

原料成分	质量分数/%	原料成分	质量分数/%
N-乙烯吡咯烷酮-醋酸乙烯酯共聚物 PVP-VA	2.5	乙醇	17.0
		氢化蓖麻油	0.6
卡波 940	0.5	香精	适量
三乙醇胺	0.9	去离子水	78.5

表 7-31   配方 2 (啫喱水)

原料成分	质量分数/%	原料成分	质量分数/%
乙醚(95%)	38.0	壬基酚聚氧乙烯醚 NP-9	0.25
PVP/二甲氨基乙基甲基丙烯酸酯硫酸乙酯胺盐	2.0	氢化牛油脂基二甲基苄基氯化铵(75%)	0.2
香精	适量	去离子水	余量

4. 定型啫喱的生产工艺

啫喱水的生产工艺流程见图 7-3。

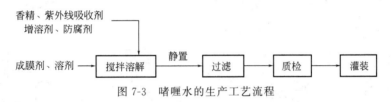

图 7-3   啫喱水的生产工艺流程

将配方中的成膜剂、溶剂等先搅拌均匀至溶解，再加入香精、紫外线吸收剂、增溶剂、防腐剂等，搅拌均匀至溶解，静置，过滤，检查合格后灌装，包装入库。

(四) 气溶胶类化妆品的生产工艺

微课

气溶胶类化妆品的生产工艺

气溶胶类化妆品的生产工艺包括：主成分的配制和灌装，喷射剂的灌装，器盖的接轧，漏气检查，重量和压力的检查和包装。不同产品的设计方案有所不同，还必须充分考虑处于高压气体状态下的稳定性，以及能否长时间正常喷射。

1. 灌装

气溶胶类化妆品的灌装可分为 2 种方法，即冷却灌装和压力灌装。

(1) 冷却灌装   即将主成分和喷射剂冷却后，灌于容器内的方法。主成分可以和喷射剂同时灌入容器，或者先灌入主成分再灌入喷射剂。喷射剂产生的蒸气可将容器内的大部分空气逐出。主成分的配制和其他对应剂型的化妆品相同，冷却灌装过程须保持流动并不产生沉淀，必要时可加入高沸点喷射剂做溶剂避免沉淀的产生。

喷射剂冷冻前须贮藏在压力容器中保证安全。喷射剂一般冷却到压力为 6.87×10^4 Pa 时的温度。主成分一般冷却至比喷射剂加入时的温度高 10~20℃，冷却后应测定黏度，确保主成分在灌装过程中呈流体且无沉淀。如果主成分由于黏度和沉淀的关系温度不宜太低，可将喷射剂温度降低避免影响灌装。如果是无水产品，灌装系统应有除水装置，防止水分进入产品影响质量，腐蚀设备及其他不良的影响。

主成分及喷射剂装入容器后应立即加上带有气阀系统的盖并接轧好。此操作必须极为快速，避免喷射剂吸收热量挥发而损失。同时要注意漏气和阀的阻塞。接轧好的容器在 55℃

的水浴内检漏，再通过喷射试验检查压力与气阀是否正常，最后在按钮上盖好防护帽盖。冷却灌装具有操作快速、易排除空气等优点，但由于无水产品易进入冷凝水，因此设备投资费用高并需要工人熟练操作，且冷却后主成分不受影响，因此使用受到限制，应用不多。

（2）压力灌装　在室温下先灌入主成分，将带有气阀系统的盖加上并接轧好，然后用抽气机将容器内的空气抽去，再从阀门灌入定量的喷射剂。接轧灌装好后，后续步骤和冷却灌装相同，要经过 55℃ 水浴的漏气检查和喷射试验。优点是给配方和生产提供较大伸缩性，调换品种时设备清洁工作简单，产品不会有冷凝水带入，设备投资少。缺点是操作速度较慢，随着灌装方法的逐步改进，这一缺点逐步得到改善。另一缺点是容器内的空气不易排净，有发生爆炸的危险，或者促进腐蚀作用，可采取接轧前加入少量液化喷射剂的方法排净残余空气。

许多以水为溶剂的产品必须采用压力灌装，避免将原液冷却至水的冰点以下，特别是乳化型的配方冷冻后会使乳化体遭到破坏。压力灌装的方法以容器内的压力计量灌装压缩气体的量。漏气检查和喷射试验前需进行压力测定。

2. 灌装容器

气溶胶类化妆品的灌装容器主要为耐压容器和喷射装置。耐压容器及喷射装置结构如图 7-4 所示，喷射装置工作原理如图 7-5 所示。

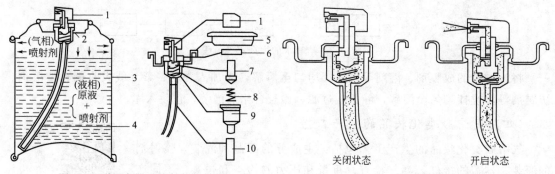

图 7-4　耐压容器及喷射装置结构　　　　图 7-5　喷射装置工作原理
1—上部按钮；2—闸阀机构；3—耐压容器；
4—导管；5—安全盖；6—密封垫圈；
7—芯杆；8—弹簧；9—外套；10—导管

（1）耐压容器　气溶胶制品的容器必须是耐压容器，要求防腐性能好，所使用的材料有金属铝、镀锡铁皮（马口铁）、玻璃和合成树脂等。各类材料的耐压性、密闭性和防腐性能各不相同。耐压容器相对于一般化妆品包装容器而言，结构较为复杂，可分为容器的器身和气阀两个部件。器身一般采用金属、玻璃和塑料制成。

（2）喷射装置　喷射装置的结构与一般喷雾器的结构相同，均是由封盖、按钮、喷嘴、阀杆、垫片、弹簧和吸管组成。喷射装置要承受原液和喷射剂气体的压力，材料除封盖和弹簧为金属外，其余皆为特殊塑料制品。喷射装置的质量对气溶胶制品的使用有较大影响，如发生喷射装置失灵，则整个气溶胶制品不能再应用。

工作原理：将有效成分加入容器内，然后充入液化的气体，容器内的气相与液相达到平衡状态。气相在顶部，液相在底部，有效成分溶解或分散在下面的液相。当气阀开启时，气体压缩含有效成分的液体通过导管压向气阀的出口至容器外面，由于液化气体的沸点远低于室温，能立即汽化使有效成分喷向空气中形成雾状。如要使产品压出时成泡沫状，区别在于泡沫状制品不是溶液而是以乳化体的形式存在，当阀门开启时，由于液化气体的汽化膨胀，使乳化体产生许多小气泡而形成泡沫。

【素质拓展】

工匠精神

化妆品的配方设计，必须满足四个要求：安全性、稳定性、使用性和有效性。安全性即必须符合国家法律法规；稳定性即在保质期内，无明显的功能变化；使用性即使用产品时消费者在视觉、嗅觉、触觉上都能获得充分的愉悦；有效性即产品使用后应达到所宣称的功效。为此，化妆品配方师必须具备细致、专注、创新等职业素养，精益求精，锤炼"工匠精神"，秉承"纯天然，无添加，高技术含量，高附加价值"等前沿理念开发适用产品，以持续地满足人们对美好生活的追求。在操作层面，要求配方师基于长期经验累积下的灵感迸发，恰到好处的掌握其度和平衡之美，富有"匠心"地甄选每一种备选原料，设计好每一道制造工序，从而调配出满足人们不断增长的个性化需求的产品。

思 考 题

1. 常见的护发化妆品有哪些？各有哪些优缺点？
2. 简述护发素的配方组成，并设计一配方。
3. 简述发乳的配方组成，并设计一配方。
4. 简述发油的配方组成，并设计一配方。
5. 简述发蜡的配方组成，并设计一配方。
6. 简述烫发用品与染发用品的配方组成。
7. 喷雾发胶常用的聚合物有哪些？摩丝用聚合物与喷雾发胶用聚合物有什么区别？
8. 设计一个定型啫喱水的配方。
9. 简述气溶胶类化妆品的生产工艺过程。并列举常用的喷射剂。
10. 气溶胶类化妆品在生产和使用过程中应注意哪些问题？

实训十　啫喱水的制备

微课

啫喱水的制备

一、啫喱水简介

啫喱水是一款发用修饰类化妆品，主要作用是定型和护发，又称发用定型凝胶水和发用啫喱水定型液。啫喱水是透明流动的液体，大部分采用气压式包装。使用时将瓶中液体喷压到头发上，或挤压于手上，再涂抹在头发上，能迅速成膜，具有定型、保湿、调理、赋予头发光泽的作用，如果使用电吹风还可以加快定型。啫喱水的主要组成有成膜剂、调理剂、稀释剂及其他添加剂等，各种原料的使用量根据产品黏度的不同进行调整。传统稀释剂为乙醇，但乙醇对头发的刺激性，使得目前流行的啫喱水一般选用水或其他稀释剂代替乙醇，以减少刺激。

二、实训目的

① 提高学生对啫喱水配方的理解。

② 锻炼学生的动手实践能力。

③ 提高学生对化妆品实训装置的操作技能。

三、实训仪器

电动搅拌器、电子天平、恒温水浴锅、去离子水装置、烧杯。

四、啫喱水的制备

1. 制备原理

将具有定型作用的高分子物质溶解于水中,再加入调理剂、保湿剂等助剂,搅拌混合溶解均匀即得产品。

2. 啫喱水的配方

啫喱水配方如表 7-32 所示。

表 7-32　啫喱水

组相	原料名称	质量分数/%
A 相	去离子水	76.2
	聚乙烯吡咯烷酮	12.0
B 相	甘油	6.0
	十六烷基三甲基氯化铵	2.0
	山梨醇	3.0
C 相	香精	0.1
	壬基酚聚氧乙烯醚	0.5
D 相	DMDMH	0.2

3. 制备步骤

① 准确称量各组分;

② 取一个 200mL 烧杯,加入 A 相搅拌溶解 25min;

③ 加入 B 相搅拌溶解;

④ 加入 C 相搅拌溶解;

⑤ 加入 D 相溶解至透明,即得产品。

五、思考题

1. 简要分析啫喱水配方。

2. 简述啫喱水的制备过程。

3. 列举啫喱水中常用的成膜剂有哪些。

4. 列举啫喱水中常用的调理剂有哪些。

第八章
美容修饰类化妆品

美容修饰类化妆品以涂抹、喷洒或其他类似方法，施于人体表面［如表皮、毛发、指（趾）甲、口唇等］，起到美容修饰，赋予人体香气，增加人体魅力的作用。一般只依附在皮肤的表面，不进入皮肤毛孔深处，故需要卸除。

不同的部位有专用的美容化妆品，如用于毛发部位的定型摩丝、发胶、脱毛剂、睫毛膏等；用于皮肤部位的粉底、遮盖霜、粉饼、胭脂、眼影、眉笔、眼线笔、香水等；用于指（趾）甲部位的指甲油、指甲抛光剂等；用于口唇部位的唇膏、唇彩、唇线笔等。本章主要介绍用于脸颊、眼部、唇及指（趾）甲等部位的胭脂、唇膏、眼影、指甲油等产品。

第一节　胭脂

胭脂是涂敷在面部，使面颊具有立体感，呈现红润、艳丽、明快、健康的化妆品。胭脂在许多方面与粉底几乎相同，只是遮盖力较粉底弱，色调较粉底深。胭脂可制成各种形态，如胭脂块、胭脂膏、胭脂水、胭脂霜、胭脂凝胶等。

一、胭脂的配方组成体系

1. 胭脂块

胭脂块是由粉质原料、胶黏剂、着色剂、香精和防腐剂等原料混合压制成的块状制品。配方原料和香粉大致相同，只是着色剂用量比香粉多，香精用量比香粉少。

（1）粉质原料　赋予胭脂块一定的滑爽性、吸收性和遮盖力，在胭脂块配方里占70%～80%，主要有滑石粉、高岭土、碳酸钙、氧化锌、二氧化钛、硬脂酸锌、硬脂酸镁和淀粉等。

（2）胶黏剂　便于将胭脂压制成块。胶黏剂的用量和种类选择与胭脂的压制成型有很大关系，适当的用量能增强粉块的强度和使用时的润滑性，但用量过多，粉块黏模子，而且制成的块状不易涂敷，因此要慎重选择。

胶黏剂一般有水溶性、脂肪性、乳化型和粉状等，其特点见表8-1。

表 8-1 胶黏剂种类及其特点

种类	常见原料	特点
水溶性胶黏剂	黄蓍胶、阿拉伯树胶以及纤维素衍生物、聚乙烯吡咯烷酮	需先溶于水，压制前需干燥除水，但压制时遇水产生水迹，一般用量为 0.1%~3.0%
脂肪性胶黏剂	矿物油、凡士林、脂肪酸酯类、羊毛脂及其衍生物等	抗水，有润滑作用，但少量的脂肪物不足以使胭脂粉压成块状，因此在压制前需加水或水溶性胶黏剂，一般用量为 0.2%~2.0%
乳化型胶黏剂	由单甘油酯、水、白油组成或由硬脂酸、三乙醇胺、水、白油组成	乳化脂肪物和水，使油相和水相在压制过程中分布均匀，避免了油脂直接混入引起的结团和产生油光的弊病
粉状胶黏剂	硬脂酸锌、硬脂酸镁	胭脂组织细致而光滑，对皮肤的附着力好，但压制时需较大的压力，呈碱性，可能刺激皮肤

（3）着色剂　胭脂所用的着色剂有胭脂虫红、胭脂红等。

此外，为防止产品氧化酸败，胭脂配方中还需加入适量的防腐剂和抗氧剂等。

2. 胭脂膏

胭脂膏以油脂和颜料为主要原料，具有组织柔软、外表美观、敷用方便、滋润皮肤等优点，可兼作唇膏使用，因此很受消费者欢迎。胭脂膏有油膏型和膏霜型两种，油膏型是用油脂、蜡和颜料所制成的油质膏状；膏霜型是用油脂、蜡、颜料、乳化剂和水制成的乳化体。油膏型的胭脂能久贮，有优良的化妆效果，但使用时感到油腻。膏霜型胭脂涂敷容易、无油腻感，根据其乳化剂类型可分为雪花膏型、冷霜型两种，即在雪花膏或冷霜配方结构的基础上加入颜料配制而成。

3. 胭脂水

胭脂水是一种流动的液体，通常会添加一定量的保湿剂和滋润剂等，使其具有一定的保湿效果，更贴合肌肤，唇颊两用，更方便，有悬浮体和乳化体两种。

悬浮体胭脂水是将颜料悬浮于去离子水、甘油和其他液体中，使用前常摇匀。通过加入各种悬浮剂（如羧甲基纤维素、聚乙烯吡咯烷酮和聚乙烯醇等）或易悬浮物质（如单硬脂酸甘油酯或丙二醇酯）降低沉淀的速度，提高分散体的稳定性。

乳化体胭脂水是将颜料悬浮于流动的乳化体中，使用方便，但乳化体黏度低，易出现分离的现象。溶液稠度可以通过调节肥皂的含量及增加羧甲基纤维素、胶性黏土或其他增稠剂来调整。

二、胭脂的配方设计

胭脂能修饰美化面颊，使面颊呈现立体感和健康气色。优质的胭脂应满足以下要求：

① 对皮肤安全、无刺激性；

② 质地柔软细腻，不易破碎和干缩开裂；

③ 符合规定的香型，色泽鲜明，颜色均匀一致，自然不夸张；

④ 具有一定的滑爽性，容易涂敷，使用粉底霜后施用胭脂易混合协调，且颜色不会因出汗和皮脂分泌而变化；

⑤ 具有适度的遮盖力，略带光泽，易附着于皮肤，不易脱妆；

⑥ 容易卸妆清洗，且清洗后在皮肤上不留斑痕等。

对于胭脂块来说，除了满足上述要求外，表面应无明显斑点，无缺角、裂缝等，pH 值在 6.0～9.0；和粉饼类似，要较易附着在粉扑或海绵上，均匀涂抹，不结团，无油腻感，并能经受一定的压力而不碎。

在配方设计时，通过二氧化钛用量来调节遮盖力效果；通过粉质原料的粒径调节粉质柔软度，越细的原料相对来说越细软，粒径越大则越粗糙。同时，控制胶黏剂的用量，过少则压制时黏合力差，容易碎；过多则表面坚硬难涂擦。

三、胭脂的配方实例

（1）胭脂块的配方实例见表 8-2、表 8-3。

表 8-2　粉饼型胭脂

组分	质量分数/%	组分	质量分数/%
淀粉	10.0	液体石蜡	2.0
氧化锌	5.0	羊毛脂	1.0
硬脂酸锌	5.0	防腐剂	适量
着色剂	3.0	香精	适量
凡士林	2.0	滑石粉	余量

表 8-3　固体胭脂

组分	质量分数/%	组分	质量分数/%
淀粉	5	液体石蜡	3
二氧化钛	4	着色剂	2
硬脂酸锌	5	香精	适量
高岭土	20	滑石粉	余量

（2）胭脂膏的配方实例如表 8-4～表 8-6 所示。

表 8-4　油膏型胭脂

组分	质量分数/%	组分	质量分数/%
蜂蜡	5	液体石蜡	8
凡士林	41	羊毛脂	4
棕榈酸异丙酯	20	氧化锌	5
着色剂	6	钛白粉	10
香精	1		

表 8-5　雪花膏型胭脂

组分	质量分数/%	组分	质量分数/%
单硬脂酸甘油酯	4	硬脂酸	16
羊毛脂	1	丙二醇	8
三乙醇胺	0.5	防腐剂	适量
颜料	8.0	水	余量
香精	0.5		

表 8-6 冷霜型胭脂

组分	质量分数/%	组分	质量分数/%
羊毛脂	6.3	甘油	3.8
甘油单脂肪酸酯	5.0	失水山梨醇棕榈酸酯	5.0
脂肪醇聚氧乙烯醚	5.0	明胶	10.0
硅酸铝镁	3.8	颜料	7.5
磷脂烷醇酰胺	3.8	防腐剂	适量
异构脂肪酸酯	9.0	去离子水	余量

（3）胭脂水的配方实例见表 8-7、表 8-8。

表 8-7 胭脂水（一）

组分	质量分数/%	组分	质量分数/%
甲基纤维素	4.2	胶态硅酸	0.8
聚乙二醇	8.4	尼泊金甲酯	适量
甘油	8.4	颜料	12.5
合成珍珠粉	2.0	去离子水	余量

表 8-8 胭脂水（二）

组分	质量分数/%	组分	质量分数/%
液体石蜡	22.0	叔丁基羟基苯甲醚	0.05
凡士林	24.0	硼砂	0.8
蜂蜡	12.0	颜料	0.2
羊毛脂	7.0	防腐剂	3.0
香精	0.45	去离子水	30.5

四、胭脂的生产工艺

1. 胭脂块的生产工艺

胭脂块的生产工艺与粉饼的生产工艺大致相同，主要有混合研磨、过筛、加胶黏剂（包括香精）和压制成型等步骤。

（1）混合研磨　将烘干后的颜料和粉质原料混合研磨。研磨是胭脂生产的重要环节之一，磨得越细，粉料也越细腻。通常采用陶瓷材质球磨机，用石球来滚磨粉料，以避免金属材质对原料中某些成分的影响。粉料和颜料在球磨机里面上下翻动，石球相互撞击，研轧，从而将粉料和颜料磨细并混合均匀，即实现磨细和配色的目的。

相比于粉饼，胭脂对颜色均匀性要求更严格。为使配色均匀，如变动配方，应预先做好试验，并在球磨过程中，每隔一定时间取出粉样，检查是否均匀、色泽是否与标样一致。若前后两次样品基本上没有区别，则可以停止球磨机。更换配方都应留有标样，以便每次生产时核对。一般混合磨细的时间是 3～5h，在混合磨细时为了加速着色，可加入少量水分或乙醇润湿粉料。滚磨时如果粉料潮湿，应当每隔一定时间开启容器，用棒翻搅球磨机桶壁，以防粉料黏附于桶的角落造成死角。

（2）过筛　研磨后的粉料经过筛处理，除去较大颗粒。

（3）加胶黏剂、香精等　可在球磨机或卧式搅拌机内进行。使用球磨机时要间歇用棒翻搅桶壁，使用卧式搅拌机加胶黏剂和香精更为适宜。着色的粉料放入卧式搅拌机里不断搅拌，同时将胶黏剂用喷雾器喷入，这样可使胶黏剂均匀地拌入粉料中。脂肪性胶黏剂加入前需先加热熔融，水溶性胶黏剂则需加水溶解。香精的加入顺序由压制方法决定，一般分为湿压和干压两种，湿压法是胶黏剂和香精同时加入，干压法是将潮湿的粉料烘干后再混入香精，避免香精受高温作用失去原有香气。

（4）压制成型　将加入胶黏剂和香精的粉料，经过筛后放入胭脂底盘上，用模子加压，制成块状。生产工艺流程见图 8-1。

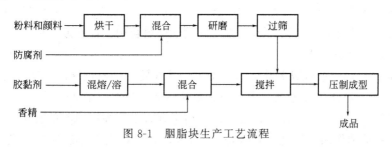

图 8-1　胭脂块生产工艺流程

生产过程中需注意以下几点：

① 原料分散均匀，否则可能导致粉质粗糙。

② 胭脂粉料加入胶黏剂和香精过筛后，就应压制成块，或放入密闭容器里，防止水分蒸发，保证压制时的黏合力。

③ 压制粉块的压力适当，若过大会使胭脂变硬，涂抹结油块、泡粉；过小会使粉块很松，导致不耐摔、涂抹松散。

④ 粉料湿度合适，水分过多会黏模；过少则黏合力差，胭脂块容易碎。

⑤ 压制完成后，可堆放在通风干燥的房间内，静置干燥 1～2 天。装盒时，应在外包装盒上涂抹一层不干胶水，不干胶水有黏胶弹性作用，既能黏胶胭脂底盘，又能避免运输过程受震动而碎裂。

2. 胭脂膏的生产工艺

油膏型胭脂膏的生产是先将颜料和适量油脂研磨混合均匀，其余的油脂、蜡类混合加热熔融，将研磨后的颜料加入其中，搅拌均匀后，冷却至 40～50℃加入香精，搅拌均匀后灌装。

膏霜型胭脂膏的生产是在膏霜类产品的基础上加入颜料。生产时将颜料和适量油脂研磨成均匀的混合物，将油溶性物质在一起熔化，将水溶性物质溶于水中加热，将水溶液倒入熔化的油溶液中，不断地搅拌，乳化均质一段时间后，加入颜料混合物继续搅拌均匀，温度降至 40～50℃左右时加入香精，混合均匀后灌装。

3. 胭脂水的生产工艺

悬浮体胭脂水的生产是先将悬浮剂在一定温度下溶于去离子水，并在搅拌下加入其他原料和粉料混合，降温至 45℃左右时再加入香精等混合均匀，即得成品。

乳化体胭脂水的生产工艺同上述膏霜型胭脂膏。

第二节　唇部用化妆品

唇部用化妆品涂敷于嘴唇，赋予唇部色彩、光泽，强调或改变嘴唇的轮廓，增加面部美感，更显生机与活力，同时达到滋润、保护嘴唇的目的。常用的有唇膏、唇彩和唇蜜、唇釉、唇线笔等。

唇膏的配方及
生产工艺

一、唇膏

唇膏又称口红、唇棒，是女性必备的美容化妆品之一。根据色彩可分为原色唇膏、变色唇膏和无色唇膏。

① 原色唇膏有各种颜色，常见的有大红、桃红、橙红、玫红、朱红等，由有机颜料或色淀颜料制成，为增加颜色的附着力，常与溴酸红染料合用。如在原色唇膏中添加具有异常光泽的珠光颜料，可制得珠光唇膏。

② 变色唇膏仅用溴酸红染料作为着色剂，涂擦在唇部后，色泽由淡橙色变成玫瑰红色。

③ 无色唇膏不加任何着色剂，用于滋润柔软唇部、防裂、增加光泽。

传统唇膏是不加水的油性体系，近年来推出了含有水分和保湿剂的乳化唇膏，对唇部具有一定的保湿和护理作用。但乳化唇膏是 W/O 型乳化体，当水分挥发后，光泽度会受到一些影响。通过在唇膏中添加具有抗水性的硅油成分可制得防水唇膏，涂布后硅油可形成防水薄膜，减轻因饮水等引起的唇膏脱落。

1. 唇膏的配方组成

唇膏是将着色剂溶解或悬浮于基质原料中制成的，配方是着色剂和油、脂、蜡等基质原料，并加入香精和抗氧剂等。

（1）着色剂　唇膏中极其重要的成分，能赋予唇膏各种颜色。通常为两种以上食用着色剂调配而成，常用的有可溶性染料、不溶性颜料和珠光颜料三类。

可溶性染料通过渗入唇部外表面皮肤而发挥着色作用。如溴酸红能染红唇部，附着持久，并随皮肤 pH 值变化而变色，使用时色泽会由淡橙色变成玫瑰红色，这也是变色唇膏的变色原因。但溴酸红不溶于水，在一般的油、脂、蜡中溶解性较差，在蓖麻油和多元醇的部分脂肪酸酯等优良溶剂中才有良好的溶解效果。唇膏中使用的不溶性颜料主要是有机色淀颜料，其色彩鲜艳，遮盖力好，附着力差，须和溴酸红染料并用。珠光颜料多采用合成珠光颜料，如氯氧化铋、二氧化钛覆盖云母片等。

（2）基质原料　包括油、脂、蜡类原料，含量一般占 90% 左右，它既是唇膏的骨架，又是润唇材料；同时使唇膏达到对染料的溶解性、黏着性、触变性、成膜性以及硬度、熔点等方面的质量要求。

基质原料要求对染料有良好的溶解性；具有一定的柔软性；涂敷后能形成均匀的薄膜，使嘴唇润滑有光泽，无过分油腻和干燥不适感，不会向外化开；能适应温度的变化，高温不软、不熔、不走油，低温不干、不脆裂。根据原料在常温下的状态，分为固体、半固体和液态油脂三类。

固体油脂多为一些蜡类，主要用作固化剂，提高唇膏熔点，赋予膏体形态。其中碳氢化物类的蜡有地蜡、微晶蜡等，动植物类蜡如巴西棕榈蜡、小烛树蜡、蜂蜡等。一般来说，前者具有较高的稳定性，但使用感较差，后者触感与使用感较好，但成分较复杂，稳定性较差，易氧化酸败。

① 精制地蜡　能较好地吸收矿物油，有助于唇膏从模具中脱出，但用量过多，会影响唇膏的表面光泽。

② 巴西棕榈蜡 熔点较高，是化妆品原料中硬度最高的一种，与蓖麻油等油脂类原料相容性良好。在唇膏中作硬化剂，用以提高产品的熔点而不致影响其触变性，并赋予光泽和热稳定性，因此对保持唇膏形体和表面光泽起着重要作用。其用量过多会引起唇膏脆化，一般含量在 1%～3%，不超过 5%。

③ 蜂蜡 提高唇膏的熔点而不明显影响硬度，具有良好的相容性，可辅助其他成分成为均一体系，并同地蜡一样，有助于唇膏从模具中脱出。

④ 小烛树蜡 功能与巴西棕榈蜡相似，但熔点较低，脆性较小，可作为软蜡的硬化剂。

半固体油脂主要作用是提高膏体的附着性，调整光泽，如凡士林、羊毛脂及其衍生物（如羊毛酸异丙酯）、可可脂等。

① 凡士林 在唇膏中的用量不宜超过 20%，以避免阻曳现象。

② 羊毛脂及其衍生物 具有良好的相容性、低熔点和高黏度，可使唇膏中的各种油、蜡黏合均匀，羊毛脂可防止油相的油分析出及对温度和压力的突变有抵抗作用，可防止唇膏发汗、干裂等，还是一种优良的滋润性物质。但由于气味不佳，其用量不宜过多，一般为 10%～30%。可采用羊毛脂衍生物替代羊毛脂以避免此缺点。

③ 可可脂 因其熔点接近体温，可在唇膏中降低凝固点，并增加唇膏涂抹时的速熔性，可作唇膏优良的润滑剂和光泽剂。其用量一般为 1%～5%，一般不超过 8%，过量则易起粉末而影响唇膏的光泽性，并有变为凹凸不平的倾向。

液态油料在唇膏中可供使用的液态油脂原料品种较多，碳氢化物类油，如橄榄油、霍霍巴油、蓖麻油；酯类油以及高级醇的脂肪酸酯，如 C_{12}～C_{15} 醇苯甲酸酯、季戊四醇四异硬脂酸酯等。

① 精制蓖麻油 唇膏中最常用的油脂原料，可赋予唇膏一定的黏度，以增加其黏着力。蓖麻油能溶解溴酸红染料，且是高黏度植物油，在浇模时能使颜料沉降较慢，还能改善膏体渗油现象。用量一般为 12%～50%，25% 较适宜，不宜超过 50%，否则不舒适的厚重油腻的薄膜，使涂擦时有黏滞感。但它有不愉快的气味和容易产生酸败，因此原料的纯度要求较高，不可含游离碱、水分和游离脂肪酸。

② 橄榄油 可用来调节唇膏的硬度和延展性。

③ 单硬脂酸甘油酯 唇膏配方中主要的原料，它对溴酸红染料有很高的溶解性，且具有增强滋润及其他多种作用。

④ 肉豆蔻酸异丙酯 作为唇膏的互溶剂及润滑剂，可增加涂擦时的延展性，用量约为 3%～8%。

（3）香精 用于遮盖油脂等的气味，使得香气宜人。选择香精主要应考虑到安全性和消费者的接受程度。一般应选用食品级香精。

此外，需加入抗氧剂和防腐剂，以防唇膏中大量油脂成分氧化变质。还可添加一些辅助成分，如尿囊素、甘草酸、维生素 E 等具有抗炎、镇静、修护唇部皮肤作用的特殊成分，或保护嘴唇免受紫外线伤害的防晒剂等。

2. 唇膏的配方设计

口唇部位没有毛囊、皮脂腺、汗腺等附属器官，且角质层较薄，颗粒层也较薄，黑色素极少。同时，距口腔黏膜很近，因此对外来物质的刺激十分敏感。根据唇部皮肤的特点和唇部美容化妆品的功能，唇部用化妆品应满足以下要求。

① 绝对安全性和无刺激性。无微生物污染，所用的原料应是食品级；无刺激性，特别要注意一些香料中所含的醛、酮等不饱和化合物会引发局部皮肤过敏。

② 品质稳定。产品达到耐热和耐寒标准，在-5～45℃环境中保持24h后，恢复室温无变化，且能正常使用。因此，设计配方时应考虑可能产生的不稳定因素，确保基质原料不会氧化酸败产生异味、"冒汗"或在唇膏表面产生粉膜而失去光泽等，在保质期内不会折断、变形和软化等。

③ 膏体外观，表面平滑有光泽，无气孔和结粒。

④ 膏体颜色，色泽鲜艳，颜色均匀。

⑤ 符合规定的香型，具有自然、清新愉快的味道和气味。

⑥ 柔软度适中，涂抹平滑流畅，易于在唇部铺展，无油腻感或干燥不适感，涂布后无色条，附着力好，但又不至于很难卸除。

因此，在生产中要选用优良的原料，以合理的液态油脂和固态蜡的配比调节唇膏的光泽度、柔软度、成型性和稳定性，选用适宜的着色剂和香精，保证唇膏的安全性和无过敏刺激反应。

3. 唇膏的配方实例

唇膏的配方实例见表8-9～表8-12。

表 8-9　变色唇膏

组分	质量分数/%	组分	质量分数/%
蓖麻油	41.0	巴西棕榈蜡	6.0
可可脂	4.0	溴酸红	0.3
乙二醇单硬脂酸酯	5.0	地蜡	8.0
苯甲酸十二醇酯	8.7	香精	适量
乙酰化羊毛脂	13.0	抗氧剂	适量
蜂蜡	8.0	防腐剂	适量
羊毛蜡	6.0		

表 8-10　无色唇膏

组分	质量分数/%	组分	质量分数/%
白油	15.0	凡士林	10.0
可可脂	10.0	微晶蜡	8.0
羊毛脂	5.0	地蜡	15.0
霍巴巴油	10.0	甘油单硬脂酸酯	7.0
羊毛脂酸异丙酯	5.0	香精	适量
蜂蜡	15.0	抗氧剂	

表 8-11　有色唇膏（一）

组分	质量分数/%	组分	质量分数/%
蓖麻油	40.0	巴西棕榈蜡	8.0
色淀颜料	8.0	溴酸红	2.0
乙二醇单硬脂酸酯	6.0	地蜡	13.0
硬脂酸丁酯	2.0	香精	适量
乙酰化羊毛脂	13.0	抗氧剂	适量
蜂蜡	8.0	防腐剂	适量

表 8-12　有色唇膏（二）

组分	质量分数/%	组分	质量分数/%
蓖麻油	41.7	巴西棕榈蜡	2.0
羊毛脂酸异丙酯	8.0	色淀颜料	24
甘油单油酸酯	6.0	珠光颜料	0.5
十四酸异丙酯	4.5	叔丁基羟基苯甲醚	0.05
乙酰化羊毛脂	4.0	尼泊金甲酯	0.25
蜂蜡	6.0	香精	适量
地蜡	3.0		

4. 唇膏的生产工艺

唇膏成型工艺

（1）制备色浆　在溴酸红染料中加入部分油脂，加热搅拌送至三辊机研磨。将色淀粉料烘干磨细，与软脂组分捏合，经三辊机反复研磨数次待用。

（2）油料熔化　将油、脂、蜡加入原料熔化锅，熔化温度控制在比最高熔点的原料略高一些，熔化后充分搅拌均匀，经过滤放入真空脱气锅。

（3）混合脱气　在真空脱气锅内，油料和色浆搅拌混合，将色浆均匀分散于油料体系中，并脱除气泡。稍降温后加入香精、珠光颜料等辅料。

（4）浇注成型　模具经热通道预热到 35～40℃，浆料浇入预热后的模具中，待稍冷后，放置在冷却板均匀冷却。

（5）插入底座　打开模具，取出膏体插入包装底座。配方中蜂蜡和精制地蜡的存在使浇模时唇膏收缩与模型分开，开模时成品就容易取出。

生产工艺流程及生产装置如图 8-2 所示。

在生产过程应注意以下几点：

① 研磨充分以使颜料分散均匀，否则可能出现唇膏表面粗糙现象。

② 浇模前要将膏料内空气排除，一般是将膏料加热并缓缓地搅拌使空气泡浮在表面，如这样的处理不见效，则可采用真空脱泡。

③ 浇注时，锅内温度一般控制在高于唇膏熔点 10℃，搅拌桨尽可能靠近锅底和锅壁，以防颜料下沉。同时搅拌速度要慢，浇注时不间断。

④ 浇注温度和冷却温度需恒定，以保证唇膏正常的结晶，否则可能影响产品质量，如冷却缓慢会形成大而粗的结晶，唇膏表面失去光泽，贮存若干时间后会出现"冒汗"现象。

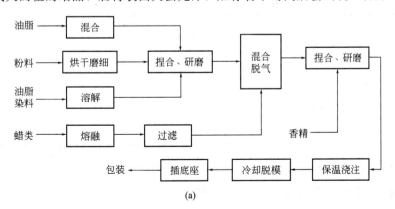

(a)

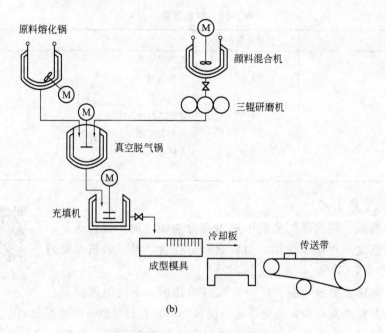

图 8-2 唇膏的生产工艺流程（a）及生产装置（b）

二、唇彩和唇蜜

与唇膏相比，唇彩和唇蜜中高熔点蜡基类原料少，肤感软润，可根据需要添加较多润唇原料，使滋润度较好，光泽度较高，但颜色遮盖力较弱，持久度一般。通常，唇蜜呈啫喱状，滋润保湿；唇彩为半流动状膏体，滋润度和显色度较唇蜜高。作为唇部产品，在安全性、香味舒适度、着色剂选择、微生物控制等方面和唇膏有同样严格的要求。

1. 唇彩和唇蜜的配方组成

唇彩和唇蜜的配方组成包括着色剂、油脂、少量蜡和香精等。所用油性原料以液态油脂为主，蜡含量较低，具有一定的流动性；折射率较高的油脂较多，能达到晶莹剔透的上妆效果，且滋润性较好。着色剂的颜色比较鲜艳、粉嫩，更符合产品的年轻化定位；根据需要可添加微量珠光颜料以增加唇部的光泽度，通常唇彩中着色剂含量多于唇蜜。其代表性原料和功能如表 8-13 所示。

表 8-13　唇蜜和唇彩的代表性原料和功能

组分	代表原料	主要功能
着色剂	可溶性染料、不溶性颜料、珠光颜料	赋予颜色
油脂	二异硬脂醇苹果酸酯、植物羊毛脂、聚异丁烯、低黏硅油、棕榈酸异辛酯等	溶解颜料、滋润
其他添加剂	泛醇、磷脂、维生素 A、维生素 E、防晒剂	保湿、防裂、防晒
香精	玫瑰醇和酯类、无萜烯类	赋香

2. 唇彩和唇蜜的配方实例

唇彩和唇蜜的配方实例分别见表 8-14、表 8-15。

表 8-14　唇彩

组分	质量分数/%	组分	质量分数/%
白油	69.5	珠光颜料	2.0
十三烷醇偏苯三酸酯	10.0	色浆	1.0
辛基十二醇	10.0	抗氧剂	适量
油相增稠剂	4.0	香精	适量
气相二氧化硅	3.5	防腐剂	适量

表 8-15　唇蜜

组分	质量分数/%	组分	质量分数/%
植物羊毛脂	22.6	蜂蜡	1.0
白油	20.0	地蜡	1.0
十三烷醇偏苯三酸酯	20.0	二氧化钛	0.2
棕榈酸异辛酯	20.0	色浆	0.2
气相二氧化硅	7.0	抗氧剂	适量
辛基十二醇	5.0	香精	适量
可可脂	3.0	防腐剂	适量

3. 唇彩和唇蜜的生产

将着色剂分散于油相中，形成细腻均匀的色浆混合体系，同时，将蜡类和油相增稠剂等用于增稠的原料升高到一定温度熔化完全并搅拌均匀，适当冷却之后加入色浆以及珠光颜料研磨至均一稳定料体，最后进行真空脱泡即可。

三、唇釉

唇釉质地黏稠，兼具唇膏的遮盖力和唇蜜的水润度，显色度和持久度较好，不易晕染，能长时间保持靓丽妆容，是近几年最火的唇部化妆品。根据市场需求可配制成高光泽或哑光雾感妆效。

1. 唇釉的配方组成

唇釉的配方组成包括水相、乳化剂、着色剂、油脂和香精等，有的添加了成膜剂。由于是乳化体系，配方设计需注意乳化剂和油脂种类的选择、油脂比例对唇釉肤感和黏度的影响、着色剂在水相中的分散性以及水相体系下防腐剂的选择等。代表性原料和功能如表 8-16 所示。

表 8-16　唇釉的代表性原料和功能

组分	代表原料	主要功能
水相	水、甘油、乙醇、丁二醇	溶剂、保湿
乳化剂	鲸蜡基聚乙二醇/聚丙二醇二甲基硅氧烷、PEG-10 聚二甲基硅氧烷	乳化
着色剂	可溶性染料、不溶性颜料、珠光颜料	赋予颜色
油脂	辛酸/癸酸甘油三酯、碳酸二辛酯、苯基聚三甲基硅氧烷、植物羊毛脂等	溶解颜料、滋润
香精	玫瑰醇和酯类、无萜烯类	赋香
成膜剂	聚二甲基硅氧烷、乙基纤维素、羟丙基瓜儿胶	成膜防水
其他添加剂	泛醇、磷脂、维生素 A、维生素 E、防晒剂	保湿、防裂、防晒

2. 唇釉的配方实例

唇釉的配方实例见表8-17。

表 8-17 唇釉

组分	质量分数/%	组分	质量分数/%
棕榈酸异辛酯	26.2	二氧化硅	1.0
苯基异丙基聚二甲基硅氧烷	19.0	去离子水	12.0
植物羊毛脂	18.0	EDTA 二钠盐	0.2
辛基十二醇	5.0	1,3-丁二醇	2.0
聚异丁烯	4.0	色浆	8.0
PEG-10 聚二甲基硅氧烷	3.0	抗氧剂	适量
橄榄油	1.0	香精	适量
膨润土	0.6	防腐剂	适量

3. 唇釉的生产

遵循 W/O 体系制备过程，先将油相、悬浮增稠剂、W/O 乳化剂混合均匀，进行均质，然后将水相缓慢加入其中，搅拌乳化至形成均一稳定的料体，最后加入色浆以及珠光颜料并进行真空脱泡。

四、唇线笔

1. 唇线笔的配方组成体系

唇线笔比唇膏硬度大，可改善唇形细节，使唇形轮廓更清晰饱满，勾画唇部轮廓，给人以美观细致感。笔芯要求软硬适度、画敷容易、色彩自然、使用时不断裂。配方的主要原料有油、蜡、脂和着色剂，其中蜡类含量较多。

2. 唇线笔的配方实例

唇线笔的配方实例见表8-18～表8-19。

表 8-18 唇线笔（一）

组分	质量分数/%	组分	质量分数/%
巴西棕榈蜡	4.0	氢化羊毛脂	6.0
纯地蜡	7.0	油醇	6.0
蜂蜡	4.0	颜料	10.0
微晶蜡	4.0	抗氧剂	适量
香精	适量	蓖麻油	余量
防腐剂	适量		

表 8-19 唇线笔（二）

组分	质量分数/%	组分	质量分数/%
氢化植物油	46.26	日本蜡	14.70
氢化棉籽油	2.70	蜂蜡	7.70
膨润土	2.80	珠光颜料	21.16
红色着色剂	2.22	黄色着色剂	1.89
锰紫	0.02	棕色着色剂	0.11
防腐剂	0.44		

3. 唇线笔的制备

先将配方中的油脂、蜡加热熔解后，加入粉质原料。再将其他原料（剩余蜡和乳化剂）

加热熔解后投入三辊机内，经研磨均匀后在压条机内压注出来制成笔芯，然后黏合在木杆中，可用刀片把笔头削尖使用。其生产工艺流程如图8-3所示。也可采用浇注方法生产，即先制备中空的木质外壳，再油漆上色，最后将捏合均匀的混合物注入中空外壳中。

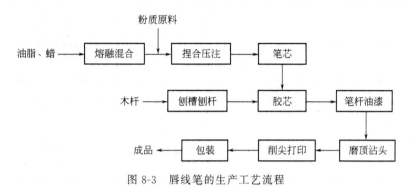

图8-3　唇线笔的生产工艺流程

第三节　眼部用化妆品

眼部用化妆品用于眼部及其周围部分，可以弥补和修饰眼部缺陷，增强眼部立体感，使眼睛更加美丽传神。主要品种包括眼影、睫毛膏、眼线笔、眉笔等。

一、眼影

眼影的配方及
生产工艺

眼影涂敷于上眼睑和外眼角，产生阴影和色调反差，以色与影使眼睛具有立体感，从而美化眼睛。眼影的色调最丰富，从黑色、灰色、青色、褐色等暗色到绿色、橙色及桃红色等鲜艳色调，还有珠光色调等。且颜色随流行色调变化，使用时还要注意与肤色、脸型、服饰搭配，与场合相适应。眼影要求细腻、无结块，颜料和粉质分布均匀，容易涂敷等。市面上眼影品种很多，有粉质眼影块、眼影膏和眼影液，其中粉质眼影块比较常见。

1. 眼影的配方组成体系

粉质眼影块是将各类色调的粉末在小浅盘中压制成型后装于化妆盒内使用，携带比较方便，容易上手，但较易碎。配方组成体系和胭脂基本相同，主要有粉质原料（如滑石粉、硬脂酸锌、高岭土、碳酸钙）、颜料（如无机颜料、珠光颜料）、胶黏剂和防腐剂等。滑石粉不能含有石棉和重金属，应选择滑爽及半透明状的，粒径在 $5\sim15\mu m$ 较合适，过细则会减少粉质的透明度，影响珠光效果，如果采用透明片状滑石粉，则珠光效果更佳。高岭土可增强粉块强度，一般用量低于10%。碳酸钙不透明，适用于无珠光的眼影粉块。硬脂酸锌使粉质易黏附于皮肤并使之光滑，一般用量在3%～10%。

珠光颜料采用氯氧化铋珠光剂，无机颜料采用氧化铁棕、氧化铁红、群青、炭黑和铬绿等。胶黏剂用棕榈酸异丙酯、高碳脂肪醇、羊毛脂及其衍生物、白油等，用量在0.2%～2.0%。加入颜料的配比较高时，也要适当提高胶黏剂的用量。

2. 眼影的配方实例

眼影的配方实例如表8-20～表8-25所示。

表 8-20　粉饼状眼影（一）

组分	质量分数/%	组分	质量分数/%
滑石粉	64.9	异硬脂酸异丙酯	30.0
硬脂酸锌	3.0	胶原蛋白	0.3
高岭土	1.0	防腐剂	0.3
氧化铁	0.5		

表 8-21　粉饼状眼影（二）

组分	质量分数/%	组分	质量分数/%
去离子水	10.0	滑石粉	42.8
吐温-60	8.0	硬脂酸镁	13.0
聚氧乙烯十六醇醚	3.0	碳酸钙	3.0
硅酸铝镁	15.0	珍珠白颜料	5.0
尼泊金丙酯	0.2		

表 8-22　无水眼影膏

组分	质量分数/%	组分	质量分数/%
白凡士林	45.0	滑石粉	28.0
巴西棕榈蜡	3.0	二氧化钛	10.0
蜂蜡	10.0	无机颜料	适量
白蜡	4.0	香精	适量

表 8-23　乳化体眼影膏

组分	质量分数/%	组分	质量分数/%
去离子水	63.7	凡士林	8.5
硅酸铝镁	4.3	钛白粉和云母粉	15
丙二醇	1.7	矿物油和羊毛醇	5.1
乙酰化羊毛脂	1.7	防腐剂	适量

表 8-24　眼影液（水溶型）

组分	质量分数/%	组分	质量分数/%
去离子水	85.5	聚乙烯吡咯烷酮	2.0
硅酸铝镁	2.5	颜料	10.0
防腐剂	适量		

表 8-25　眼影液（油溶型）

组分	质量分数/%	组分	质量分数/%
棕榈酸异丙酯	20	液体石蜡	60
植物油	20	颜料	适量
防腐剂	适量	抗氧剂	适量

3. 眼影的制备

粉质眼影块的制备工艺同胭脂粉饼，将粉料磨细，将蜡、脂、油及其他原料混合，加热熔化，然后均匀加入粉料中，混合均匀，磨细、过筛，最后压制成饼。

二、睫毛膏

睫毛膏用来涂染睫毛，使睫毛浓密、纤长、卷翘以及加深睫毛颜色，有增加立体感、烘托眼神的作用。

对睫毛膏的质量要求是：对眼睛无刺激，无微生物污染；膏体结构均匀细腻，较易涂刷；有适度的干燥性，不易流下，使用后睫毛不变硬、不结块；有适度的防水性和光泽；较易清洁卸除；稳定性好，有效期限内不会沉淀分离和酸败等。

1. 睫毛膏的配方组成

睫毛膏的配方原料主要有三乙醇胺、硬脂酸、蜡、油脂、颜料和水等，实际上是以普通雪花膏为基体，乳化成膏霜，加上颜料，装入软管制成。为了增加使用后增长睫毛的效果，一般会添加 3%～4% 天然或合成纤维。

2. 睫毛膏的配方实例

睫毛膏的配方实例如表 8-26 所示。

表 8-26 睫毛膏

组分	质量分数/%	组分	质量分数/%
巴西棕榈蜡	4.0	单硬脂酸甘油酯	1.5
蜂蜡	8.0	羊毛酸	4.0
微晶蜡	1.0	液体石蜡	5.0
羧甲基纤维素钠	1.0	颜料	8.0
三乙醇胺	3.0	防腐剂	适量
香精	适量	去离子水	余量

3. 睫毛膏的制备

睫毛膏的制备是将油、脂、蜡与去离子水通过乳化剂及搅拌作用制成均匀细致的乳化体，在搅拌的作用下加入颜料，经胶体磨研磨即得，再装管。

三、眼线制品

眼线制品涂于睫毛根部的上下眼皮边缘，用于眼部修饰，加强眼部轮廓，并能衬托睫毛和眼影的效果，增加眼睛魅力。眼线制品主要有眼线笔和眼线液两种。

眼线制品使用时离眼睛黏膜较近，故一般较理想的眼线制品应无毒、无刺激，以及无微生物污染；干燥速度较快，用后无异物感；化妆持久性好，遇汗液和泪水等不致很快化开；质地稳定。

1. 眼线制品的配方组成体系

（1）眼线笔 由各种油、脂、蜡加上颜料配制而成。蜡类作为液体油的固化剂、光泽剂和触变剂，用于改善使用感，通过所选蜡的熔点和加入量调节硬度。

（2）眼线液 配方原料主要包括：棕榈酸、巴西棕榈蜡、羊毛脂衍生物、聚乙二醇、三乙醇胺、颜料、聚氧乙烯脱水山梨醇单油酸酯、甘油、虫胶、抗氧剂等。眼线液有 O/W 型、抗水性型和非乳剂型三种类型。

O/W 型眼线液是在蜜类乳剂中加入分散性良好的着色剂和少量滑石粉制成。着色剂一般是有良好分散性能的黑色素，使制成的眼线液保持良好的流动性。加入增稠剂（如硅酸铝镁、天然/合成的水溶性胶质等）以避免固体颜料沉淀。但此种眼线液缺乏抗水性能。

抗水性型眼线液是将含颜料的醋酸乙烯、丙烯酸系树脂等在水中乳化制成。涂描后，水分蒸发，乳化树脂即形成薄薄的膜，耐水性强，颜料不会渗出。卸妆时，只要用水轻轻地将薄膜剥落即可，不像其他类型的眼线液会污染眼睛的轮廓。为改善制品的稳定性，可加入各种乳剂稳定剂，但必须注意和其他原料的配伍性，且所选树脂类不含未聚合的单体化合物，以免对皮肤造成刺激。

非乳剂型眼线液是用水作为介质，无油脂和蜡分，主要用虫胶做成膜剂。用三乙醇胺溶解虫胶，三乙醇胺的虫胶皂是水溶性的。也可用吗啉代替三乙醇胺作为溶剂使用。采用虫胶-吗啉制成的眼线液抗水性更好。

2. 眼线制品配方实例

眼线制品配方实例见表 8-27～表 8-29。

表 8-27　眼线笔

组分	质量分数/%	组分	质量分数/%
小烛树脂	7.0	纯地蜡	5.0
二氧化钛-云母	25.0	单硬脂酸丙二醇酯	4.0
微晶蜡	5.0	羊毛脂	5.0
氢化植物油	8.0	颜料	10.0
高碳醇	5.0	丁基羟基茴香醚	适量
矿物油	26.0	防腐剂	适量

表 8-28　抗水性型眼线液

组分	质量分数/%	组分	质量分数/%
去离子水	58.1	高黏度硅酸镁铝	2.5
氧化铁着色剂	10.0	烷基苯基聚醚硫酸盐	2.0
苯乙烯-丁二烯共聚乳胶(50%)	25.0	丙二醇	2.0
尼泊金甲酯	0.2	尼泊金丁酯	0.2

表 8-29　非乳剂型眼线液

组分	质量份	组分	质量份
羧甲基纤维素	1.5	丙二醇	5.0
蒙脱土镁胶	0.5	三乙醇胺-虫胶(25%)	8.0
氧化铁着色剂	4.0	防腐剂	0.3
去离子水	80.6		

3. 眼线制品的制备

眼线笔的制备是将油脂、蜡等混合熔化，加入颜料混合均匀，注入模型，制成笔芯，黏合在木杆中，使用时用刀片将笔头削尖。

眼线液的制备是先将硅酸镁铝等增稠剂分散于水中，然后加入防腐剂等溶解后，加入虫胶等成膜物质混合均匀，再将研磨后的颜料加入，搅拌均匀即得。

四、眉笔

眉笔用来修饰和美化眉毛，使眉毛颜色增浓，并与脸型、眼睛协调一致，以改善容貌。其色彩有黑色、棕褐色、茶色、暗灰色等。眉笔要求软硬适度，描画容易；色泽自然、均匀；稳定性好，不碎裂、不出粉；对皮肤无刺激，安全性好。

1. 眉笔的配方组成体系

眉笔是由油脂和蜡加上炭黑制成的细长圆条，有铅笔式和推管式两种。

（1）铅笔式眉笔　外观与铅笔完全相同，将笔尖削尖至露出笔芯即可使用。其主要原料有石蜡、蜂蜡、地蜡、矿脂、巴西棕榈蜡、羊毛脂、颜料等，蜡的熔点和结晶状态等性质对质地的柔软性、耐热性、使用肤感和稳定性有很大影响。颜料除使用炭黑外，也可选择不同色彩的氧化铁颜料。

（2）推管式眉笔　其笔芯是裸露的，直径约为 3mm，装在可任意推动的容器中，将笔芯推出即可使用。其主要原料有石蜡、蜂蜡、虫蜡、白油、凡士林、羊毛脂和颜料等。

2. 眉笔的配方实例

眉笔的配方实例见表 8-30、表 8-31。

表 8-30　铅笔式眉笔

组分	质量分数/%	组分	质量分数/%
巴西棕榈蜡	5.0	液体石蜡	5.0
蜂蜡	10.0	炭黑	20.0
改性聚乙烯蜡(PE520)	5.0	滑石粉	10.0
氢化蓖麻油	5.0	钛白粉	5.0
凡士林	10.0	防腐剂	适量
羊毛脂	5.0	抗氧剂	适量
香精	适量	固体石蜡	余量

表 8-31　推管式眉笔

组分	质量分数/%	组分	质量分数/%
褐煤酸蜡	5.0	羊毛脂	10.0
蜂蜡	20.0	可可脂	10.0
凡士林	10.0	着色剂	12.0
防腐剂	适量	抗氧剂	适量
香精	适量	液体石蜡	余量

3. 眉笔的制备

铅笔式眉笔的制备是：将油脂、蜡熔化后加入磨细的颜料，不断搅拌至均匀，再倒入盘内冷却凝固，切成薄片，经研磨机磨两次后，再由压条机压制成笔芯。笔芯制成后黏合在两块半圆形木条中间即可。其生产工艺流程如图 8-4 所示。

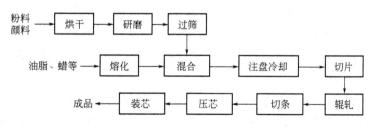

图 8-4　铅笔式眉笔的生产工艺流程

推管式眉笔的制备是：将颜料烘干、研磨过筛后与适量的液体油脂混合研磨均匀成浆状，将余下的油脂、蜡混合加热熔化，再加入上述混合均匀的颜料浆，充分搅拌至均匀，热熔状态下注入模子中，冷却制成笔芯。将笔芯插在金属或塑料笔芯座上，使用时用手指推动底座即可将笔芯推出来。其生产工艺流程如图 8-5 所示。

推管式眉笔采用热熔法制笔芯，铅笔式眉笔采用压条机制笔芯，前者笔芯冷却后得到是

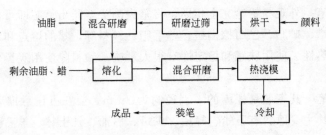

油脂 → 混合研磨 → 研磨过筛 ← 烘干 ← 颜料

混合研磨 → 熔化 ← 剩余油脂、蜡

熔化 → 混合研磨 → 热浇模

热浇模 → 冷却

冷却 → 装笔 → 成品

图 8-5　推管式眉笔的生产工艺流程

脂、蜡的自然结晶，较硬；后者则是将自然结晶的笔芯粉碎后再压制成的，较软且韧，但放置一段时间也会逐渐变硬。

第四节　指甲用化妆品

指甲是由上皮细胞角化后重叠堆积而成的半透明状甲板，由胱氨酸为主要成分的硬角蛋白构成。指甲用化妆品是指可修饰指甲形状、增添光泽、美化和保护指甲的化妆品，包括指甲油、指甲油去除剂、指甲护理剂、指甲强壮剂和指甲抛光剂等，其中使用最多的是指甲油和指甲油去除剂。

一、指甲油

指甲油是用来修饰指甲、增进其美观的化妆用品，涂于指甲表面上能形成一层牢固、耐摩擦的薄膜，起到保护、美化指甲的作用。

微课

指甲油的配方及生产工艺

性能良好的指甲油应具备以下性质：适当的黏稠度，涂布容易且均匀；干燥成膜时间≤8min；涂膜均匀、无气泡，颜色均一，色调正，光泽度高；涂膜附着力强，耐磨，不易破裂和剥落，具有透气性、防水性和较好的光稳定性；易于卸除，对指甲无损害、无毒性。

1. 指甲油的配方组成体系

指甲油配方的原料主要有成膜剂、树脂、增塑剂、溶剂、颜料和悬浮剂等。

（1）成膜剂　指甲油的基本原料，在涂布后形成薄膜。成膜剂有硝酸纤维素、醋酸纤维素、醋丁纤维素、乙基纤维素、聚乙烯化合物以及丙烯酸甲酯聚合物等。其中，含氮量为11.2%～12.8%的硝酸纤维素较为适宜。硝酸纤维素在成膜的硬度、耐摩擦等方面较好，但是易收缩变脆，光泽较差，附着力不够强。因此需加入树脂以改善光泽和附着力，加入增塑剂增加韧性和减少收缩。

（2）树脂　用于增强指甲涂膜与指甲的附着力和光泽性，也称为胶黏剂，是不可缺少的组分。一般使用合成树脂，如醇酸树脂、氨基树脂、丙烯酸树脂、聚乙酸乙烯酯、对甲苯磺酰胺甲醛树脂等。选择时要考虑其与着色剂的相互作用、与成膜剂的相容性和溶解性等。

（3）增塑剂　用于增加指甲涂膜的柔韧性和减少收缩，但含量过高会影响膜的附着力。选择时要考虑其与成膜剂、树脂等的互溶性以及挥发性和毒性等。常用的增塑剂有磷酸三甲酚酯、磷酸三丁酯、邻苯二甲酸酯类、樟脑等。

（4）溶剂　指甲油的主要成分，约占70%～80%。其作用主要是溶解成膜剂、树脂和增塑剂，并调整体系至合适的黏度和挥发速度。单一溶剂难以满足需求，常用混合溶剂。但要注意混合溶剂的挥发性，若挥发性相差悬殊，混合溶剂对硝酸纤维素或树脂的溶解度不好时，则会影响成膜质量。

以硝酸纤维素作为成膜剂为例，所用溶剂可分为真溶剂、助溶剂和稀释剂。真溶剂是真正具有溶解能力的物质，可溶解成膜剂，调整体系黏度、干燥速度和流动性。常用丙酮、丁酮、乙酸乙酯、乙酸丁酯、乳酸乙酯等。助溶剂本身不具有溶解成膜剂的能力但可协助真溶剂溶解成膜剂，并改善制品的黏度和流动性。主要是醇类，常用乙醇、丁醇等。稀释剂无溶解或促进溶解的能力，用于稀释溶液、调节黏度，调整使用性能，适当降低成本，如甲苯和二甲苯等。

（5）颜料　赋予指甲油以鲜艳的色彩。主要为一些不溶性的颜料和有机色淀，很少采用可溶性染料，因为它会使指甲和皮肤染色。还常添加二氧化钛增加乳白感，添加珠光颜料增强光泽。

（6）悬浮剂　为避免着色剂沉淀，调节指甲油的触变性，常加入少量的悬浮剂。常用高分子胶质物质。

传统溶剂型指甲油不适合长期使用，逐渐被水性指甲油产品替代。水性产品以水为主要溶剂，以水性聚氨酯或丙烯酸酯为成膜剂，并配以助剂，减少了因有机溶剂造成的健康和环保问题。

2. 指甲油的配方实例

指甲油的配方实例见表 8-32～表 8-34。

表 8-32　指甲油（一）

组分	质量分数/%	组分	质量分数/%
硝酸纤维素	15	醇酸树脂	12
樟脑	6	乙酸乙酯	20
乙酸丁酯	12	甲苯	25
乙醇	10	颜料	适量

表 8-33　指甲油（二）

组分	质量分数/%	组分	质量分数/%
乙酸乙酯	32	乙酸丁酯	30
邻苯二甲酸二甲酯	13	磷酸三甲苯酯	8
硝酸纤维素	11	乙醇	6
颜料	适量		

表 8-34　水性指甲油

组分	质量分数/%	组分	质量分数/%
丙烯酸乳液	20.0	甘油	0.4
水性丙烯酸树脂	20.0	尿素	0.6
二氧化钛	0.2	聚二甲基硅氧烷	0.1
二氧化硅	0.1	紫草素	0.2
亚油酸	0.025	芦荟大黄素	0.6
亚麻酸	0.075	青兰苷	0.2
单硬脂酸甘油酯	0.1	植物颜料	1.0
去离子水	56.3	香精	0.1

3. 指甲油的生产工艺

指甲油的生产工艺包括配料调色、混合、搅拌、过滤、包装等工序。具体为：将颜料研磨分散于溶剂中，制得颜料浆，树脂、增塑剂溶于溶剂；用稀释剂或溶剂将硝酸纤维素润湿，再加入溶解好的树脂和增塑剂，搅拌至完全溶解，再加入颜料浆继续搅拌；经压滤机或离心机处理，去除杂质和不溶物，储存静置后进行灌装。如生产无色指甲油则无需加颜料浆。生产工艺流程如图8-6所示。

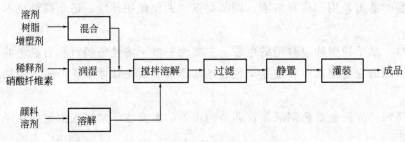

图 8-6　指甲油的生产工艺流程

生产过程需注意：

① 控制合适的颜料粒径。颜料颗粒用球磨机或辊磨机等进行充分粉碎，以使其悬浮于液体中。原料磨得越细，指甲涂膜的光泽度越好。

② 选择合适的溶剂。溶剂的挥发速度会影响干燥速度、制品的流动性以及膜的光泽、平滑性等。挥发太快会影响指甲油的流动性，产生针孔现象，残留痕迹而影响涂膜外观；挥发太慢会使流动性太大，成膜太薄，干燥时间太长。

③ 指甲油是易燃物，生产过程中要注意安全，需采取有效防燃防爆措施。

二、指甲油去除剂

指甲油去除剂是去除指甲油膜的专用剂，即指甲油的卸妆品。

1. 指甲油去除剂的配方组成体系

指甲油去除剂主要成分是溶剂和少量的油、脂、蜡及保湿成分。溶剂也是混合溶剂，为减少溶剂对指甲油的脱脂而引起的干燥感，常添加少量的油、脂、蜡及保湿成分等，如蓖麻油、硬脂酸丁酯等。

2. 指甲油去除剂的配方实例

指甲油去除剂的配方实例见表8-35、表8-36。

表 8-35　指甲油去除剂

组分	质量分数/%	组分	质量分数/%
丙酮	60	醋酸丁酯	32
乙醇	5	香精	适量
蓖麻油	3		

表 8-36　有消炎作用的指甲油去除剂

组分	质量分数/%	组分	质量分数/%
乙酸乙酯	37.5	对氯间二甲苯酚	3.5
乙酸丁酯	40.0	异丙醇	19.0

3. 指甲油去除剂的制备

指甲油去除剂的制备比较简单，一般是先将所有成分在一起混合，使其熔化均匀即成。羊毛脂及蜡类等较不易溶解的物质，可先溶于挥发性较差的液体内，溶解时可先加热，以加快溶解速度，然后与其他组分混合均匀即可灌装。

【素质拓展】

传承东方之美

近年来，新国货消费品成为一股风潮，主打中国风的彩妆产品不断涌现。将传统文化与现代时尚元素巧妙结合，赋予化妆品更深的文化内涵。比如花西子苗族印象高定系列产品，结合鏨刻工艺与东方微雕技术，将苗族文化中古老神秘的图腾"蝴蝶妈妈"与花草元素镌刻入产品之中，其独特的图腾标签和文化内涵让消费者耳目一新、赏心悦目。五千年中华文明孕育了博大精深、令人叹为观止的、以含蓄、内敛、平衡为核心元素的传统华夏美学精神。化妆品行业企业有充足的理由将独特的"东方之美"基因植入到化妆品设计中，推出具有本土特色及深刻文化内涵的精品产品，在获取文化差异化战略巨大收益的同时，也把华夏美学文化广为传播，收获着满满的中华文化自信。

思 考 题

1. 简述胭脂块的配方组成体系。
2. 简述胭脂的配方设计原则。
3. 简述唇膏的生产工艺流程及注意事项。
4. 简要分析表 8-21 粉饼状眼影的配方。
5. 简述指甲油的配方组成及各组分的作用。

实训十一　口红的制备

微课

口红的制备

一、口红简介

口红即唇膏，是重要的唇部专用美容护理产品，受到越来越多人的喜爱。其品种也不断更新，如彩色、无色、变色等色彩变化，基质有油基和含水乳化型等。

口红是将着色剂溶解或悬浮于油性基质原料制作而成。涂抹在嘴唇上，可赋予唇部诱人的色彩和美丽的外观，能掩盖唇部缺陷，突出唇部优点，减少嘴唇干裂等。

二、实训目的

① 提高学生对口红配方的理解。
② 锻炼学生的动手实践能力。
③ 提高学生对制备口红的实训装置的操作技能。

三、实训仪器

电子天平、恒温水浴锅、冰箱、研钵、口红模具、口红脱模器、口红包装管、数显温度计。

四、口红的制备

1. 制备原理

首先将口红粉和油料研磨均匀制成色浆，再和预先加热熔融的蜡类等原料混合搅拌均匀，趁热注模，冷却成型，脱模即得产品。

2. 口红的配方

口红的配方如表 8-37 所示。

表 8-37　口红

组分	质量/g	组分	质量/g
甘油单油酸酯	1.5	口红粉	1.0
蜂蜡	3.0	玫瑰香精	3～5 滴
棕榈蜡	1.0	维生素 E 胶囊	1 粒
橄榄油	10.0		

3. 制备步骤

① 准确称量各组分；

② 将口红粉和橄榄油加入研钵中反复研磨至均匀，得色浆，备用；

③ 开启恒温水浴锅，设置温度，控制在 80℃，取一个 100mL 烧杯，加入蜂蜡和棕榈蜡加热熔融混合；

④ 将色浆倒入第③步的烧杯中，加入甘油单油酸酯，搅拌混合均匀，再加入维生素 E 和香精，进一步搅拌均匀；

⑤ 组装好口红模具，注意必须将模具的上端金属盖与塑料模具口对正压紧；

⑥ 保持温度在 70～80℃，趁热将第④步制备好的物料注入口红模具，立即放入冰箱中冷凝凝固约 20min；

⑦ 用脱模器脱模取出口红，装入口红包装管。

五、思考题

1. 简要分析口红配方。

2. 简述口红的制备过程。

3. 简述口红配方的组成原料有哪些。

4. 口红制备过程为什么需趁热注模？

5. 口红脱模不光滑怎么处理？

6. 口红色泽不均匀的影响因素有哪些？

7. 口红出现缩孔的原因有哪些？

第九章
孕妇、儿童用化妆品

【学习目的与要求】

使学生了解孕妇、儿童的皮肤特点及孕妇、儿童用化妆品的质量要求，会分析与设计孕妇、儿童用化妆品的配方，并掌握孕妇、儿童用化妆品的生产工艺。

孕妇用化妆品即适合孕期女性使用的化妆品，用于改善女性孕期肌肤问题，达到美容或修饰的目的。《儿童化妆品申报与审评指南》指出，儿童化妆品是指供年龄在 12 岁以下（含12 岁）儿童使用的化妆品。根据孕妇和儿童肌肤养分结构、生理特点和使用安全性专业设计的化妆品，在满足其特殊要求的同时，也满足了现代人追求生活质量的需求。

第一节　孕妇、儿童用化妆品的配方及生产

由于孕妇和儿童特殊的皮肤结构和生理特点，相比一般的产品，对该类产品的配方设计、生产和检测方面的要求更为严格。目前，"有机原料、天然、草本""萃取进口原生植物成分""采取 HCAP 食品级安全认证加工工艺"等是婴孕童护理产品的主打理念。需要注意的是，所谓的"无添加"并不等同于 100％安全无刺激，因个人皮肤的特殊性，致敏源不仅仅是防腐剂、香精和着色剂，化妆品里任何一种成分都有可能是致敏源。

一、孕妇用化妆品

由于体内激素及新陈代谢影响，女性孕产期皮肤会发生很大变化，约 87％的女性在孕产期会出现各种肌肤问题，尤其以肤色暗淡、皮肤干燥、妊娠纹、妊娠斑等问题最为明显。孕妇化妆品配方设计须充分考虑其皮肤特点。

微课

孕妇用化妆品
的质量要求及
配方实例

1. 孕妇的皮肤特点

孕妇皮肤的生理变化，大部分是由孕期激素变化（特别是血液中雌激素增加）引起。这些变化包括血管和血流变化、皮肤色素沉着、脱发、妊娠纹等。皮肤的特点主要表现在以下方面：

（1）多汗　孕期排汗多，主要是怀孕后肾上腺和甲状腺机能都相对亢进，新陈代谢加快，皮肤的血液循环增加，导致皮肤比较湿润。有些孕妇由于面部的毛细血管扩张，从而显得肤色红润细腻。有些孕妇由于胎盘分泌的孕酮、睾酮较多，皮脂腺分泌旺盛，面部油腻、粗糙、长疙瘩，这种情况常见于肥胖孕妇。

（2）色素沉着加重　孕妇在孕期色素沉着都有不同程度的增强，尤其皮肤黑的人更明显，特别是大腿内侧、乳晕、乳头、腹壁正中部等原本色素多的部位。同时由于孕期肾上腺皮质分泌增加，面部还可能出现黄褐斑等。白人孕妇约 70％从妊娠初期在前额、眼睑、两颊等处出现淡褐色斑。但这类色素沉着一般在产后会逐渐消退。

（3）妊娠纹　在妊娠后期出现的线状皮肤萎缩，主要是由子宫增大，腹壁被撑大，导致了腹壁的弹力纤维断裂，断裂后的纤维在产后会逐渐恢复，但很难恢复到以前的状态，最后变成银白色的妊娠纹。妊娠纹一旦出现就不会消退，初孕女性妊娠纹是紫红色的，分娩之后转变成白色，生过孩子的妇女再次妊娠时妊娠纹是白色的。腹肌弹性好的孕妇可能不会出现。

（4）皮肤瘙痒　孕期肝脏负担加重、胆汁淤积、胆脂酸排泄速度降低，导致皮肤瘙痒。多出现在妊娠中期以后，胸部、腹部、下肢更为敏感，严重的还会出现皮疹，还伴有黄疸、肝功能轻度受损等。

2. 孕妇用化妆品的质量要求

女性产后肌肤老化会加快，因此在孕产期需注意皮肤清洁，并根据个人皮肤变化的特点，选用合适的化妆品，及时有效保养修复皮肤。良好的孕妇化妆品应满足以下要求：

（1）安全性　被列为孕期化妆品的第一原则。产品应不含重金属、激素、酒精、刺激性大的化学防腐剂和香料等其他可能造成孕妇皮肤敏感或胎儿危险的化学成分，并防止微生物污染。

（2）基础性　孕妇化妆品以清洁、保湿、滋养等基础性功能为主，使用保湿、润肤等基础性原料。

（3）天然性　孕期选择温和不刺激的天然植物萃取成分较好，矿物油、乙氧基醇类、胺及其衍生物、视黄醇、羟基苯甲酸等可能造成过敏或影响胚胎发育的成分须慎用。

（4）专业性　孕妇化妆品应专门针对孕期肌肤的特殊营养需求而研制，具有专业性。儿童化妆品的清洁度和滋养护理程度对孕产妇是明显不够的。

（5）有效性　孕妇化妆品在对胎儿和孕妇无伤害的同时，应能有效改善孕产期的肌肤问题，达到清洁、保护和营养皮肤的目的。

3. 孕妇用化妆品的配方实例

孕妇用化妆品的主要功能与成人产品相似，但配方更安全、更温和。

（1）温和孕妇面霜的配方实例如表 9-1 所示。

表 9-1　温和孕妇面霜

组分	质量份	组分	质量份
芦荟胶	12	三七	3
橘子精油	7	灵芝萃取液	12
柠檬油	2	维生素 E	1
杏仁油	4	大豆卵磷脂	4
天然蜂胶	11	温泉水	余量

该面霜温和无刺激、滋润，能改善肤质；pH 值与人体皮肤接近，对皮肤无刺激性；使用后明显感到舒适、柔软，无油腻感；具有明显的消炎抗菌、滋润护肤的效果。

（2）孕妇用洗发水的配方实例如表 9-2 所示。

薰衣草提取液具有抑制细菌、平衡油脂分泌的作用；山茶油能抗菌、杀菌；去离子水能

表 9-2　孕妇用洗发水

组分	质量份	组分	质量份
山茶油	14.0	椰子油起泡剂	6.0
芦荟	8.0	薰衣草提取液	7.0
维生素 B_5	1.5	异亮氨酸	1.7
蛋氨酸	1.7	去离子水	40.0
胱氨酸	1.7		

够有效地除去头发中的带电离子；氨基酸复合物可增强人体免疫功能，加强营养吸收的功效；维生素原 B_5 能营养毛发及皮肤，使皮肤润滑、抗干燥及开裂，头发光亮，不易缠结。

（3）孕妇用沐浴露的配方实例如表 9-3 所示。

表 9-3　孕妇用沐浴露

组分	质量份	组分	质量份
生姜汁	10.0	当归浓缩液	10.0
茶油	15.0	枸杞压榨汁	5.0
表面活性剂	70.0	润肤剂	40.0

注：表面活性剂包括单月桂酸甘油酯 20.0 份，油酸三乙醇胺皂 40.0 份，十二烷基硫酸钠 10.0 份；润肤剂包括甘油 15.0 份，山梨醇 10.0 份，羊毛脂 5.0 份，柠檬酸 2.0 份，氯化钠 8.0 份。

生姜汁、枸杞压榨汁和当归浓缩液均有保健作用，柠檬酸可以调节沐浴露的 pH 值，避免对皮肤产生刺激性。

（4）妊娠纹淡化修复乳的配方实例如表 9-4 所示。

表 9-4　妊娠纹淡化修复乳

组分	质量份	组分	质量份
聚甘油-3 甲基葡糖二硬脂酸酯	4	丙烯酸酯类/C_{10}～C_{30} 烷醇丙烯酸酯交联聚合物	2
油橄榄果油	4	野蔷薇果油	4
塔希提栀子花油	2	生育酚	1
甘油	8	丁二醇	6
透明质酸钠	0.1	鲸蜡硬脂醇	1
对羟基苯乙酮	0.5	1,2-己二醇	0.6
三乙醇胺	2	积雪草提取物	0.1
棕榈酰五肽	40.1	千叶玫瑰花水	64.6

采用植物油脂，加入积雪草提取物，使孕期受损肌肤得到修复，促进纤维蛋白再生，让皮肤恢复健康、正常状态。

（5）妊娠纹预防凝胶的配方实例如表 9-5 所示。

表 9-5　妊娠纹预防凝胶

组分	质量份	组分	质量份
甘草酸二钾	0.40	尿囊素	0.20
水溶性神经酰胺	0.50	积雪草提取物	1.00
三乙醇胺	0.30	β-葡聚糖	0.40
羟乙基纤维素	0.50	深海鳕鱼皮胶原蛋白	0.25
海藻酸钠	0.40	丙三醇	10.00
卡波姆	0.30	尼泊金甲酯	0.10
去离子水	86.05		

该凝胶与皮肤周围组织的亲和性好，能促进皮肤纤维细胞胶原和透明质酸的产生，修复皮肤组织，促进皮肤的新陈代谢，补充皮肤营养，并改善皮肤弹性，从而实现滋润皮肤、软化硬皮、促进皮肤新生、减缓皮肤角质化、细致毛孔的目的，不仅对产后妊娠纹起修复作用，孕期使用还能预防妊娠纹的产生。

4. 孕妇用化妆品的生产工艺

孕妇用化妆品的生产工艺与相对应的普通化妆品生产工艺相同，请参考前述对应化妆品的生产。

二、儿童用化妆品

微课

儿童用化妆品的
质量要求及配方

儿童的皮肤需求会随着年龄的增长而变化，通常儿童用化妆品可以分为婴童产品（3 岁以下）和幼童产品（3 岁以上）两类。

婴童产品：3 岁以下儿童的皮肤最脆弱，皮肤的需求主要是适当的清洁和防止皮肤受刺激，尤其是尿布区域，以及防止紫外线刺激。

幼童产品：3～12 岁的皮肤需求主要是适当的皮肤和头发清洁以及保湿、防晒。

1. 儿童的皮肤特点

儿童的皮肤与成人在结构、组成和功能上有明显区别，因此在设计配方时必须了解并考虑到。

（1）皮肤　儿童的皮肤是不断发育变化的，尤其是 1 岁以内，皮肤的生理和结构都在不断完善。健康新生儿的皮肤呈玫瑰色、柔软、有弹性，触摸时有舒适感，皮肤的皱纹能迅速地展平。与成人皮肤的区别表现在以下几个方面。

① 结构　婴儿皮肤的角质层比成人薄约 30%，整个表皮薄约 20%～30%。皮肤角质层细胞较小，细胞更新快，这也是婴儿伤口愈合性能比成人好的原因。细胞增殖速度在出生后的第一年内显著下降，直到第二年接近成人。皮肤黑色素少，防紫外线能力比较弱，容易被晒伤。因此，相比年龄较大的孩子，防晒对婴儿更为重要。另外，真皮层的弹性纤维和胶原纤维密度比成人低，所以皮肤缺乏弹性，容易受损。

② 组成　刚出生的婴儿皮肤比成人皮肤干燥，在出生后的一个月内，含水量显著增加，并超过成人，然后趋于稳定。多项研究表明 4 周～24 个月的婴儿皮肤含水量显著高于成人。皮脂腺活性低，因此皮脂量少。研究表明，作为皮肤自身保湿剂的 NMF 的浓度在婴儿皮肤中比成人要低。出生时，婴儿皮肤的 pH 值在 6.34～7.5。出生后不久，大约 2 周内，会类似于成人皮肤的 pH 值〔偏酸性（大约为 4.5～6.7）〕。

③ 功能　屏障功能是皮肤最重要的功能，主要体现在水分的调节平衡能力和防止外源物质入侵的能力。婴幼儿皮肤结构不完善，屏障功能比成人弱。研究发现，1 岁以内的婴儿皮肤的吸水量显著高于成人，但同时失水更快。即皮肤保持水分的能力较差，容易失水，因此保湿产品对保护婴儿皮肤很重要。与体重相比，婴幼儿体表面积和体重之比为成人的 3～5 倍，并且皮肤角质细胞较小，角质层较薄，所以，药物分子经婴幼儿皮肤渗透比成人更加直接、容易，其系统吸收也比成人多，因此，对有害物质和过敏物质反应也更加强烈。

新生儿汗腺已完全形成，但分泌能力很低，约 2 年后，汗腺功能变得完全。汗腺的密度大于成人。婴儿和儿童的汗腺发育不完全，不能随外界变化而调节出汗。汗腺及血液循环系统还处于发育阶段，体温调节能力弱，难以保持身体的热量平衡，所以容易发生角质浸渍和汗腺的阻塞，进而产生痱子。

（2）头发　新生儿的头发比成人的更稀薄，颜色更浅。出生后，头发都会经历自然脱落，通常半岁以后与成人相似，开始稳定的头发生长周期性。由于皮脂腺的活性较低，发干表面上没有太多油脂。因此，不需要强表面活性剂来清洁头发。

2. 儿童用化妆品的质量要求

儿童用化妆品的质量要求与成人产品相似，但由于儿童的皮肤比成年人的皮肤更娇嫩、敏感，抵抗干燥环境和抗感染能力比较弱。因此，温和、安全、合适的配方以及活泼的造型是儿童用化妆品的核心理念。根据《儿童化妆品申报与审评指南》等相关规定，儿童化妆品应符合以下质量要求：

（1）产品安全，质量稳定　了解配方所使用原料的来源、组成、杂质、理化性质、适用范围、安全用量、注意事项等有关信息并备查。最终产品的微生物污染应该受到严格的控制，菌落总数不得大于 500CFU/mL 或 500CFU/g，免除感染的危险。产品严格地符合安全标准，即使最幼嫩的皮肤使用也是绝对安全可靠的。同时，在保质期限内，产品稳定不变质。

（2）配方温和，少添加　儿童皮肤结构不完整，角质层未发育成熟，皮脂膜不完善，因此吸收速度快，皮肤抵抗力差，容易发生过敏反应。因此，产品配方应对皮肤温和，在满足功能的基础上，应最大限度地减少配方所用原料的种类；选择香精、着色剂、防腐剂及表面活性剂时，应坚持有效基础上的少用、不用原则。

（3）少用新技术　儿童化妆品应选用有一定安全使用历史的化妆品原料，不鼓励使用基因技术、纳米技术等制备的原料。

（4）适当的功效性　根据儿童的特点，儿童化妆品应具有良好的外观、令人愉快的气味和滋润、保湿等功能，以补充皮脂膜所必需脂质；配方不宜使用具有诸如美白、祛斑、祛痘、脱毛、止汗、除臭、育发、染发、烫发、健美、美乳等功效的成分。

（5）包装合理　产品的包装设计合理，应避免儿童可能吸入产品和其他方式误用的危险，选用一些不易破碎、避免儿童吸入的包装和密封，并在包装上明示适用于儿童的化妆品。

（6）所用原料符合最新规定　随着相关标准和规范的不断完善，对禁、限用组分的规定在不断更新。如碘丙炔醇丁基氨甲酸酯是目前化妆品中常见的防腐剂，《化妆品安全技术规范》（2015 年版）明确规定其用于驻留型化妆品时"不得用于三岁以下儿童使用的产品中、禁用于唇部用产品、禁用于体霜和体乳"。专门针对儿童进行安全提示并与儿童化妆品相关的成分有硼酸、硼酸盐、四硼酸盐、氯化锶、巯基乙酸及其盐类（烫发、脱毛）、水合硅酸镁（滑石粉）、碘丙炔醇丁基氨甲酸酯、水杨酸及其盐类、沉积在二氧化钛上的氯化银等。

3. 儿童用化妆品的配方实例

儿童用化妆品的品种主要包括爽身粉、护肤乳液和膏霜、润肤油、洗发液、沐浴剂等。

（1）爽身粉、祛痱粉　爽身粉由粉质原料、吸汗剂和香精等组成，具有吸汗、爽肤等功能。祛痱粉由粉质原料、吸汗剂和杀菌剂等组成，具有防痱、祛痱等功能。所用的粉质原料有滑石粉和植物淀粉等，其中儿童用产品中大部分使用的是植物淀粉，且根据标准，儿童用产品 pH 值为 4.5～9.5，成人用产品 pH 值为 4.5～10.5。婴儿爽身粉的配方实例如表 9-6 所示。

表 9-6 婴儿爽身粉

组分	质量份	组分	质量份
植物淀粉	25	珍珠粉	25
洋甘菊提取物	10	薄荷提取物	5
绿茶提取物	10		

该婴儿爽身粉成分天然、性质温和，适用于婴儿幼嫩的皮肤，具有干爽止痒的效果。添加的洋甘菊提取物、薄荷提取物及绿茶提取物能有效防止婴儿肌肤过敏，保持肌肤滋润健康。

（2）护肤乳液和膏霜 主要功能与成人产品相似，对皮肤起着保护、滋润和营养的作用，防止干燥引起的湿疹和皱肤等。儿童霜中大多添加适量的杀菌剂、维生素及珍珠粉、蛋白质等营养剂，但不宜使用具有诸如美白、祛斑等功效原料，且产品多为中性或微酸性，与儿童皮肤的 pH 值一致。婴儿护肤霜的配方实例如表 9-7 所示。

表 9-7 婴儿护肤霜

组分	质量份	组分	质量份
植物胶质乳化剂	4	澳洲坚果油	2
聚甘油 6-二硬脂酸酯	2.5	芒果脂	3
谷维素	0.1	甘油	8
木糖醇	3	茶树籽油	5
迷迭香叶提取物	0.5	Spectrastat OEL	0.8
去离子水	71.1		

澳洲坚果油可以滋润皮肤；芒果脂取自芒果果核，是很好的皮肤柔软剂，保湿效果好。茶树籽油具有良好的抗炎作用；迷迭香叶提取物能舒缓滋润肌肤，增加弹性。Spectrastat OEL 的主要成分辛酰羟肟酸和乙基己基甘油，具有良好的保湿作用，并兼具抑菌功效，可以在不添加防腐剂的条件下，抑制微生物生长，保证产品质量。该护肤霜温和无刺激，安全性高，对创伤皮肤具有修复功效，对婴儿的"红苹果脸"效果良好。

（3）润肤油 儿童皮肤比较薄，很容易失水，保持皮肤湿度的脂类也比较低，皮肤容易干燥。儿童用润肤油可起到滋润、保护皮肤，隔离一定尿液刺激的作用。尿布使得婴幼儿臀部皮肤经常处于潮湿不透气的环境中，同时尿液和粪便带有细菌，尿液分解为氨会使 pH 值增加，长期接触会对皮肤造成较严重的刺激，并且频繁清洗也会对皮肤造成刺激。因此，除经常更换尿布外，臀部可使用具有隔离功效的护臀霜或护肤油隔离尿液刺激等。婴儿护肤油的配方实例如表 9-8 所示。

表 9-8 婴儿护肤油

组分	质量份	组分	质量份
甘油	70	牛奶	20
山茶油	15	橄榄油	40
紫草油	2	维生素 E 提取物	0.1
艾叶	10	维生素 C 提取物	1.0
土茯苓	3	苦参	5
香精	0.5		

婴儿护肤油不仅可以对宝宝皮肤起到滋润保湿的作用，而且可在宝宝皮肤的表层形成一

层薄薄的保护膜，有效防止外界环境的影响或阻隔尿布污物刺激，对婴儿的皮肤进行保护，并且艾叶、土茯苓和苦参熬制成的中药添加到护肤油内可以增加婴儿的抵抗力。

（4）洗发液　儿童洗发产品特别强调高安全性和低刺激性，性能要温和，尤其是婴幼儿发干表面油脂少，不需要脱脂力强的产品。根据标准，儿童洗发液产品 pH 值为 4.0～8.0，泡沫不低于 40mm（40℃），有效物含量≥8%。与成人产品相比，碱性不能太强，泡沫高度低，有效物含量少。[成人产品 pH 值为 4.0～9.0，透明型泡沫不低于 100mm（40℃），非透明型不低于 50mm（40℃），有效物含量≥10%。]

表面活性剂可选用温和的咪唑啉型两性表面活性剂，所用原料的经口毒性越低越好，以免婴幼儿不慎偶然吞咽而产生意外。香波黏度要较高，洗发时就难以流入眼内。婴儿洗发水的配方实例如表 9-9 所示。

表 9-9　婴儿洗发水

组分	质量份	组分	质量份
橄榄油	15	茶油籽提取物	10
大麦提取液	10	水解蛋白	6
地肤子提取液	18	柠檬酸	4
母菊提取液	12	山梨糖醇	5
玫瑰花提取液	1	植物精油	7
天然甜菜碱	10	去离子水	80
维生素 E	0.5		

采用茶油籽提取物作为洗发水的原料之一，其能使人的皮肤细嫩润泽，头发乌黑发亮。同时采用纯天然植物提取液，配方温和无泪，不会刺激宝宝的眼睛；呈弱酸性，形成保护膜，保护宝宝头部肌肤，能够明显降低皮肤湿疹的发生；提供头发营养，平衡油脂，深层清洁头皮。

（5）沐浴剂　儿童皮肤发育不完全，仅靠皮肤表面一层天然酸性保护膜来保护皮肤，防止细菌感染。因此，不宜用碱性较强的产品清洗，应选择富脂型、润肤型、杀菌型等无刺激的专用洗涤用品。儿童用沐浴剂性能要温和，对皮肤和眼睛无刺激性，活性剂含量低于同类的成人用品，以不洗去皮肤上固有皮脂为妥，外观为母亲和婴儿所喜爱。根据标准，儿童沐浴剂产品与成人产品的区别如表 9-10 所示。

表 9-10　儿童沐浴剂产品与成人产品的区别

项目	成人型		儿童	
	普通型	浓缩型	普通型	浓缩型
总有效物	7	14	5	10
pH	4.0～10.0		4.0～8.5	

有机婴儿洗发、沐浴剂的配方实例如表 9-11 所示。

表 9-11　有机婴儿洗发、沐浴剂

组分	质量份	组分	质量份
去离子水	100	月桂酰两性基乙酸钠	2
椰油酰胺丙基甜菜碱	4.5	母菊花/叶/茎提取物	0.7
月桂醇聚醚硫酸酯钠	5	聚季铵盐-10	0.45

组分	质量份	组分	质量份
氯化钠	0.7	燕麦仁提取物	0.65
甘油	4.5	库拉索芦荟叶汁粉	0.6
失水山梨醇月桂酸酯	3	苯氧乙醇	0.015
薰衣草油	0.3		

  该有机婴儿洗发、沐浴露，蕴含丰富的植物精华，有效滋润婴儿的头发和娇嫩的肌肤，并提供更丰富的营养。去污性能优良，温和无刺激，使用效果良好，兼具洗发及沐浴双重功能。

  4. 儿童用化妆品的生产工艺

  儿童用化妆品的生产工艺与相对应的普通化妆品生产工艺相同，请参考前述对应化妆品的生产。

【素质拓展】

身心健康保护和挑战

  孩子是一个家庭的希望，也是国家的未来。随着化妆品的低龄化发展，"儿童化妆品"的监督管理日益重要。针对儿童化妆品，大部分国家和地区都做出了详细的规范。为规范儿童化妆品生产经营活动，加强儿童化妆品监督管理，保障儿童使用化妆品安全，国家药监局出台了《儿童化妆品监督管理规定》，这是我国专门针对儿童化妆品监管制定的规范性文件。该文件的出台，无疑是"以人民为中心"发展思想的有力落地。这是对儿童身心健康的保护，同时对儿童护肤市场来说也面临着产品高标准的新一轮挑战。

思 考 题

  1. 简述儿童的皮肤特点。
  2. 简述孕妇和儿童用化妆品的质量要求。
  3. 请分析表 9-11 所示的婴儿洗发、沐浴剂配方。

微课

儿童沐浴露
的制备

实训十二　儿童沐浴露的制备

一、儿童沐浴露简介

  儿童沐浴露是专门用于儿童的一款淋洗类化妆品。由于儿童的皮肤特别娇嫩，所以，要求儿童沐浴露对皮肤的刺激性特别小，安全性能高。其配方一般选择天然的表面活性剂、氨基酸类表面活性剂或两性离子表面活性剂作为去污主剂，再加入护肤保湿剂、香精等助剂。相比成人用的沐浴露，去污力可以更小，所以，表面活性剂的用量可以更少。

二、实训目的

  ① 提高学生对儿童沐浴露配方的理解。

② 锻炼学生的动手实践能力。

③ 提高学生对化妆品实训装置的操作技能。

三、实训仪器

电动搅拌器、电子天平、恒温水浴锅、去离子水装置、烧杯、数显温度计。

四、儿童沐浴露的制备

1. 制备原理

儿童沐浴露的制备原理与成人沐浴露的制备原理相同,其生产过程同淋洗类化妆品的生产,包括原料准备,混合或乳化,混合物料的后处理即过滤、排气、陈放或老化。

2. 儿童沐浴露的配方

儿童沐浴露配方如表 9-12 所示。

表 9-12　儿童沐浴露

组相	原料名称	质量分数/%
A 相	去离子水	66.4
	癸基葡糖苷	8.0
	月桂基葡糖苷	6.0
	甘油	6.0
	泛醇	3.0
	葡糖酸内酯	2.5
	肌醇六磷酸	0.5
B 相	霍霍巴籽油	3.0
	薰衣草油	1.5
C 相	黄原胶	1.5
	水解藜麦蛋白	1.0
D 相	苯甲酸钠	0.5
	香精	0.1

3. 制备步骤

① 准确称量各组分;

② 取一个 200mL 烧杯,加入 A 相原料加热到 65℃,搅拌混合均匀;

③ 加入 B 相,保温搅拌 5min 至溶解均匀,然后边搅拌边冷却;

④ 冷却至 45～50℃,加入 C 相,继续搅拌至溶解完全;

⑤ 冷却至 40℃,加入 D 相,搅拌混合均匀即得产品。

五、思考题

1. 简要分析儿童沐浴露配方。

2. 简述儿童沐浴露的制备过程。

3. 简述儿童沐浴露有哪些性能要求。

参 考 文 献

[1] 王培义. 化妆品——原理·配方·生产工艺. 3 版. 北京：化学工业出版社，2014.

[2] 李明，王培义，田怀香. 香精香料应用基础. 北京：中国纺织工业出版社，2010.

[3] 李东光. 实用合成洗涤剂配方手册. 北京：化学工业出版社，2011.

[4] 徐宝财，等. 洗涤剂配方工艺手册. 北京：化学工业出版社，2006.

[5] 李冬梅，胡芳. 化妆品生产工艺. 北京：化学工业出版社，2010.

[6] 张婉萍. 化妆品配方科学与工艺技术. 北京：化学工业出版社，2018.

[7] 唐冬雁，董银卯. 化妆品——原料类型·配方组成·制备工艺. 2 版. 北京：化学工业出版社，2017.

[8] GB/T 29991—2013.

[9] GB/T 29680—2013.

[10] GB/T 34857—2017.

[11] 林娜妹，毛勇进，向琼彪，等. 防晒 BB 霜的配方研究. 广东微量元素科学，2013，20（4），63-66.

[12] 谢珍茗. 美容化妆品探秘. 北京：化学工业出版社，2016.

[13] 杨梅，李忠军，等. 化妆品安全性与有效性评价. 北京：化学工业出版社，2016.

[14] 龚盛昭. 化妆品配方与工艺技术. 北京：化学工业出版社，2019.

[15] 董银卯，李丽，孟宏，等. 化妆品配方设计 7 步. 北京：化学工业出版社，2016.

[16] 李明，王培义，田怀香. 香料香精应用基础. 北京：中国纺织出版社，2010.

[17] 龚盛昭，陈庆生. 日用化学品制造原理与工艺. 北京：化学工业出版社，2014.

[18] 徐宝财，周雅文，韩富. 洗涤剂配方设计 6 步. 北京：化学工业出版社，2010.

[19] 胡波，钟勇财，谢玉国. 一种水溶性指甲油及其制备方法：中国，CN106511115A. 2017-03-22.

[20] 杨舟，周博洋，李邻峰. 儿童与孕妇皮肤特点及护肤品的选择. 皮肤性病诊疗学杂志. 2019，26（06）：386-389.

[21] 聂云霞. 孕期护理皮肤的关键点是什么. 健康向导. 2018，24（06）：21.

[22] 刘艺鹏. 温和孕妇专用润肤霜. 中国，CN106420558A. 2017-02-22.

[23] 李小娟. 一种孕妇用的茶油洗发水的配方及制作. 中国，CN107468615A. 2017-12-15.

[24] 李小娟. 一种孕妇用的茶油沐浴露配方及其制作方法. 中国，CN107362118A. 2017-11-21.

[25] 黄晓珊，黄惠先，李艾洁，等. 一种妊娠纹淡化修复乳及其制备方法. 中国，CN110037954A. 2019-07-23.

[26] 陈响. 一种婴儿爽身粉. 中国，CN109771363A. 2019-05-21.

[27] 丘北泳. 一种天然的婴儿护肤霜及其制备方法. 中国，CN109260085A. 2019-01-25.

[28] 李小娟. 一种婴儿护肤油的配方及其制作方法. 中国，CN107375187A. 2017-11-24.

[29] 吴志福，吴宏鑫，吴礼贤，等. 一种含茶油籽的婴儿洗发水及制备方法. 中国，CN107550820A. 2018-01-09.

[30] 魏雪. 有机婴儿洗发沐浴露及其制备方法. 中国，CN107669551A. 2018-02-09.

[31] 化妆品安全技术规范（2015 年版）.

[32] 林翔云. 香味世界. 北京：化学工业出版社，2011.

[33] QB/T 2872—2017.

[34] QB/T 1976—2004.

[35] QB/T 2660—2004.

[36] GB/T 27576—2011.

[37] QB/T 1859—2013.

[38] GB/T 29990—2013.

[39] GB/T 29679—2013.